图文精解建筑工程施工职业技能系列

木　　工

徐　鑫　主编

中国计划出版社

图书在版编目（CIP）数据

木工 / 徐鑫主编. -- 北京 : 中国计划出版社, 2017.1
图文精解建筑工程施工职业技能系列
ISBN 978-7-5182-0524-0

Ⅰ. ①木… Ⅱ. ①徐… Ⅲ. ①建筑工程－木工－职业培训－教材 Ⅳ. ①TU759.1

中国版本图书馆CIP数据核字(2016)第251451号

图文精解建筑工程施工职业技能系列
木工
徐　鑫　主编

中国计划出版社出版发行
网址：www.jhpress.com
地址：北京市西城区木樨地北里甲 11 号国宏大厦 C 座 3 层
邮政编码：100038　电话：(010) 63906433（发行部）
北京市科星印刷有限责任公司印刷

787mm×1092mm　1/16　15.5 印张　374 千字
2017 年 1 月第 1 版　2017 年 1 月第 1 次印刷
印数 1—3000 册

ISBN 978-7-5182-0524-0
定价：44.00 元

《木工》编委会

主　编：徐　鑫

参　编：高　原　任明法　张俊新　刘凯旋

蒋传龙　王　帅　张　进　褚丽丽

许　洁　徐书婧　王春乐　李　杨

郭洪亮　陈金涛　刘家兴　唐　颖

前　言

木工是以木材为基本制作材料，以锯、刨、凿、插接、黏合等工序进行造型的一种工艺。由于木材质地坚固、富有弹性、易于加工，其制品经久耐用，所以在生产和生活中得到广泛应用。我们生活中离不开木工行业，如吊顶、地板、橱柜、门套等的制作，现代人的要求随着物质生活的提高而变得越来越精细，而且，木工在现代装修中的重要性不容忽视，木工手艺的高低直接关系着建筑施工效果的好坏。因此，我们组织编写了这本书，旨在提高木工专业技术水平，确保工程质量和安全生产。

本书根据国家新颁布的《建筑工程施工职业技能标准》JGJ/T 314—2016以及《木结构工程施工质量验收规范》GB 50206—2012、《建筑结构制图标准》GB/T 50105—2010、《建筑装饰装修工程质量验收规范》GB 50210—2001等标准编写，主要介绍了木工的基础知识、木工常用材料、木工常用工机具及操作、木制品加工、木屋架与屋面木基层制作与安装、木门窗的制作与安装、木模板的制作与安装、木装修工程施工、木工安全生产等内容。本书采用图解的方式讲解了木工应掌握的操作技能，内容丰富，图文并茂，针对性、系统性强，并具有实际的可操作性，实用性强，便于读者理解和应用。既可供木工、建筑施工现场人员参考使用，也可作为建筑工程职业技能岗位培训相关教材使用。

由于作者的学识和经验所限，虽然经编者尽心尽力，但是书中仍难免存在疏漏或未尽之处，敬请有关专家和读者予以批评指正（E-mail：zt1996@126.com）。

编　者

2016年10月

目　录

1 木工的基础知识

1.1 木工职业技能等级要求

1.1.1 五级木工

1. 理论知识

(1) 掌握鉴别木材的瑕疵、通病及木材防腐、干燥方法。

(2) 掌握常用手工工具和机具的使用与维修保养知识。

(3) 熟悉木门窗的种类和构造、制作工序和工艺要点。

(4) 熟悉常用量具名称，了解其功能和用途。

(5) 了解安全生产基本常识及常见安全生产防护设施的功能。

(6) 了解施工验收规范和质量评定标准。

(7) 了解木屋架的构造知识、杆件受力和起拱知识。

(8) 了解木材和成品变形的预防和一般变形的补救方法。

(9) 了解模板的种类和用途、支撑的受力和起拱知识。

(10) 了解一般识图和房屋构造的基本知识。

2. 操作技能

(1) 能够领会屋面木基层的制作安装工艺顺序及操作要领。

(2) 能够拼板拼接和简单的榫接工艺。

(3) 会正确使用水平尺与线坠进行找平、吊线和弹线。

(4) 会制作、安装普通木门、横楼玻璃窗、一般门锁和五金配件。

(5) 会操作与维护常用木工机械，并对木工自用工具进行修、磨、拆装等。

(6) 会选料、画线、锯料、刨料、打眼、开榫、推槽、裁口、起简单线条、钉屋面板、顺水条及顶棚、板墙的灰板条、金属网。

(7) 会配制、安装、拆除一般基础、梁、柱、阳台、雨篷及预制构件模板。

(8) 会安装地板龙骨、铺设企口地板和钉踢脚板。

1.1.2 四级木工

1. 理论知识

(1) 掌握木楼梯、栏板、扶手和弯头的制作方法。

(2) 掌握各种设备基础、水塔、烟囱、双曲线冷却塔和双曲线结构模板的安装方法。

(3) 掌握较复杂木门窗、木装修的施工方法和步骤。

(4) 熟悉制图的基本知识，看懂一般施工图。

(5) 熟悉翻、滑、升模板的施工工艺、基本原理及安装、拆除方法。

(6) 熟悉各种黏结材料的性能和使用方法。

（7）了解水准仪和激光水平仪的使用方法。

（8）了解混凝土强度增长的基本知识与拆模期限。

（9）了解一般模板和木结构的受力基本知识。

2. 操作技能

（1）熟练掌握滑升模板、大模板等其他模板的施工工艺。

（2）能够一般工程施工测量放线、放大样。

（3）能够制作、安装有线角纵横楞玻璃木门、窗扇、硬百叶窗、穿线软百叶门窗。

（4）能够制作木楼梯、栏板扶手和弯头。

（5）会绘制本工种一般工程结构草图。

（6）会制作、安装各种预制构件模板、基础模板、圆柱模板、梁模板、楼梯模板、阳台模板。

（7）会制作各种抹灰线角模具和制、立皮数杆及一般工程找平放线。

（8）会制作本工种手工工具。

（9）会按图计算工料。

（10）会制作、安装马尾屋架及12m以上木屋架。

1.1.3 三级木工

1. 理论知识

（1）掌握各种形式木门窗与格扇的制作方法。

（2）掌握螺旋形楼梯、栏杆、扶手制作与安装。

（3）掌握制图的基本知识，看懂复杂工程的结构大样图和节点详图。

（4）熟悉预防与处理质量和安全事故方法。

（5）熟悉较复杂木制品施工工艺卡的编制方法。

（6）熟悉本工种新型材料的物理、化学性能和使用知识。

（7）熟悉木结构、砖混结构和一般钢筋混凝土结构的知识。

（8）了解施工现场管理的基本知识。

（9）了解各种模板的容许载荷及配置要求。

2. 操作技能

（1）熟练掌握各种形式的门窗和格扇的制作与安装。

（2）熟练掌握螺旋形楼梯模板、栏杆、扶手的制作与安装。

（3）能够修缮古建筑施工。

（4）能够各种模型配制与安装。

（5）会制作本工种较复杂的手工工具。

（6）会制作建筑相关模型。

（7）会参与本工种施工方案的编制，并组织施工。

（8）会处理与协调本工种施工作业。

1.1.4 二级木工

1. 理论知识

(1) 掌握各种异形门窗制作与安装的方法。
(2) 掌握经纬仪和激光水平仪的使用方法。
(3) 掌握复杂木结构施工工艺卡编制方法。
(4) 掌握复杂施工图的识读并能绘制大样图。
(5) 熟悉相关工种的施工工艺施工和顺序知识。
(6) 熟悉古建筑各种构件的名称及修缮工艺。
(7) 熟悉木工翻样的基本内容和方法。
(8) 了解有关安全法规和安全事故的处理程序。
(9) 了解模板工程设计与计算的基本方法。

2. 操作技能

(1) 熟练运用常用经纬仪和激光水平仪进行施工测量。
(2) 能够对生产环境，提出安全生产方面的建议和措施。
(3) 能够模板工程一般计算和施工。
(4) 会编制木结构工程施工工艺卡。
(5) 会按图纸进行工、料计算和分析。
(6) 会制作、安装各种异形门窗。
(7) 会修缮古式木构件、飞檐、斗拱、屋顶等。
(8) 会解决本工种技术与工艺上的难题。
(9) 会按图纸进行翻样。

1.1.5 一级木工

1. 理论知识

(1) 掌握图纸会审与施工技术交底的要点。
(2) 掌握工种交叉作业与技术协调的管理方法。
(3) 掌握古建筑中各种构件的名称及榫卯结构的制作工艺。
(4) 掌握仿古门窗格扇和亭阁的制作方法。
(5) 熟悉有关安全法规及突发安全事故的处理程序。
(6) 了解复杂模板工程的设计和施工组织设计编制方法。
(7) 了解新材料、新工艺、新技术、新设备的性能及使用方法。
(8) 了解计算机绘图的基本知识。
(9) 了解本工种的定额与预算知识。

2. 操作技能

(1) 能够进行复杂模板工程的制作与安装。
(2) 能够参与编制突发安全事故处理的预案。
(3) 会按图纸制作复杂构件的大样。

(4) 会编制复杂模板工程的施工组织设计方案。
(5) 会制作、安装各种复杂榫卯构件。
(6) 会按图纸制作复杂的建筑模型。
(7) 会运用计算机绘制一般木模和木结构施工图。
(8) 会解决本工种高难度的技术问题和工艺难题。
(9) 会制作、安装仿古门窗格扇和亭阁。

1.2 木工识图

1.2.1 建筑构造及配件图例

建筑构造及配件图例见表1-1。

表1-1 建筑构造及配件图例

序号	名称	图例	备注
1	墙体	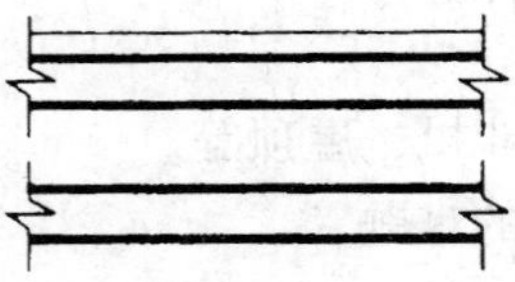	(1) 上图为外墙，下图为内墙。 (2) 外墙细线表示有保温层或有幕墙。 (3) 应加注文字或涂色或图案填充表示各种材料的墙体。 (4) 在各层平面图中防火墙宜着重以特殊图案填充表示
2	隔断		(1) 加注文字或涂色或图案填充表示各种材料的轻质隔断。 (2) 适用于到顶与不到顶隔断
3	玻璃幕墙		幕墙龙骨是否表示由项目设计决定
4	栏杆		—

续表 1-1

序号	名称	图例	备注
5	楼梯	下 下 上 上	（1）上图为顶层楼梯平面，中图为中间层楼梯平面，下图为底层楼梯平面。 （2）需设置靠墙扶手或中间扶手时，应在图中表示
6	坡道	下	长坡道
		下 下 下	上图为两侧垂直的门口坡道，中图为有挡墙的门口坡道，下图为两侧找坡的门口坡道

续表 1－1

序号	名　称	图　例	备　注
7	台阶	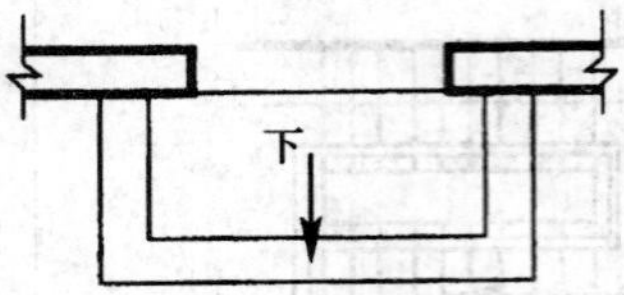 下	—
8	平面高差	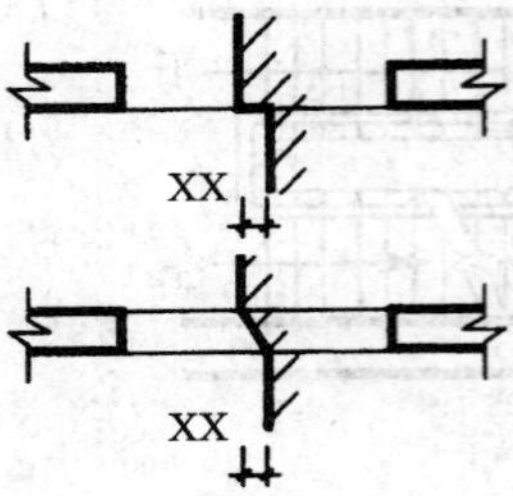 XX XX	用于高差小的地面或楼面交接处，并应与门的开启方向协调
9	检查口		左图为可见检查口，右图为不可见检查口
10	孔洞		阴影部分亦可填充灰度或涂色代替
11	坑槽		—
12	墙预留洞、槽	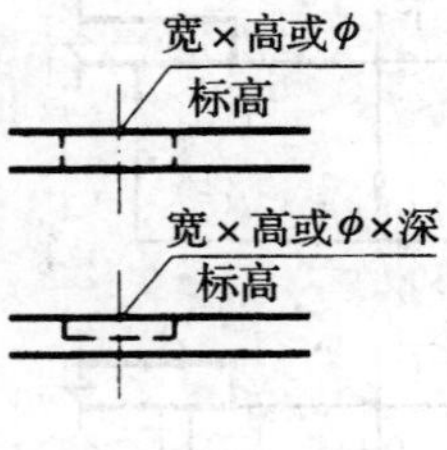 宽×高或φ 标高 宽×高或φ×深 标高	（1）上图为预留洞，下图为预留槽。 （2）平面以洞（槽）中心定位。 （3）标高以洞（槽）底或中心定位。 （4）宜以涂色区别墙体和预留洞（槽）
13	地沟		上图为有盖板地沟，下图为无盖板明沟

续表 1-1

序号	名称	图例	备注
14	烟道	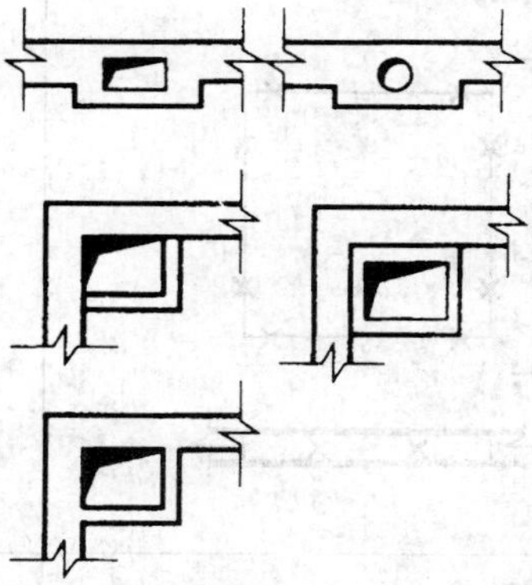	(1) 阴影部分亦可填充灰度或涂色代替。 (2) 烟道、风道与墙体为相同材料，其相接处墙身线应连通。 (3) 烟道、风道根据需要增加不同材料的内衬
15	风道	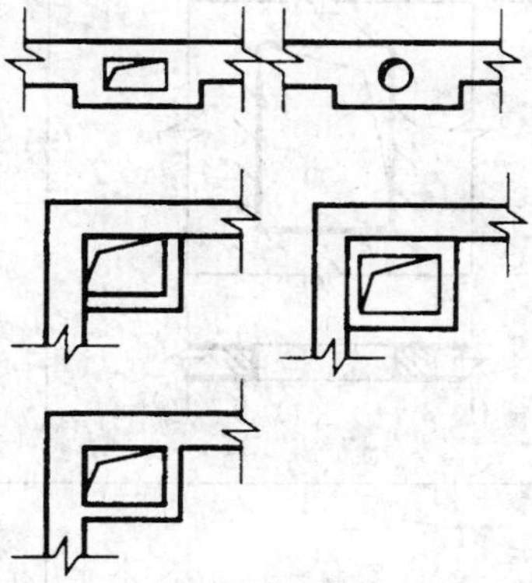	
16	新建的墙和窗	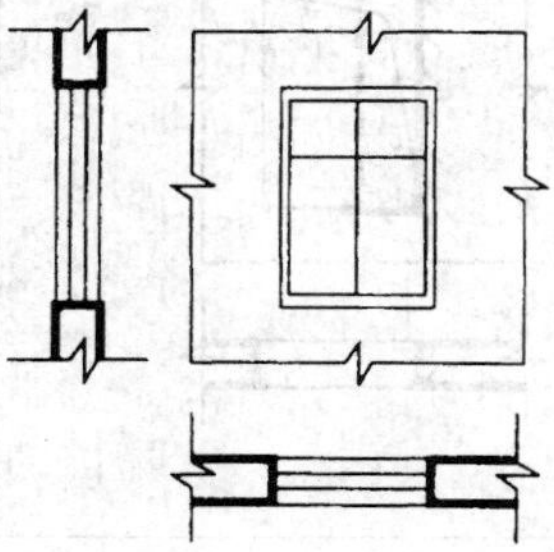	—
17	改建时保留的墙和窗	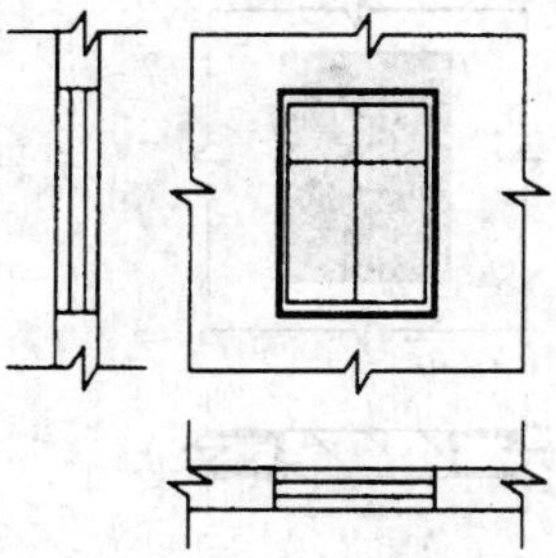	只更换窗，应加粗窗的轮廓线

续表 1－1

序号	名　称	图　例	备　注
18	拆除的墙	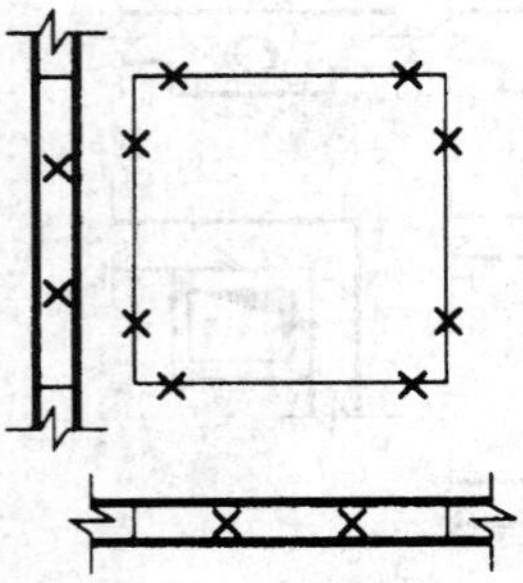	—
19	改建时在原有墙或楼板新开的洞	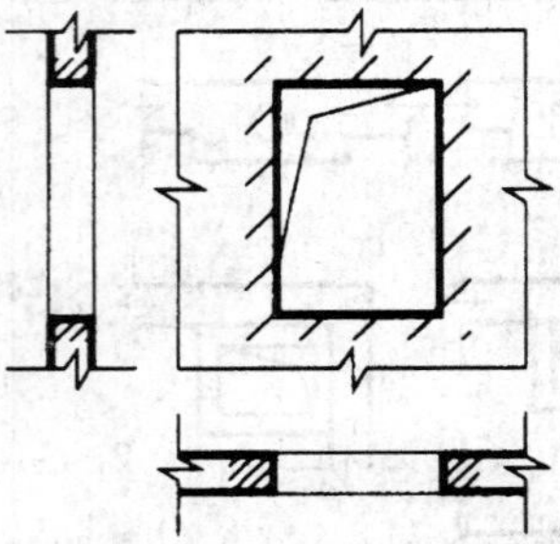	—
20	在原有墙或楼板洞旁扩大的洞	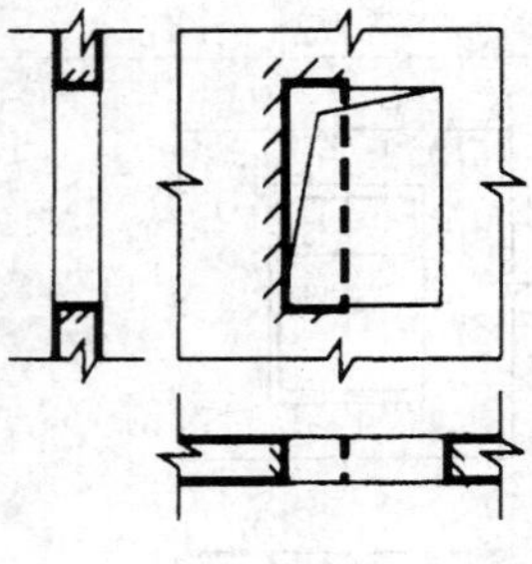	图示为洞口向左边扩大
21	在原有墙或楼板上全部填塞的洞	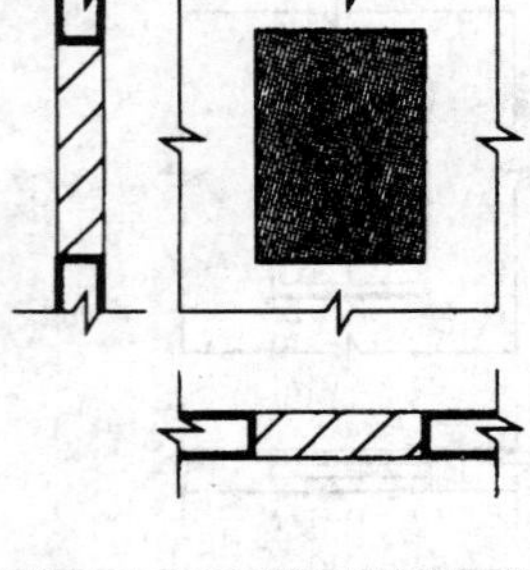	全部填塞的洞 图中立面填充灰度或涂色

续表 1－1

<table>
<tr><th>序号</th><th>名　　称</th><th>图　　例</th><th>备　　注</th></tr>
<tr><td>22</td><td>在原有墙或楼板上局部填塞的洞</td><td>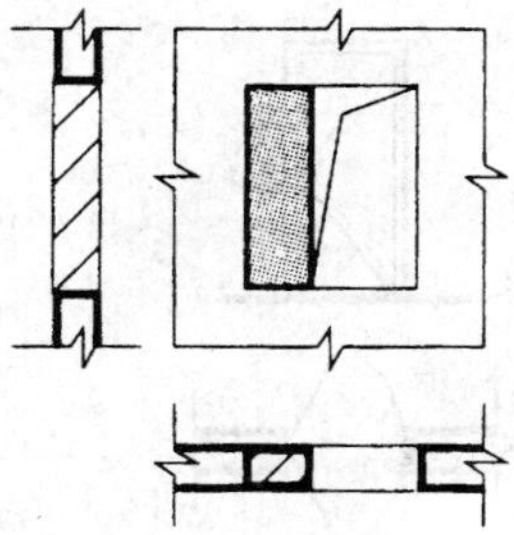</td><td>左侧为局部填塞的洞
图中立面填充灰度或涂色</td></tr>
<tr><td>23</td><td>空门洞</td><td>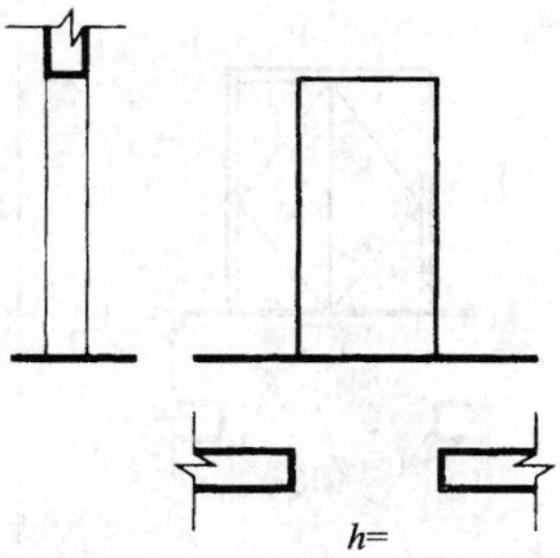
h=</td><td>h 为门洞高度</td></tr>
<tr><td rowspan="2">24</td><td>单面开启单扇门
（包括平开或
单面弹簧）</td><td>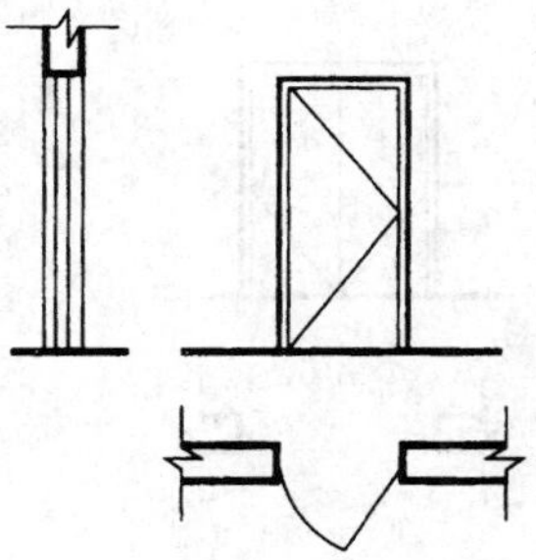</td><td rowspan="2">（1）门的名称代号用 M 表示。
（2）平面图中，下为外，上为内。
门开启线为 90°、60° 或 45°，开启弧线宜绘出。
（3）立面图中，开启线实线为外开，虚线为内开。开启线交角的一侧为安装合页一侧。开启线在建筑立面图中可不表示，在立面大样图中可根据需要绘出。
（4）剖面图中，左为外，右为内。
（5）附加纱扇应以文字说明，在平、立、剖面图中均不表示。
（6）立面形式应按实际情况绘制</td></tr>
<tr><td>双面开启单扇门
（包括双面平开或
双面弹簧）</td><td>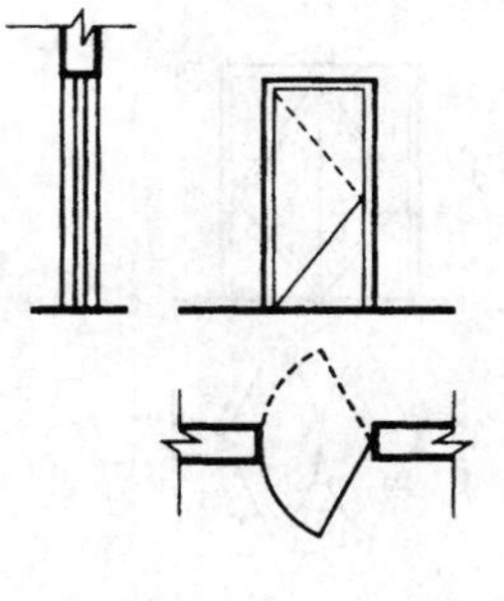</td></tr>
</table>

续表 1－1

序号	名　称	图　例	备　注
24	双层单扇平开门	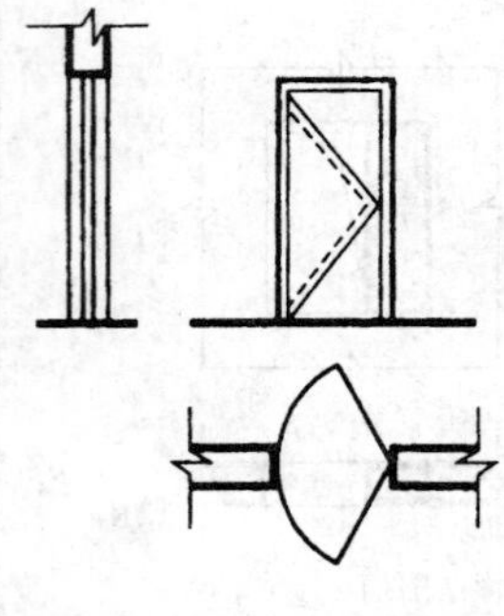	(1) 门的名称代号用 M 表示。 (2) 平面图中，下为外，上为内。 门开启线为 90°、60° 或 45°，开启弧线宜绘出。 (3) 立面图中，开启线实线为外开，虚线为内开。开启线交角的一侧为安装合页一侧。开启线在建筑立面图中可不表示，在立面大样图中可根据需要绘出。 (4) 剖面图中，左为外，右为内。 (5) 附加纱扇应以文字说明，在平、立、剖面图中均不表示。 (6) 立面形式应按实际情况绘制
25	单面开启双扇门（包括平开或单面弹簧）	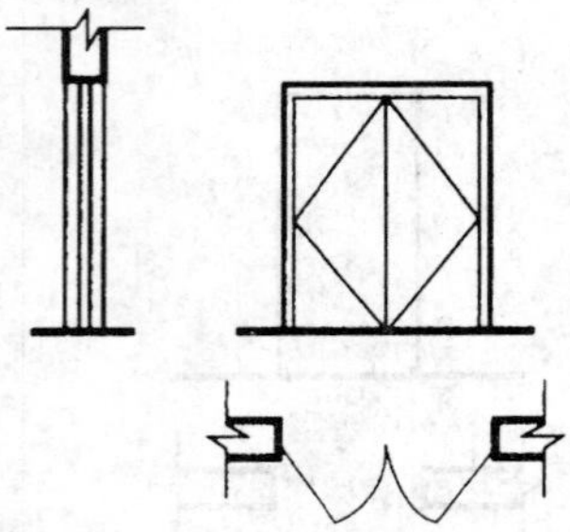	
	双面开启双扇门（包括双面平开或双面弹簧）	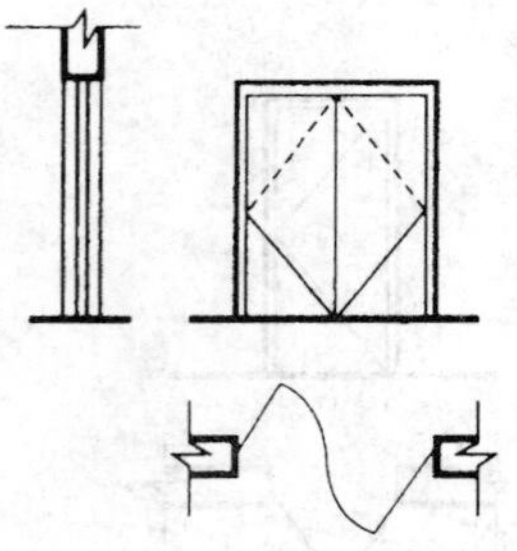	
	双层双扇平开门	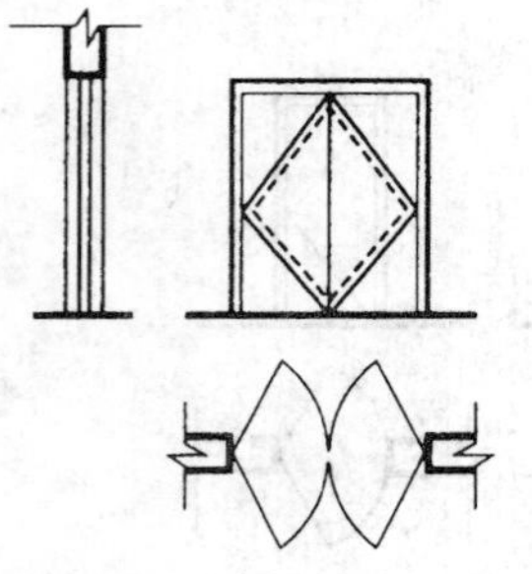	

续表 1-1

序号	名称	图例	备注
26	折叠门	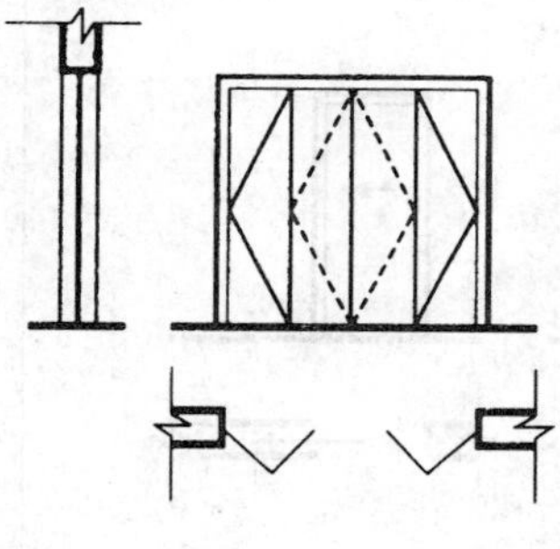	(1) 门的名称代号用 M 表示。 (2) 平面图中，下为外，上为内。 (3) 立面图中，开启线实线为外开，虚线为内开，开启线交角的一侧为安装合页一侧。 (4) 剖面图中，左为外，右为内。 (5) 立面形式应按实际情况绘制
	推拉折叠门	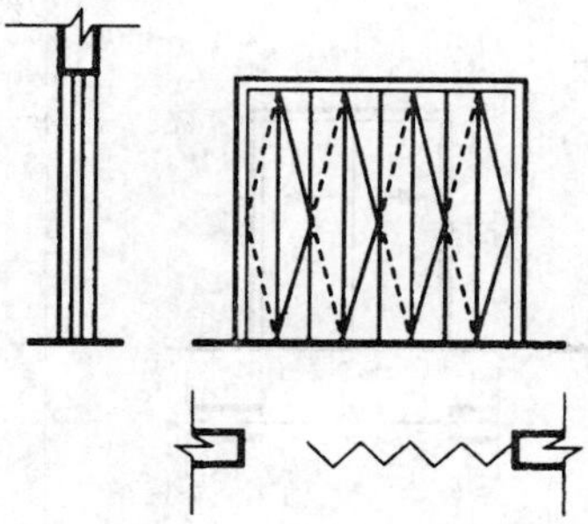	
27	墙洞外 单扇推拉门	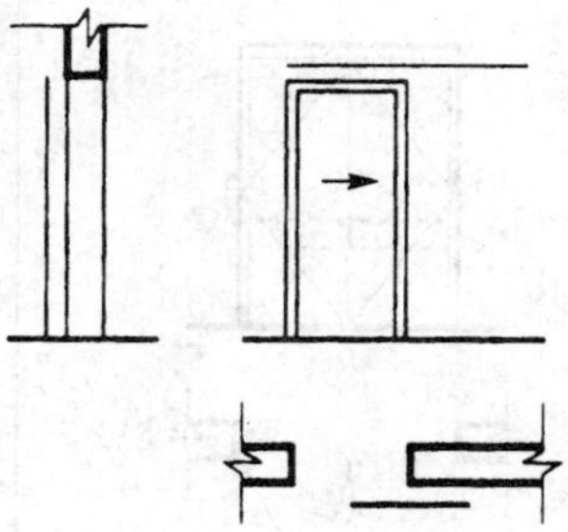	(1) 门的名称代号用 M 表示。 (2) 平面图中，下为外，上为内。 (3) 剖面图中，左为外，右为内。 (4) 立面形式应按实际情况绘制
	墙洞外 双扇推拉门	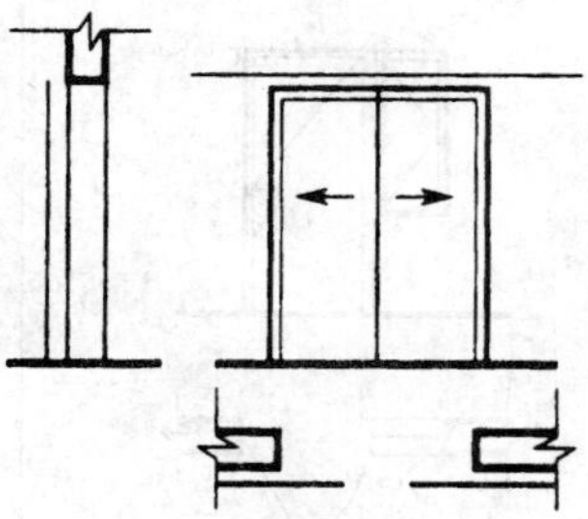	

续表 1－1

序号	名称	图例	备注
27	墙中单扇推拉门	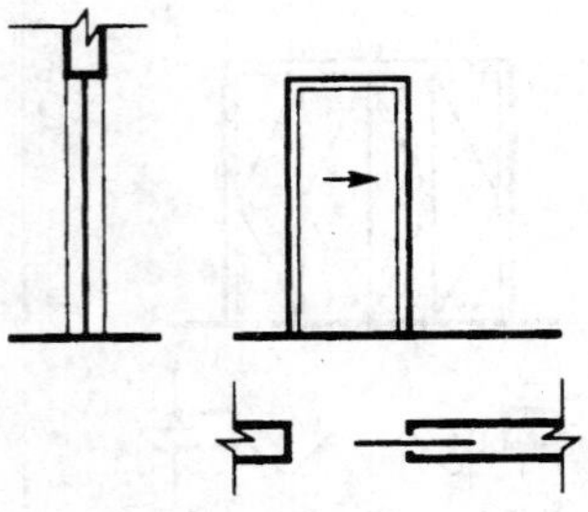	（1）门的名称代号用 M 表示。 （2）立面形式应按实际情况绘制
	墙中双扇推拉门	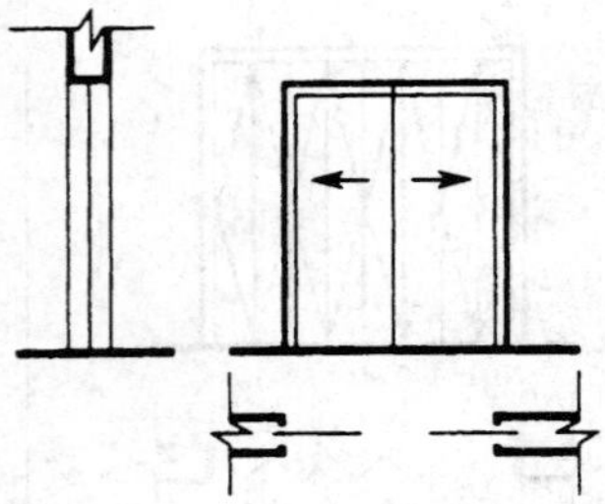	
28	推杠门	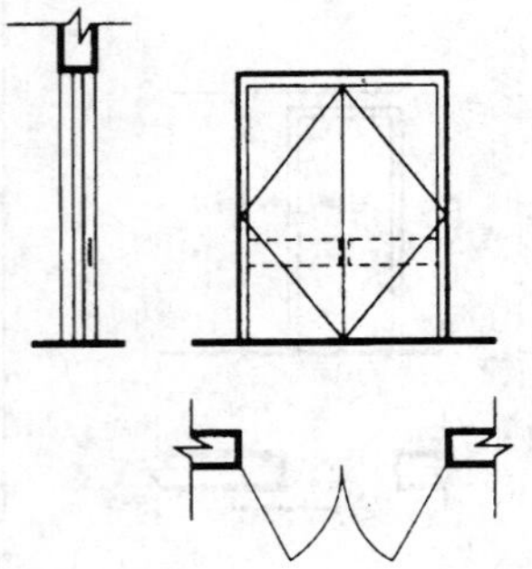	（1）门的名称代号用 M 表示。 （2）平面图中，下为外，上为内。 门开启线为 90°、60°或 45°。 （3）立面图中，开启线实线为外开，虚线为内开，开启线交角的一侧为安装合页一侧。开启线在建筑立面图中可不表示，在室内设计门窗立面大样图中需绘出。 （4）剖面图中，左为外，右为内。 （5）立面形式应按实际情况绘制
29	门连窗	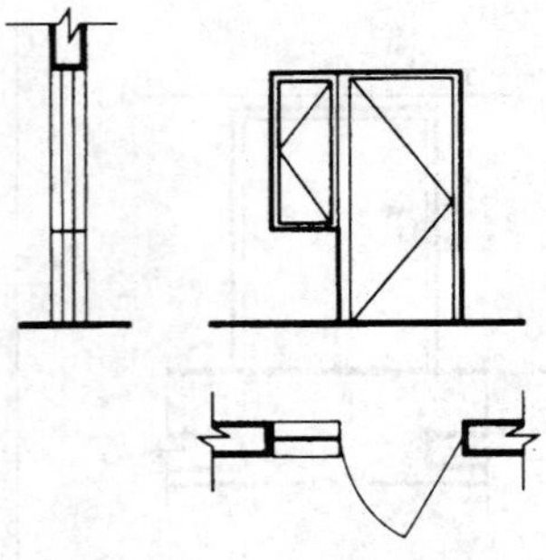	

续表 1-1

<table>
<tr><th>序号</th><th>名　称</th><th>图　例</th><th>备　注</th></tr>
<tr><td rowspan="2">30</td><td>旋转门</td><td> 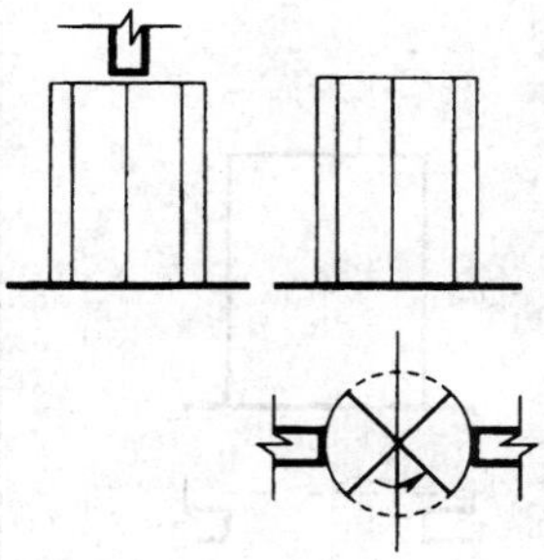</td><td rowspan="3">（1）门的名称代号用 M 表示。
（2）立面形式应按实际情况绘制</td></tr>
<tr><td>两翼智能旋转门</td><td></td></tr>
<tr><td>31</td><td>自动门</td><td></td></tr>
<tr><td>32</td><td>折叠上翻门</td><td> 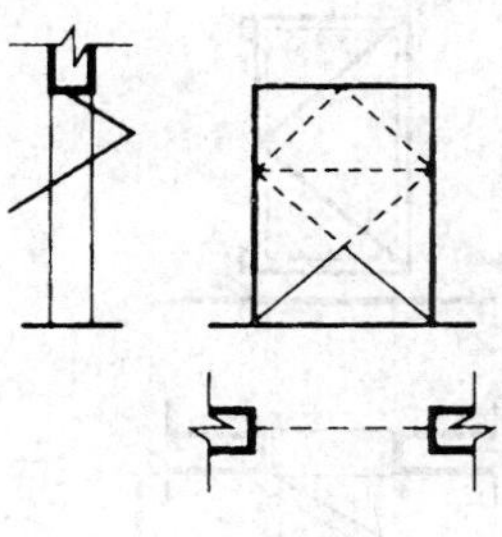</td><td>（1）门的名称代号用 M 表示。
（2）平面图中，下为外，上为内。
（3）剖面图中，左为外，右为内。
（4）立面形式应按实际情况绘制</td></tr>
</table>

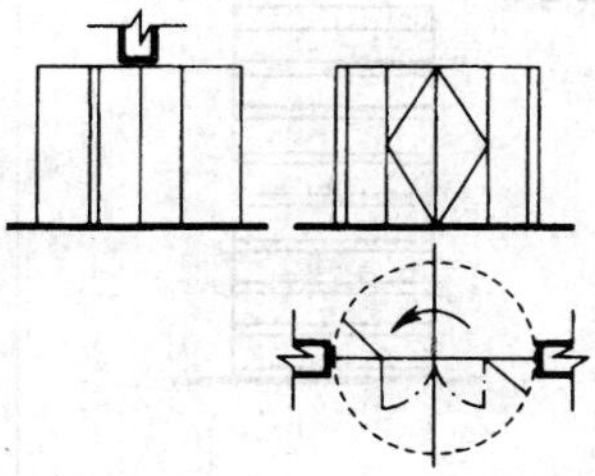

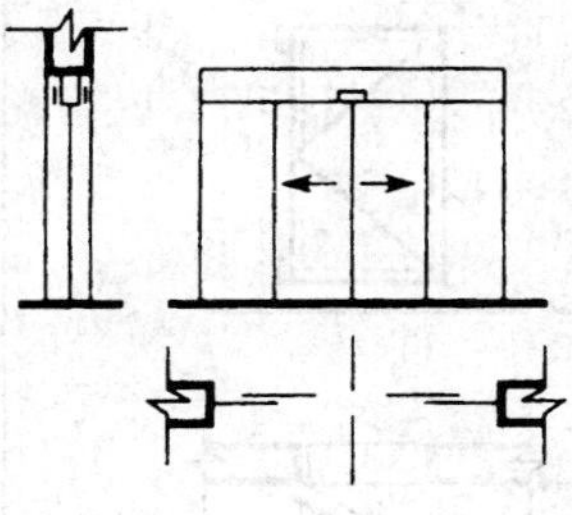

续表 1 -1

序号	名　称	图　例	备　注
33	提升门	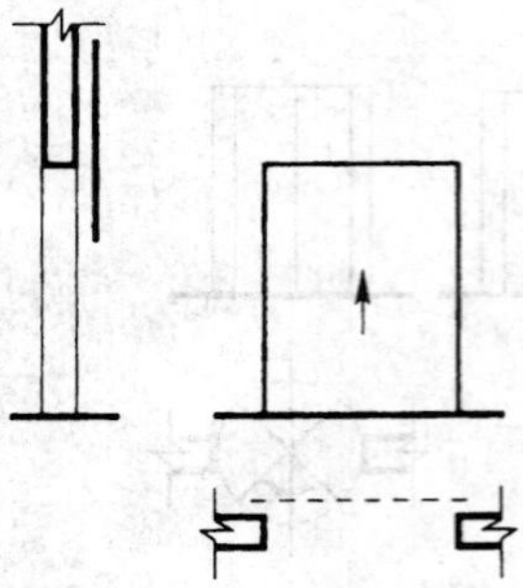	(1) 门的名称代号用 M 表示。 (2) 立面形式应按实际情况绘制
34	分节提升门	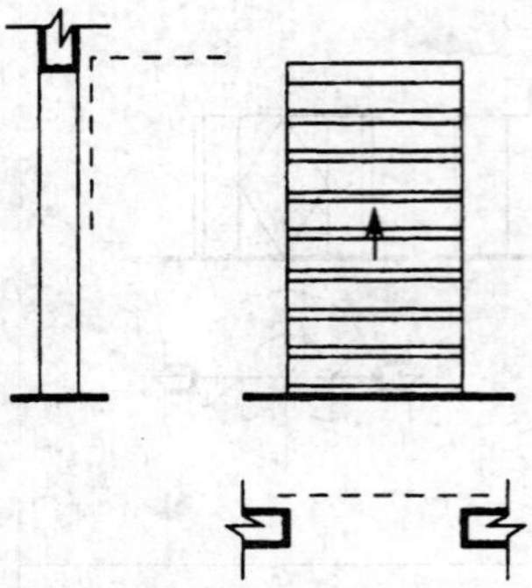	
35	人防单扇防护密闭门	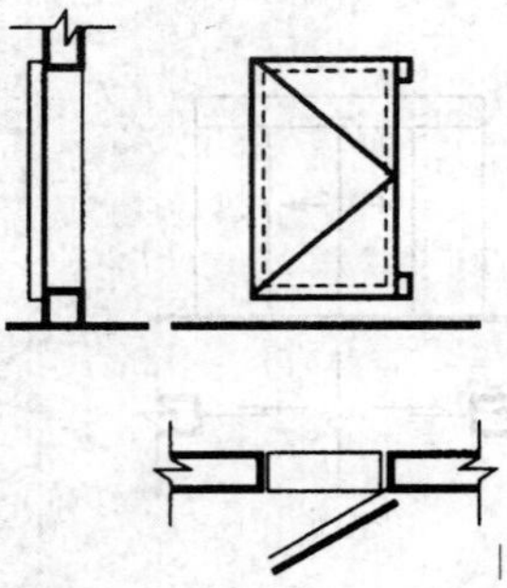	(1) 门的名称代号按人防要求表示。 (2) 立面形式应按实际情况绘制
	人防单扇密闭门	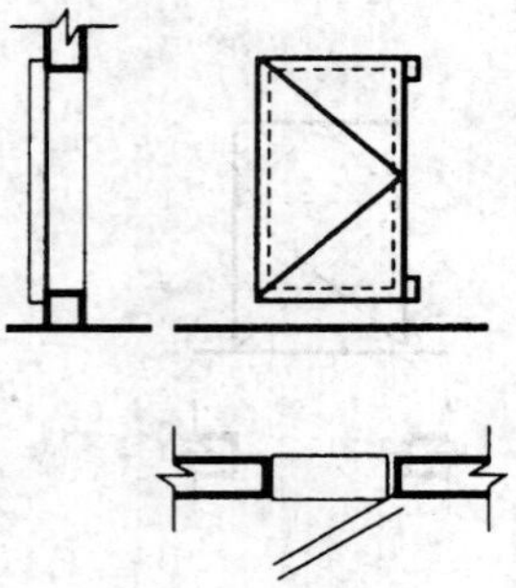	

续表 1－1

序号	名称	图例	备注
36	人防双扇防护密闭门	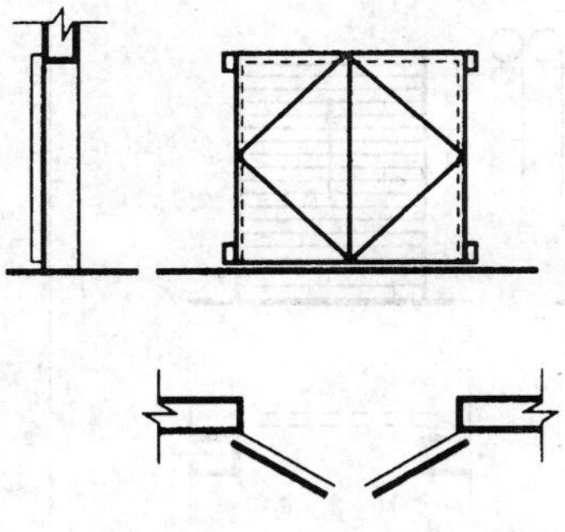	（1）门的名称代号按人防要求表示。 （2）立面形式应按实际情况绘制
	人防双扇密闭门	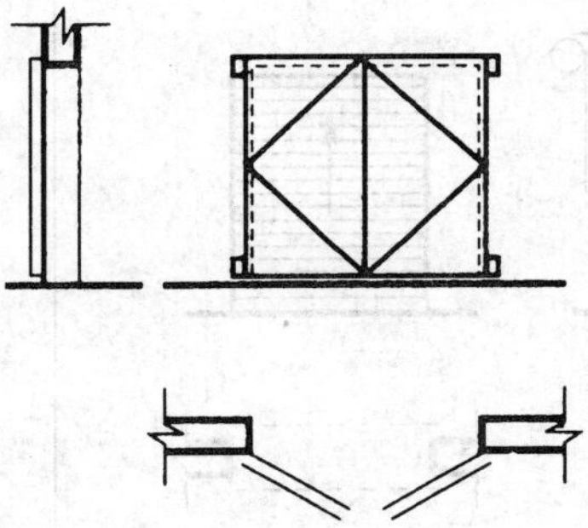	
37	横向卷帘门	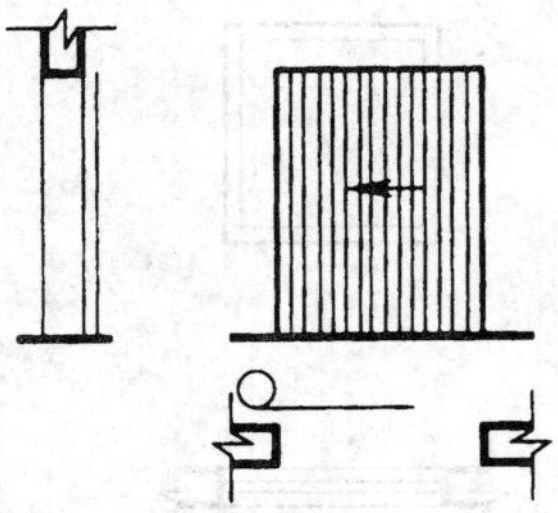	—
	竖向卷帘门	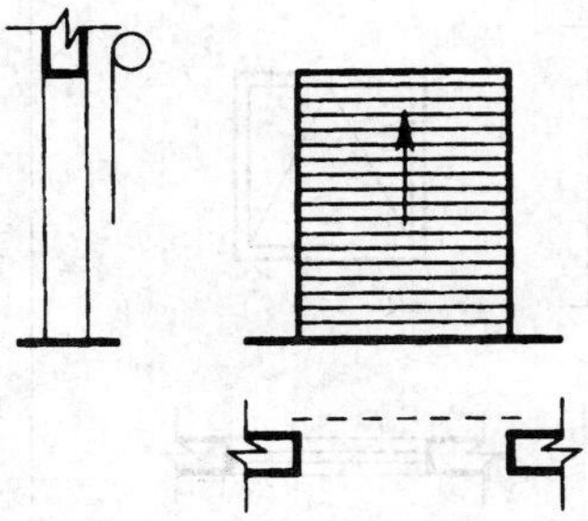	

续表 1－1

序号	名　称	图　例	备　注
37	单侧双层卷帘门	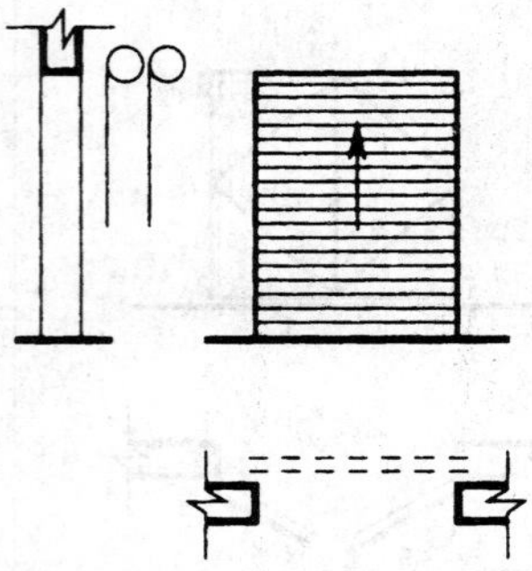	—
	双侧单层卷帘门	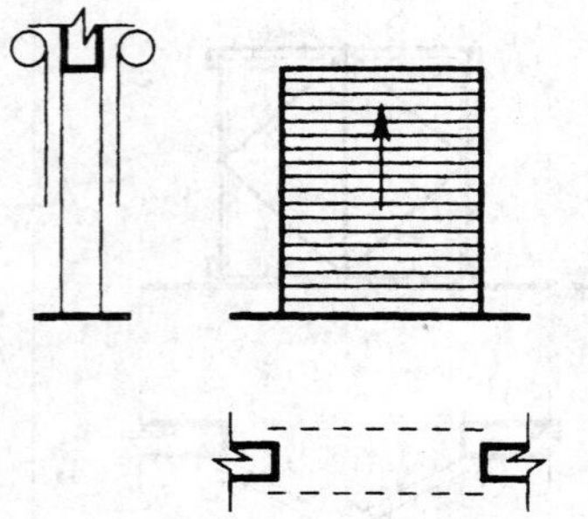	
38	固定窗	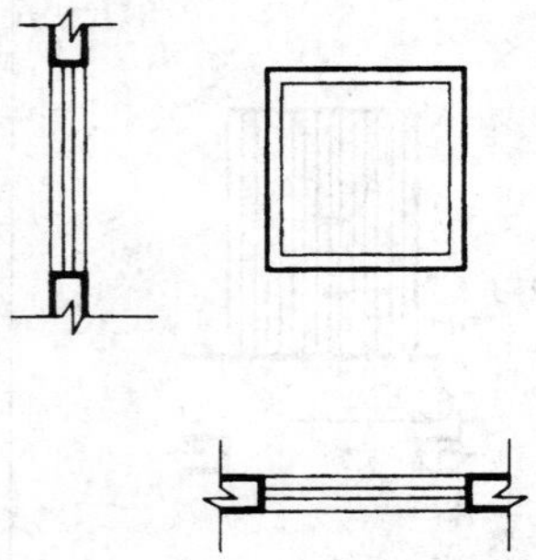	(1) 窗的名称代号用 C 表示。 (2) 平面图中，下为外，上为内。 (3) 立面图中，开启线实线为外开，虚线为内开，开启线交角的一侧为安装合页一侧。开启线在建筑立面图中可不表示，在门窗立面大样图中需绘出。 (4) 剖面图中，左为外，右为内。虚线仅表示开启方向，项目设计不表示。 (5) 附加纱窗应以文字说明，在平、立、剖面图中均不表示。 (6) 立面形式应按实际情况绘制
39	上悬窗	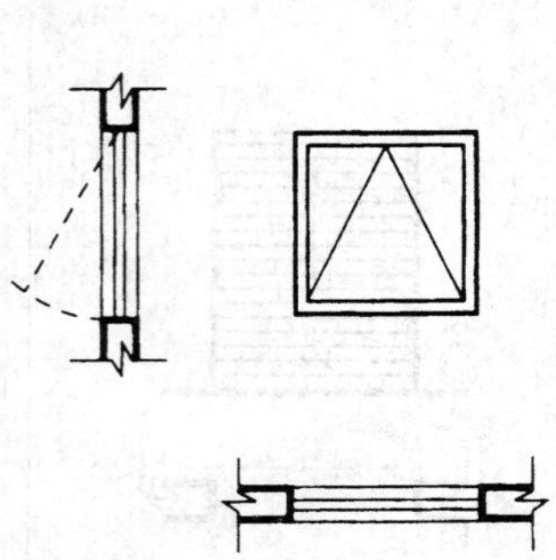	

续表 1-1

序号	名称	图例	备注
39	中悬窗	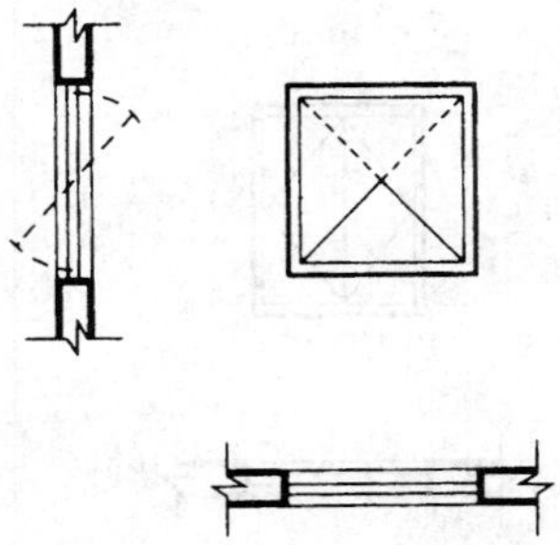	(1) 窗的名称代号用 C 表示。 (2) 平面图中，下为外，上为内。 (3) 立面图中，开启线实线为外开，虚线为内开，开启线交角的一侧为安装合页一侧。开启线在建筑立面图中可不表示，在门窗立面大样图中需绘出。 (4) 剖面图中，左为外，右为内。虚线仅表示开启方向，项目设计不表示。 (5) 附加纱窗应以文字说明，在平、立、剖面图中均不表示。 (6) 立面形式应按实际情况绘制
40	下悬窗	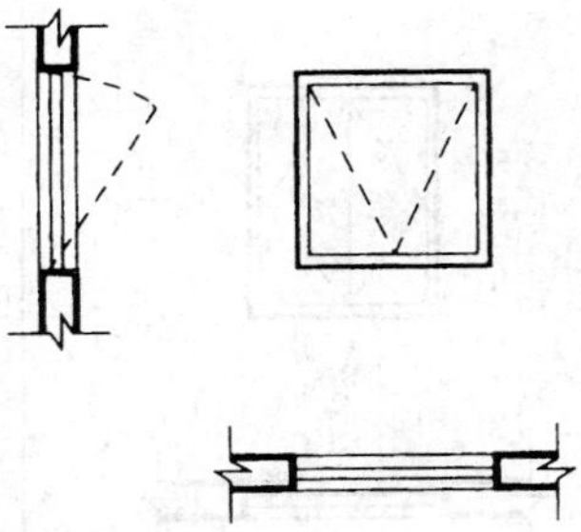	
41	立转窗	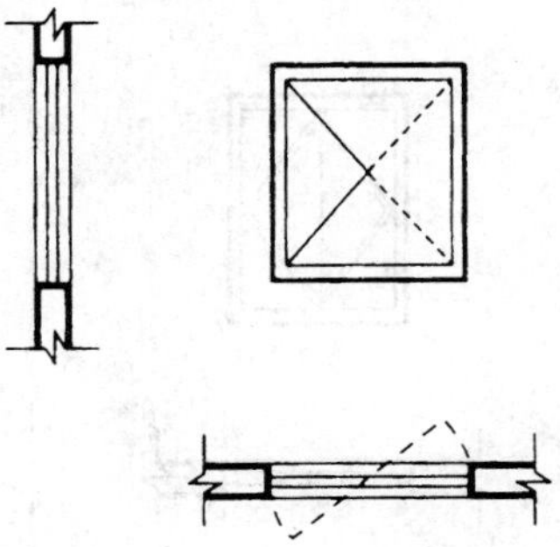	
42	内开平开内倾窗	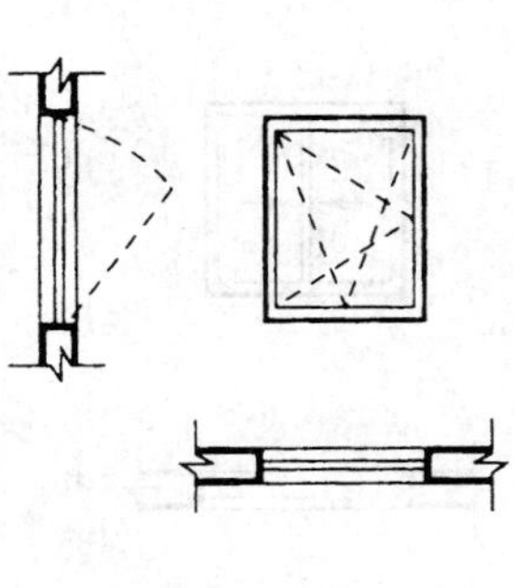	

续表 1-1

序号	名称	图例	备注
43	单层外开平开窗	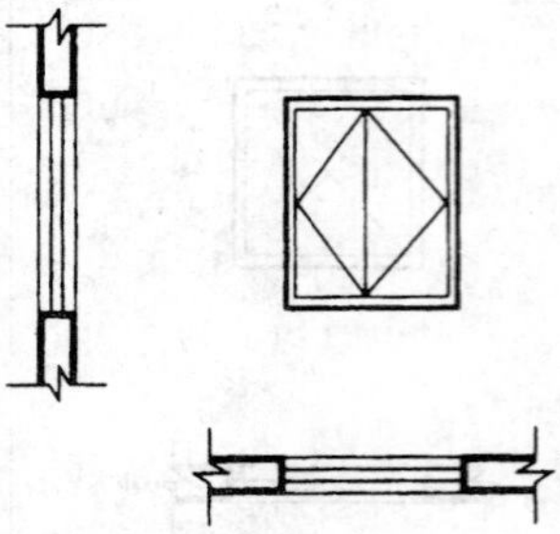	(1) 窗的名称代号用 C 表示。 (2) 平面图中，下为外，上为内。 (3) 立面图中，开启线实线为外开，虚线为内开，开启线交角的一侧为安装合页一侧。开启线在建筑立面图中可不表示，在门窗立面大样图中需绘出。 (4) 剖面图中，左为外，右为内。虚线仅表示开启方向，项目设计不表示。 (5) 附加纱窗应以文字说明，在平、立、剖面图中均不表示。 (6) 立面形式应按实际情况绘制
	单层内开平开窗	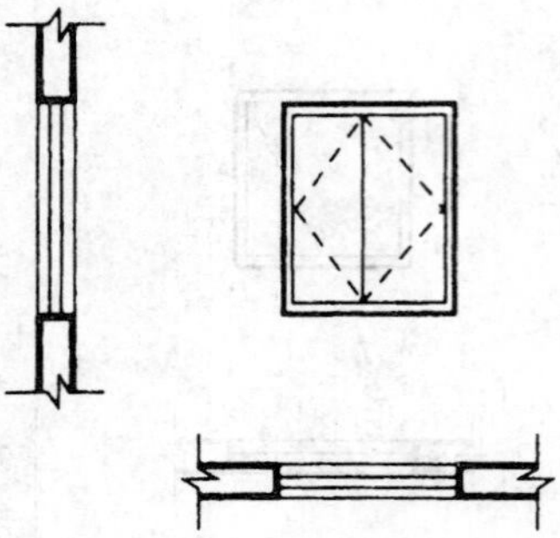	
	双层内外开平开窗	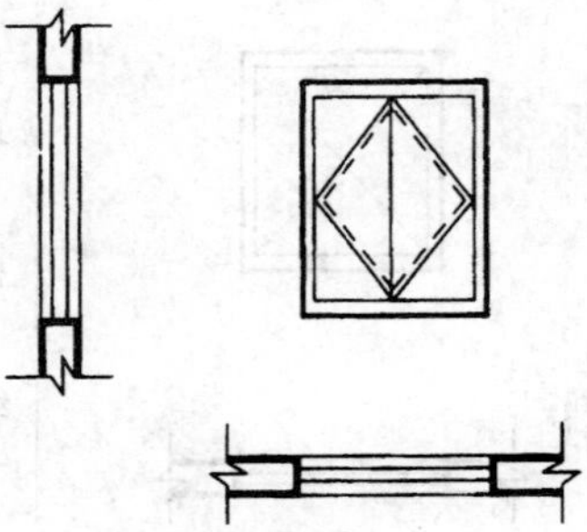	
44	单层推拉窗	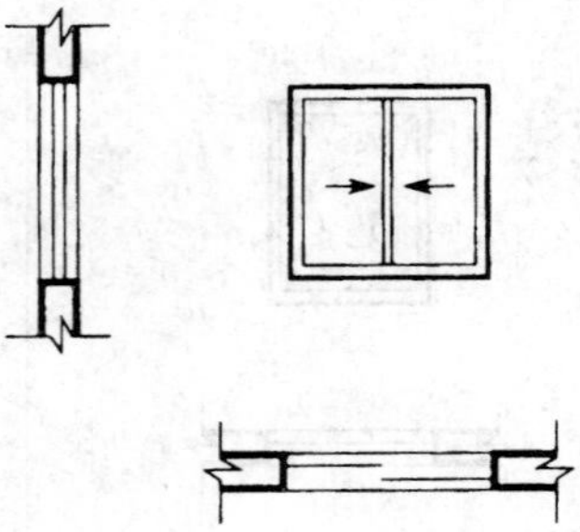	(1) 窗的名称代号用 C 表示。 (2) 立面形式应按实际情况绘制

续表 1－1

序号	名　　称	图　　例	备　　注
44	双层推拉窗	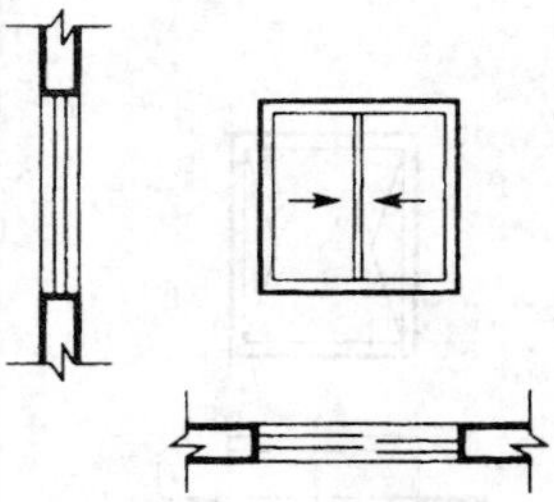	（1）窗的名称代号用 C 表示。 （2）立面形式应按实际情况绘制
45	上推窗	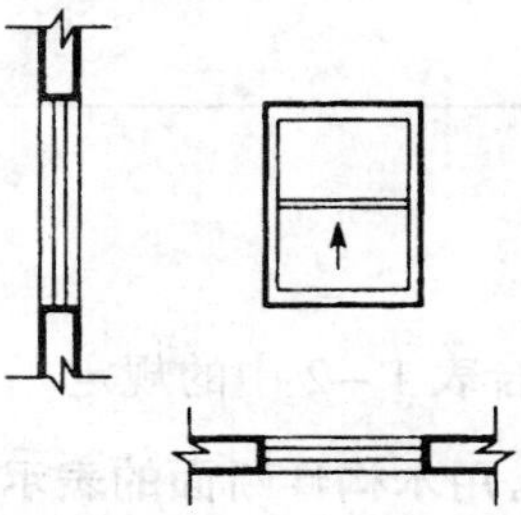	
46	百叶窗	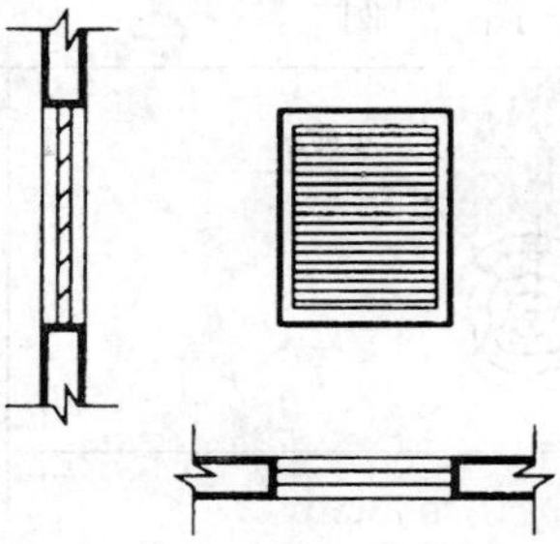	
47	高窗	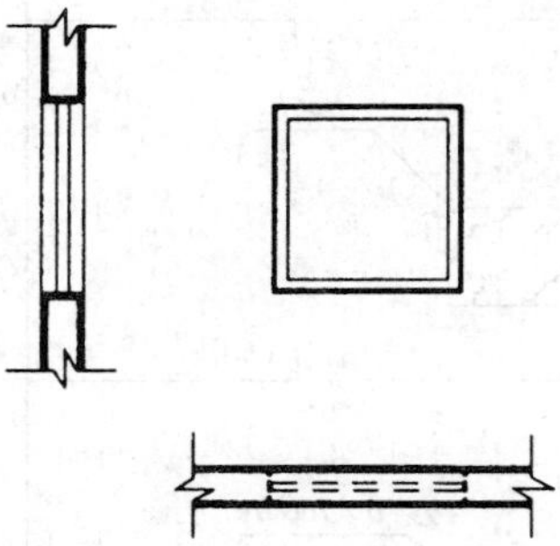	（1）窗的名称代号用 C 表示。 （2）立面图中，开启线实线为外开，虚线为内开，开启线交角的一侧为安装合页一侧。开启线在建筑立面图中可不表示，在门窗立面大样图中需绘出。 （3）剖面图中，左为外，右为内。 （4）立面形式应按实际情况绘制。 （5）h 表示高窗底距本层地面高度。 （6）高窗开启方式参考其他窗型

续表 1-1

序号	名　称	图　例	备　注
48	平推窗	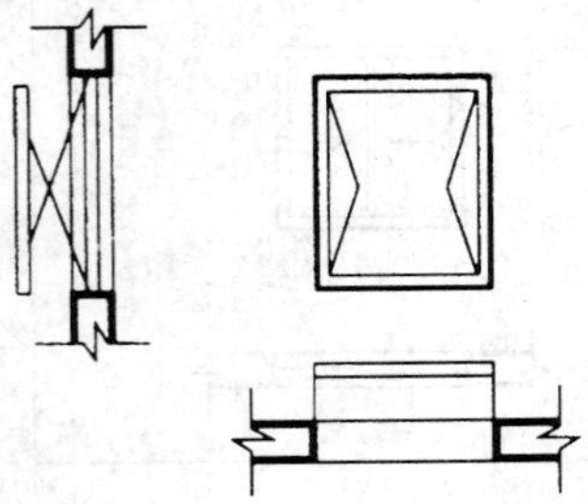	(1) 窗的名称代号用 C 表示。 (2) 立面形式应按实际情况绘制

1.2.2 木结构图

常用木构件断面的表示方法应符合表 1-2 中的规定。

表 1-2 常用木构件断面的表示方法

序号	名　称	图　例	说　明
1	圆木	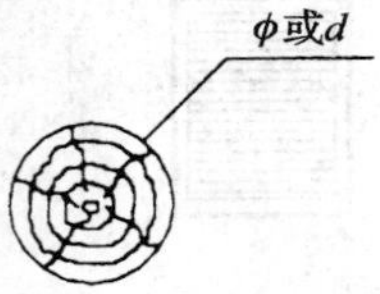 ϕ或d	(1) 木材的断面图均应画出横纹线或顺纹线。 (2) 立面图一般不画木纹线，但木键的立面图均须绘出木纹线
2	半圆木	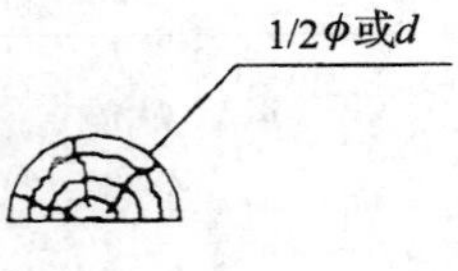 1/2ϕ或d	
3	方木	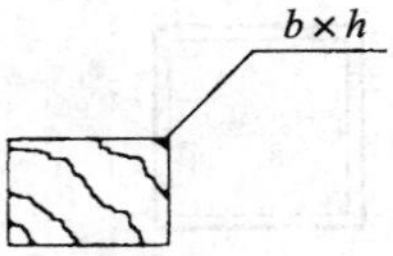 $b\times h$	
4	木板	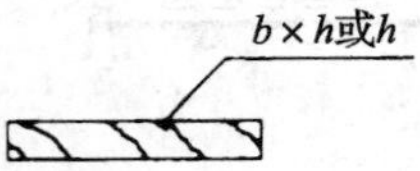 $b\times h$或h	

木构件连接的表示方法应符合表 1－3 中的规定。

表 1－3　木构件连接的表示方法

序号	名　称	图　例	说　明
1	钉连接正面画法（看得见钉帽的）	$n\phi d\times L$	—
2	钉连接背面画法（看不见钉帽的）	$n\phi d\times L$	
3	木螺钉连接正面画法（看得见钉帽的）	$n\phi d\times L$	
4	木螺钉连接背面画法（看不见钉帽的）	$n\phi d\times L$	
5	杆件连接		仅用于单线图中

续表 1－3

序号	名 称	图 例	说 明
6	螺栓连接	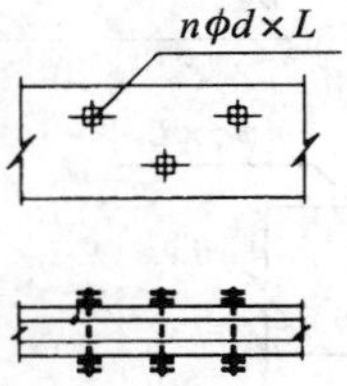 $n\phi d \times L$	（1）当采用双螺母时应加以注明。 （2）当采用钢夹板时，可不画垫板线
7	齿连接	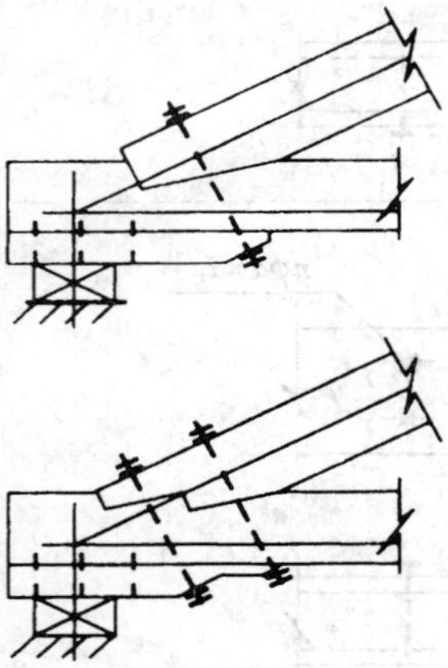	—

1.2.3 建筑识图方法

施工图纸是建造房屋的依据，是“工程的语言”，它明确规定了要建造一幢什么样的建筑，并且具体规定了形状、尺寸、做法和技术要求。木工除了较多的接触本工种的图纸外，有时还要结合整个工程图纸看图，才能交圈配合，不出差错。为此必须学会识图方法，才能收到事半功倍的效果。建筑识图方法具体见表 1－4。

表 1－4 建筑识图方法

序号	项 目	内 容
1	循序渐进	拿到一份图纸后，先看什么图，后看什么图，应该有主有次。一般是： （1）首先仔细阅读设计说明，了解建筑物的概况、位置、标高、材料要求、质量标准、施工注意事项以及一些特殊的技术要求，在思想上形成一个初步印象。 （2）接着要看平面图，了解房屋的平面形状、开间、进深、柱网尺寸，各种房间的安排和交通布置，以及门窗位置，对建筑物形成一个平面概念，为看立面图、剖面图打好基础。 （3）看立面图，以了解建筑物的朝向、层数和层高的变化，以及门窗、外装饰的要求等。 （4）看剖面图，以大体了解剖面部分的各部位标高变化和室内情况。

续表 1-4

序号	项　目	内　容
1	循序渐进	（5）最后看结构图，以了解平、立、剖面图等建筑图与结构图之间的关系，加深对整个工程的理解。 （6）另外，还必须根据平面图、立面图、剖面图等中的索引符号，详细阅读所指的大样图或节点图，做到粗细结合，大小交圈。 只有循序渐进，才能理解设计意图，看懂设计图纸，也就是说一般应做到“先看说明后看图；顺序最好平、立、剖；查对节点和大样；建筑结构对照读”。这样才能收到事半功倍的效果
2	记住尺寸	建筑工程虽然各式各样，但都是通过各部分尺寸的改变而出现各种不同的造型和效果。俗话说：“没有规矩，不成方圆”，图上如果没有长、宽、高、直径等具体尺寸，施工人员就没法按图施工。 但是图纸上的尺寸很多，作为具体的施工和操作人员来说，不需要，也不可能将图上所有的尺寸都记住。但是，对建筑物的一些主要尺寸，主要构配件的规格、型号、位置、数量等，则是必须牢牢记住的。这样可以加深对设计图纸的理解，有利于施工操作，减少或避免施工错误。 一般说，要牢记以下一些尺寸： 开间进深要记牢，长宽尺寸莫忘掉。 纵横轴线心中记，层高总高很重要。 结构尺寸要记住，构件型号别错了。 基础尺寸是关键，结构强度不能少。 梁、柱断面记牢靠，门窗洞口要留好
3	弄清关系	看图时必须弄清每张图纸之间的相互关系。因为一张图纸无法详细表达一项工程各部位的具体尺寸、做法和要求。必须用很多张图纸，从不同的方面表达某一个部位的做法和要求，这些不同部位的做法和要求，就是一个完整的建筑物的全貌。所以在一份施工图纸的各张图纸之间，都有着密切的联系。 在看图时，必须以平面图中的轴线编号、位置为基准，做到：“手中有图纸，心中有轴线，千头又万绪，处处不离线”。 图纸之间的主要关系，一般来说主要是： 轴线是基准，编号要相吻。 标高要交圈，高低要相等。 剖面看位置，详图详索引。 如用标准图，引出线标明。 要求和做法，快把说明拿。 土建和安装，对清洞、沟、槽。 材料和标准，有关图中查。 建筑和结构，前后要对照。 所以，弄清各张图纸之间的关系，是看图的重要环节，是发现问题、减少或避免差错的基本措施

续表 1-4

序号	项　目	内　容
4	抓住关键	在看施工图时，必须抓住每张图纸中的关键。只有掌握住关键，才能抓住要害，少出差错。一般应抓住以下几个关键： （1）平面图中的关键：在施工中常出现的一些差错有一定的共性。如“门是里开外开，轴线是正中偏中，朝向是东南西北，墙厚是一砖几砖”。门在平面图中有开启方向，而窗则没有开启方向，必须查大样图才能确定。轴线在墙上是正中还是偏中，哪一层是正中，哪一层是偏中，必须弄清，才不会造成轴线错误，以免错把所有的轴线都当成中线。房屋的朝向必须搞清楚，图上有指北针的以指北针为准，无指北针的以总平面图和总说明上的朝向为准。一般建筑物的平面图中，应符合上北下南、左西右东的规律。对在每一轴线、每一部位的墙厚也要仔细查对清楚，如哪道墙是一砖厚，哪道墙是半砖厚，绝对不能弄错。 （2）在立面图中，必须掌握门窗洞口的标高尺寸，以便在立皮数杆和预留窗台时不致发生错误。 （3）在剖面图中，主要应掌握楼层标高、屋顶标高。有的还要通过剖面图掌握室内洞口、内门标高、楼地面做法、屋面保温和防水做法等。 （4）在结构图中，主要应掌握基础、墙、梁、柱、板、屋盖系统的设计要求、具体尺寸、位置、相互间的衔接关系以及所用的材料等
5	了解特点	工业建筑要满足各种不同的生产工艺要求，在设计与施工中就各有不同的特点。如酸处理车间，对墙面、地面等有耐酸要求，就要采取不同的处理方法；精密仪表车间，对门窗、墙壁有不同的防尘、恒温、恒湿要求。民用建筑由于使用功能不同，也有不同的特点。如对影剧院，由于对声学有特殊要求，故在顶棚、墙面有不同的处理方法和技术要求。因此在熟悉每一份施工图纸时，必须了解该项工程的特点和要求，包括以下几方面： （1）地基基础的处理方案和要求达到的技术标准。 （2）对特殊部位的处理要求。 （3）对材料的质量标准或对特殊材料的技术要求。 （4）施工注意之点或容易出问题的部位。 （5）新工艺、新结构、新材料等的特殊施工工艺。 （6）设计中提出的一些技术指标和特殊要求。 （7）在结构上的关键部位。 （8）室内外装修的要求和材料。 只有了解一个工程项目的特点，才能更好地、全面地理解设计图纸，保证工程的特殊需要

续表 1-4

序号	项　　目	内　　容
6	图表对照	一份完整的施工图纸，除了包括各种图纸外，还包括各种表格，这些表格具体归纳了各分项工程的做法、尺寸、规格、型号，是施工图纸的组成部分。在施工图纸中常见的表有以下一些： （1）室内、外做法表。主要说明室内外各部分的具体做法，如室外勒脚怎样做，某房间的地面怎样做等。 （2）门、窗表。表明一幢建筑全部所需的门、窗型号、高宽尺寸（或洞口尺寸），以及各种型号门、窗的需用数量。 （3）构件表。根据工程所需的梁、柱、板的编号、名称，列出各类构件的规格、尺寸、型号、需要数量。 （4）钢筋表。在各种钢筋混凝土梁、柱、板、基础等结构中，所需钢筋的品种、直径、规格、尺寸、形状、根数和重量。 在看施工图时，最好先将自己看图时理解到的各种数据，与有关表中的数据进行核对，如完全一致，证明图纸及理解均无错误，如发现型号不对、规格不符、数量不等时，应再次认真核对，进一步加深理解，提高对设计图纸的认识，同时也能及时发现图、表中的错误
7	一丝不苟	看施工图纸必须认真、仔细、一丝不苟。对施工图中的每个数据、尺寸，每一个图例、符号，每一条文字说明，都不能随意放过。对图纸中表述不清或尺寸短缺的部分，绝不能凭自己的想象、估计、猜测来施工，否则就会差之毫厘、失之千里。 另外，一份比较复杂的设计图纸，常常是由若干专业设计人员共同完成的，由于种种原因，在尺寸上可能出现某些矛盾。如总尺寸与细部尺寸不符；大样、小样尺寸两样；建筑图上的墙、梁位置与结构图错位；总标高或楼层标高与细部或结构图中的标注不符等。还可能由于设计人员的疏忽，出现某些漏标、漏注部位。因此施工人员在看图时必须一丝不苟，才能发现此类问题，然后与设计人员共同解决，避免错误的发生
8	三个结合	在学习土建施工图时，必须注意结合学习其他专业图纸，才能全面地、正确地了解工程的全貌。尤其是对大型工程，有总平面布置图，有土方平衡图，有水、暖、电、卫生设备安装图，有设备基础施工图，有室内外的管道、管沟、电缆图等。这些各个专业的图纸，组成了一个工程项目完整的总体。这些专业图纸之间必须互相呼应，相辅相成。因此，在看土建图时要注意做到三个结合，即： （1）建筑与结构结合。即在看建筑图时，必须与结构图互相对照着看图。

续表 1-4

序号	项　目	内　容
8	三个结合	（2）室内与室外结合。在看单位工程施工图时，必须相应地看总平面图，了解本工程在建筑区域内的具体位置、方向、环境以及绝对高程；同时要了解室外各种管线布置情况，以及对本工程在施工中的影响，了解现场的防洪、排水问题应如何处理等。 （3）土建与安装结合：在看土建图时，必须结合看本工程的安装图，一定要做到： 预留洞、预留槽，弄清位置和大小，施工当中要留好。 预埋件、预埋管，规格数量核对好，及时安上别忘掉。 就是要求在看土建图时，一定要注意各种管、沟的进口位置、大小、标高与安装图是否交圈；设备预留洞口要多大，留在什么部位，哪些地方要预埋铁件或预埋管等
9	掌握技巧	看图纸和从事其他操作一样，除了熟练以外，还有个技巧问题。看图的技巧因人而异，各不相同，现介绍几点如下： （1）随看随记。看图时，应随手记下主要部位的做法和尺寸，记下需要解决的问题，并逐张看，逐张记，逐个解决疑难问题，以加深印象。 （2）先粗后细。先将全部图纸粗看一遍，大体形成一个主体概念，然后再逐张细看二至三遍。细看时，主要是了解详细的做法，逐个解决粗看中提出的一些疑问，从而加深理解，加深记忆。 （3）反复对照，找出规律。对图纸大体看过一遍后，再将有关图纸摆在一起，反复对照，找出内在的规律和联系，从而巩固对图纸的理解。 （4）图上标注，加强记忆。为了看图方便，加深记忆，可把某些图纸上的尺寸、说明、型号等标注到常用图纸上，如标注到平面图上等。这样可以加深记忆，有利于发现问题
10	形成整体概念	通过以上几个步骤的学习，对拟建工程就可以形成一个整体概念，对建筑物的特点、形状、尺寸、布置和要求已十分清楚。有了这个整体概念，在施工中就胸有成竹，可减少或避免错误。 因此，在学习图纸时，绝不能只看单张不看整体，就忙于开工。只有对建筑物形成了一个整体概念，才可以加深对工程的记忆和理解

1.3　房屋构造

一幢民用建筑，例如教学楼，一般是由基础、墙（或柱）、楼板层及地坪层（楼地层）、屋顶、楼梯和门窗等主要部分组成，如图 1-1 所示。

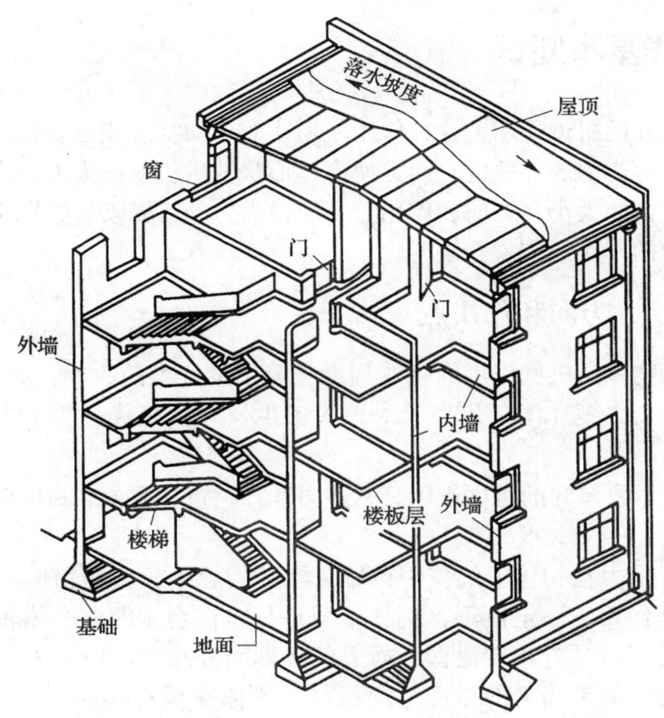

图 1－1 民用建筑物的组成

1. 基础

基础是房屋最下部埋在土中的扩大构件，它承受着房屋的全部荷载，并把荷载传给基础下面的土层（地基）。

2. 墙与柱

墙与柱是房屋的垂直承重构件，它承受楼地面和屋顶传来的荷载，并把这些荷载传给基础。墙体还是分隔、围护构件，外墙阻隔雨、风、雪、寒暑对室内的影响，内墙起着分隔房间的作用。

3. 楼面与地面

楼面与地面是房屋的水平承重和分隔构件。楼面是指二层或二层以上的楼板。地面又称为底层地坪，是指第一层使用的水平部分。它们承受着房间的家具、设备和人员的重量。

4. 楼梯

楼梯是楼房建筑中的垂直交通设施，供人们上下楼层和紧急疏散之用。

5. 屋顶（屋盖）

屋顶是房屋顶部的围护和承重构件。它一般由承重层、防水层和保温（隔热）层三大部分组成，主要抵御阳光辐射和风、霜、雨、雪的侵蚀，承受外部荷载以及自身重量。

6. 门和窗

门和窗是房屋的围护构件。门主要供人们出入通行，窗主要供室内采光、通风、眺望之用。同时，门窗还具有分隔和围护作用。

1.4 建筑力学基本知识

力是物体间相互的机械作用，这种作用使物体的运动状态或形状发生改变。力使物体运动状态发生改变称为力的外效应，而力使物体形状发生改变称为力的内效应。力对物体的作用效应取决于力的大小、方向和作用点，简称为力的三要素。这三个要素中，有任何一个要素改变，力的作用效应就会改变。

1.4.1 力的大小、方向和作用点

力的大小表示物体间机械作用的强弱程度，为了量度力的大小，必须规定力的单位，在国际单位制中，用牛顿（国际代号为 N）或千牛顿（国际代号为 kN）作为力的单位，$1\text{kN} = 10^3\text{N}$。

力的方向是表示物体间的机械作用具有方向性，它包含方位和指向两个意思，如铅垂向下、水平向右等。

力的作用点就是力在物体上的作用位置。实际工程中，力在物体中的作用位置并不集中于一点，而是作用于一定范围，例如重力是分布在物体的整个体积上的，称体积分布力，水对池壁的压力是分布在池壁表面上的，称面分布力，同理若分布在一条直线上的力，称线分布力，但是当力的作用范围相对于物体来说很小时可近似地看作一个点，作用于这个点上的力称为集中力。如力的作用范围较大，不能忽略不计，应按分布力来考虑。

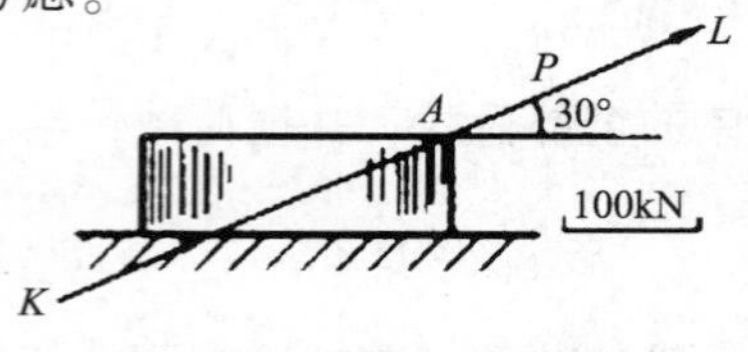

图 1－2 力的图示法

力是一个既有大小又有方向的量，所以力是矢量，可以用一个带箭头的线段来表示，称为力的图示法。如图 1－2 所示，线段的长度按一定的比例表示力的大小，线段与某定直线的夹角表示力的方位，箭头表示力的指向，带箭头线段的起点或终点表示力的作用点。

1.4.2 静力学公理

静力学基本公理是指人们在生产和生活实践中长期积累和总结出来并通过实践反复验证的具有一般规律的定理和定律。它是静力学的理论基础，且不用加以数学推导。

1. 二力平衡公理

作用在同一刚体上的两个力，使刚体平衡的充分和必要条件是：这两个力大小相等、方向相反且作用在同一直线上。

应当指出，二力平衡原理对刚体是必要且充分的，对变形体则是必要的，而不是充分的。

利用此原理可以确定力的作用线位置，例如刚体在两个力作用下平衡，若已知两个力的作用点，那么这两个作用点的连线即为力的作用线。

实际工程中把只受两个力作用而平衡的构件称为二力构件，若其为直杆，则称为二力杆。

2. 加减平衡力系公理

在作用于刚体上的力系中，加上或去掉任意一个平衡力系，则不会改变原力系对刚体的作用效果。此公理表明平衡力系对刚体不产生运动效应，其适用条件只是刚体。加减平衡力系公理是力系简化的重要依据。

由上述两个公理尚可导出一个推论。

推论：力的可传性原理。

作用于刚体上的力可沿其作用线移动到刚体内任意一点，而不改变它对刚体的作用效应。

证明：如图 1－3 所示，设 F 作用在 A 点，在其作用线另一点 B 点上加上一对沿作用线的二力平衡力 F_1 和 F_2 且有 $F_1 = -F_2 = F$，则 F、F_1 和 F_2 构成新的力系，由加减平衡力系原理减去 F 和 F_2 构成二力平衡力，从而将 F 移动作用线的另一点 B 上。

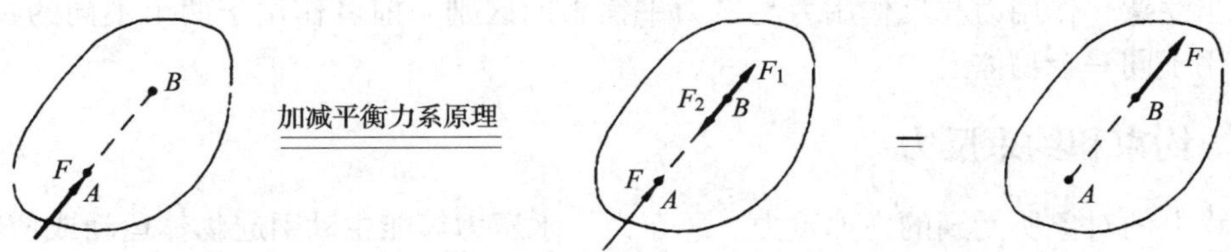

图 1－3　力的可传性

该推论表明，对于刚体来说，力的作用点在力的作用线上的位置不是决定其作用效应的要素，所以，力的三要素是力的大小、方向和作用线。

3. 力的平行四边形法则

作用于物体上同一点的两个力可以合成为作用于该点的一个合力，其大小和方向由这两个力为邻边所构成的平行四边形的对角线来确定，如图 1－4 所示。R 为 F_1 和 F_2 的合力，即合力等于两个分力的矢量和，其表达式为：

$$R = F_1 + F_2 \quad (1-1)$$

由上述公理又可导出下列推论。

推论：三力平衡汇交定理。

刚体在三个力的作用下平衡，若其中两个力的作用线交于一点，则第三个力的作用线必通过该汇交点，且三力共面。

证明：如图 1－5 所示，设刚体在三个力 F_1、F_2 和 F_3 作用下处于平衡，若 F_1 和 F_2 汇交于 O 点，将此二力沿其作用线移动到汇交点 O 处，并将其合成 F_{12}，则 F_{12} 和 F_3 构成二力平衡力，所以 F_3 必通过汇交点 O，且三力必共面。

应当指出，三力平衡汇交定理的条件是必要条件，不是充分条件。同时它也是确定力的作用线的方法之一，即若刚体在三个力作用下处于平衡，若已知其中两个力的作用线汇交于一点，则第三个力的作用点与该汇交点的连线即为第三个力的作用线，其指向再由二力平衡公理来确定。

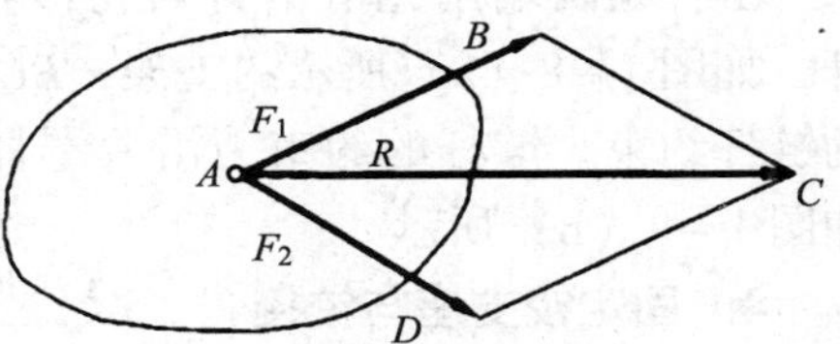

图 1－4　力的平行四边形法则

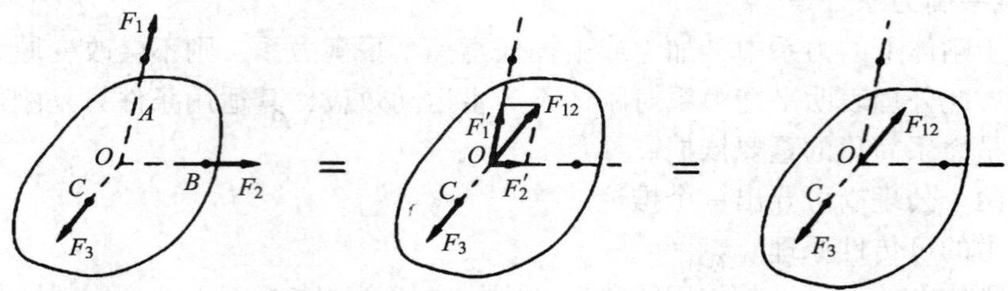

图1-5 三力平衡汇交定理

4. 作用与反作用公理

作用力和反作用力大小相等，方向相反，沿同一直线并分别作用在两个相互作用的物体上。

应当注意，作用力与反作用力与二力平衡力的区别，前者作用于两个不同的物体上，后者作用于同一个物体上。

1.4.3 约束和约束反力

工程上的对象所受到的力如重力、风压力、水压力等能主动引起物体运动或使物体有运动趋势，我们把这种力称为主动力。工程上的物体还受到与之相联系的其他对象的限制，如板受到梁的限制，梁受到柱的限制，柱受到基础的限制。一个对象的运动受到周围物体的限制，这些周围物体就称作该物体的约束，例如前面所提到的，梁是板的约束，柱是梁的约束，基础是柱的约束。约束对于物体的作用称为约束反力，简称反力，其与约束是相对应的，有什么样的约束，就有什么样的约束反力。

通常主动力的大小是已知的，而约束反力的大小是未知的，需借助力系的平衡条件求得。工程上常见的约束可简化成以下几种类型。

1. 柔体约束

由拉紧的不计自重的绳索、链条、胶带等构成的约束称为柔体约束，其约束反力的方向沿柔体的中心线，并且背离被约束的物体，表现为拉力，如图1-6所示。

2. 光滑接触面约束

当物体与约束的接触面之间的摩擦力小到可以忽略不计时，即可看作光滑接触面约束，其约束反力通过接触点，并沿着接触面的公法线指向被约束的物体，如图1-7所示。

3. 链杆约束

链杆是两端用光滑销钉与物体相连而中间不受力的直杆，如图1-8（a）所示的支架，*BC*杆就可以看成是*AB*杆的链杆约束。链杆的约束力沿着链杆中心线，但指向不定。如图1-8（b）所示。

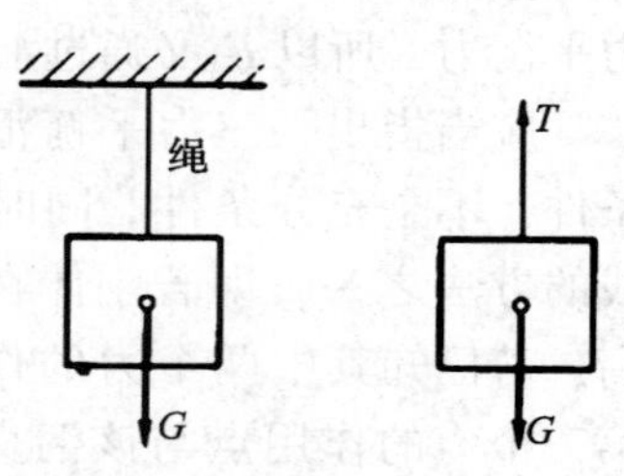

图1-6 柔体约束

4. 固定铰支座与铰接

工程上常用一种叫作支座的部件，将一个对象支撑于基础或一静止对象上，如将对象用圆柱形光滑销钉与固定支座

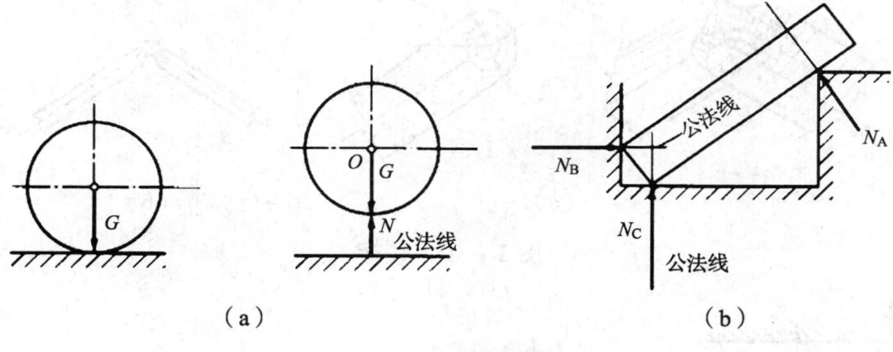

图1-7　光滑接触面约束

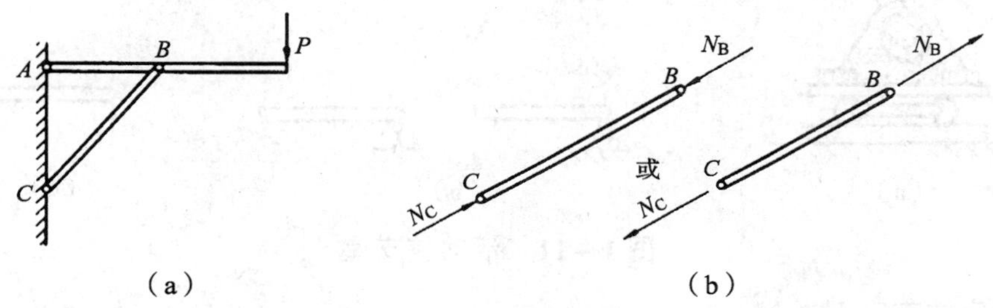

图1-8　链杆约束

连结，该支座就成为固定铰支座，简称铰支座，如图1-9（a）所示。固定铰支座的约束力在垂直于销钉轴线的平面内，通过销钉中心，方向不定。图1-9（b）是固定铰支座的两种简化表示法。图1-9（c）是固定铰支座约束反力的表示法。如两个构件用圆柱形光滑销钉连接，如图1-10（a）所示，则称为铰接，而连接件在习惯上简称为铰，图1-10（b）是铰接的表示法。其约束反力与铰支座相同。

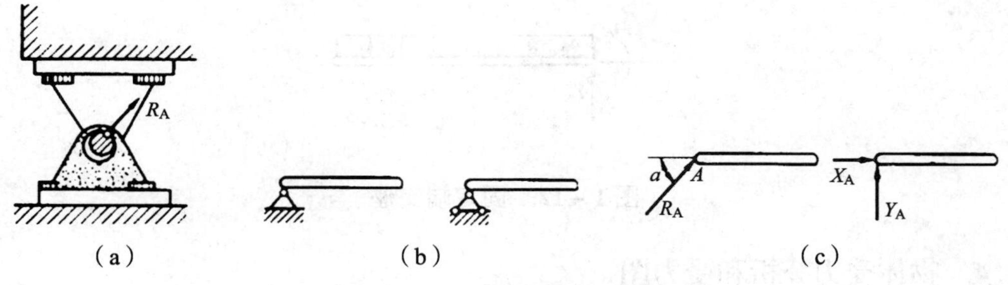

图1-9　固定铰支座

5. 活动铰支座（辊轴支座）

将构件用销钉与支座连接，而支座可以沿着支承面运动，就称为活动铰支座，或称辊轴支座，如图1-11（a）所示。其约束反力通过销钉中心，垂直于支承面，指向和大小待定。这种支座的简图如1-11（b）所示，约束反力如图1-11（c）所示。

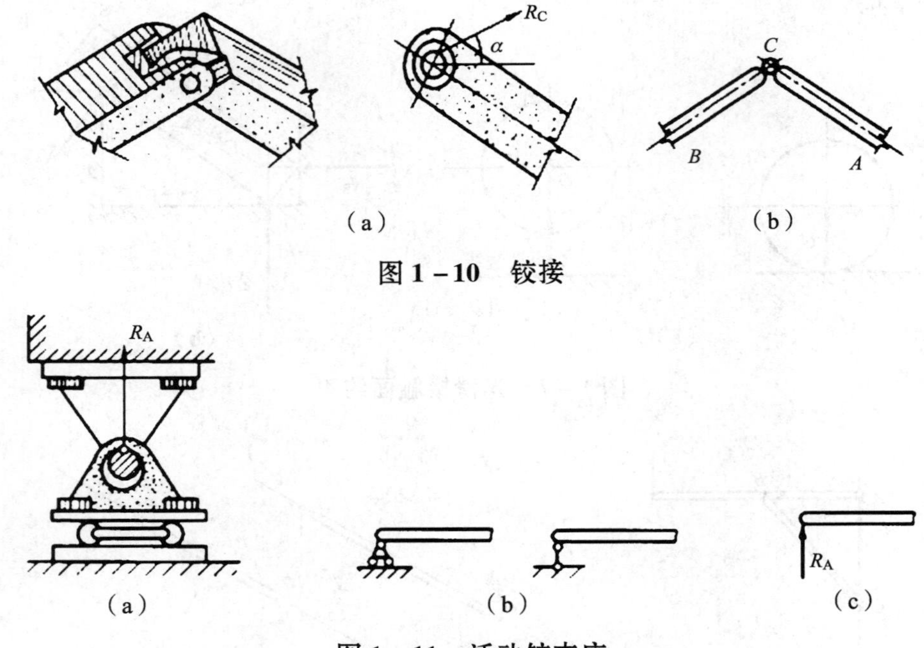

图 1－10 铰接

图 1－11 活动铰支座

6．固定端支座

通常在物体被嵌固时发生，其约束反力通常表示为两个相互垂直的分力和一个力偶，其分力和力偶的指向和大小待求，如图 1－12 所示。

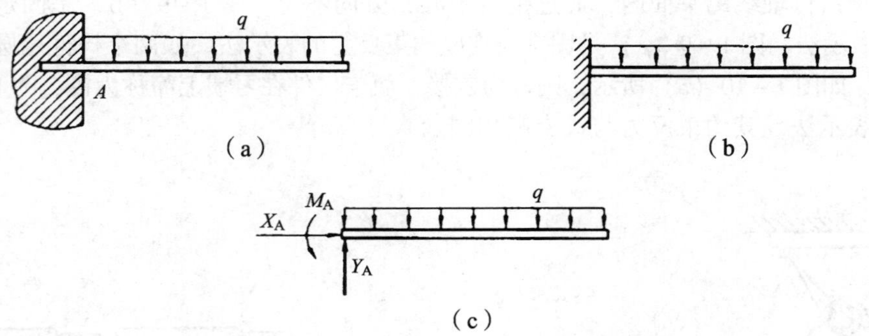

图 1－12 固定端支座

1.4.4 物体受力分析和受力图

研究力学问题，首先要对物体进行受力分析，即分析物体受到哪些作用力。

在工程实际中，各个物体都通过一定的联系方式连在一起，如板和梁相连、梁和柱相连，因此，在对物体进行受力分析时，首先要明确研究对象，并设法将它从周围的物体分离出来，这样被分离出来的研究对象称为脱离体。在脱离体上画出周围物体对它的全部作用力（包括主动力和约束力），这样的图形称为受力图。

正确地对物体进行受力分析和画受力图是力学计算的前提和关键，画受力图的方法与步骤如下：

(1) 确定研究对象，并把它作为一个脱离体单独画出。

(2) 画出研究对象所受到的全部主动力，主动力一般是已知的，必须画出。

(3) 画出全部与去掉的约束相对应的约束反力。约束反力一般是未知的，要从解除约束处分析。

画受力图时应注意以下几点：

(1) 必须明确研究对象，将所研究的物体从周围的约束中分离出来，把它作为一个脱离体画出。研究对象可以取一个单一的物体，也可以取由几个物体组成的系统，研究对象不同，其受力图也不同。

(2) 画出全部的主动力和约束力，应根据连结处的受力特点进行受力分析，不能凭空捏造一个力，也不能漏掉一个力。

(3) 正确运用静力学原理，例如二力平衡原理、作用力与反作用力定律、三力平衡汇交定理等。当分析物体间相互作用时，作用力的方向一旦被假定，反作用力的方向必须与之相反。

(4) 画受力图时，要分清研究对象所受到的力是外力还是内力，只画外力，不画内力。外力是研究对象以外的物体施加给它的，而内力是研究对象内部之间的相互作用力。内力和外力是相对而言的，例如，对由 A 物体和 B 物体组成的系统来说，A 物体对 B 物体的作用力是内力，因此不用画出，而对 B 物体来说，A 物体对 B 物体的作用力则属于外力，必须画出。

(5) 约束反力必须与约束类型相对应，有什么样的约束，就有什么样的约束反力。

1.5 抄平放线基本知识

1.5.1 水准仪

1. 水准仪的种类

水准仪是建立水平视线测定地面两点间高差的仪器。主要部件有望远镜、管水准器（或补偿器）、垂直轴、基座、脚螺旋。按结构分为微倾水准仪、自动安平水准仪、激光水准仪和数字水准仪（又称电子水准仪），见表1－5。按精度分为精密水准仪和普通水准仪。

表1－5 水准仪按结构分类

名　称	内容及图示
微倾水准仪	借助微倾螺旋获得水平视线。其管水准器分划值小、灵敏度高。望远镜与管水准器联结成一体。凭借微倾螺旋使管水准器在竖直面内微作俯仰，符合水准器居中，视线水平

续表 1－5

名　称	内容及图示
微倾水准仪	
自动安平水准仪	借助自动安平补偿器获得水平视线。当望远镜视线有微量倾斜时，补偿器在重力作用下对望远镜作相对移动，从而迅速获得视线水平时的标尺读数。这种仪器较微倾水准仪工效高、精度稳定 
激光水准仪	利用激光束代替人工读数。将激光器发出的激光束导入望远镜筒内使其沿视准轴方向射出水平激光束。在水准标尺上配备能自动跟踪的光电接收靶，即可进行水准测量 
数字水准仪	这是 20 世纪 90 年代发展的水准仪，集光机电、计算机和图像处理等高新技术为一体，是现代科技最新发展的结晶 

2. 水准仪的操作

水准仪操作的基本方法和步骤见表1－6。

表1－6　水准仪操作的基本方法和步骤

步骤	内　容
安置	安置是将仪器安装在可以伸缩的三脚架上并置于两观测点之间。首先打开三脚架并使高度适中，用目估法使架头大致水平并检查脚架是否牢固，然后打开仪器箱，用连接螺旋将水准仪器连接在三脚架上
粗平	粗平是使仪器的视线粗略水平，利用脚螺旋置圆水准气泡居于圆指标圈之中。具体方法：如图（a）所示，设气泡偏离中心于 *a* 处时，可先选择一对脚螺旋①、②，用双手以相对方向转动两个脚螺旋，使气泡移至两脚螺旋连线的中间 *b* 处，如图（b）所示；然后，再转动脚螺旋③使气泡居中，如图（b）所示。如此反复进行，直到气泡严格居中为止。在整平过程中，气泡移动的方向始终与左手大拇指（或右手食指）转动脚螺旋的方向一致 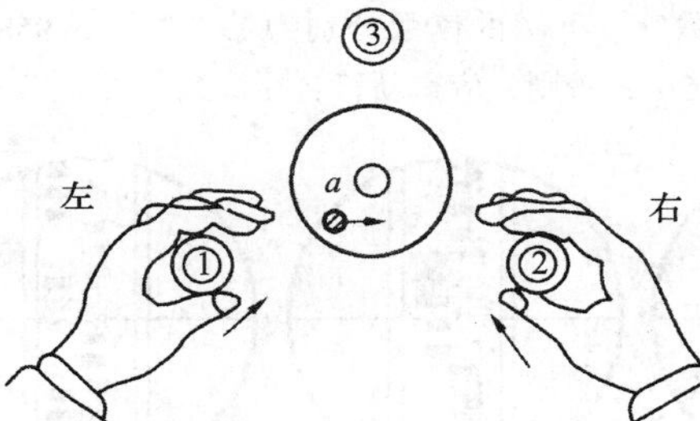 (a) 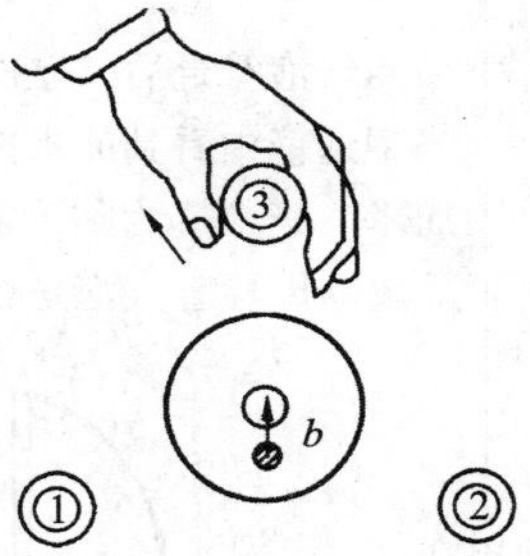　(b)
瞄准	仪器粗略整平后，可用望远镜瞄水准尺。其操作步骤如下： （1）目镜对光。将望远镜对向较明亮处，转动目镜对光螺旋，使十字丝调至最为清晰。 （2）初步照准。放松照准部的制动螺旋，利用望远镜上部的照门和准星，对准水准尺，然后拧紧制动螺旋。 （3）物镜对光和精确瞄准。先转动物镜对光螺旋使尺像清晰，然后转动微动螺旋使尺像位于视场中央。 （4）消除视差。物镜对光后，眼睛在目镜端上、下微微地移动，这是因为十字丝和水准尺的像有相互移动的现象，这种现象称为视差。视差产生的原因是由于水准尺没有成像在十字丝平面上而造成的。视差的存在会影响观测读数的正确性，必须消除。消除视差的方法是先进行目镜调焦，使十字丝清晰，然后再转动对光螺旋进行物镜对光，使水准尺像清晰

续表 1-6

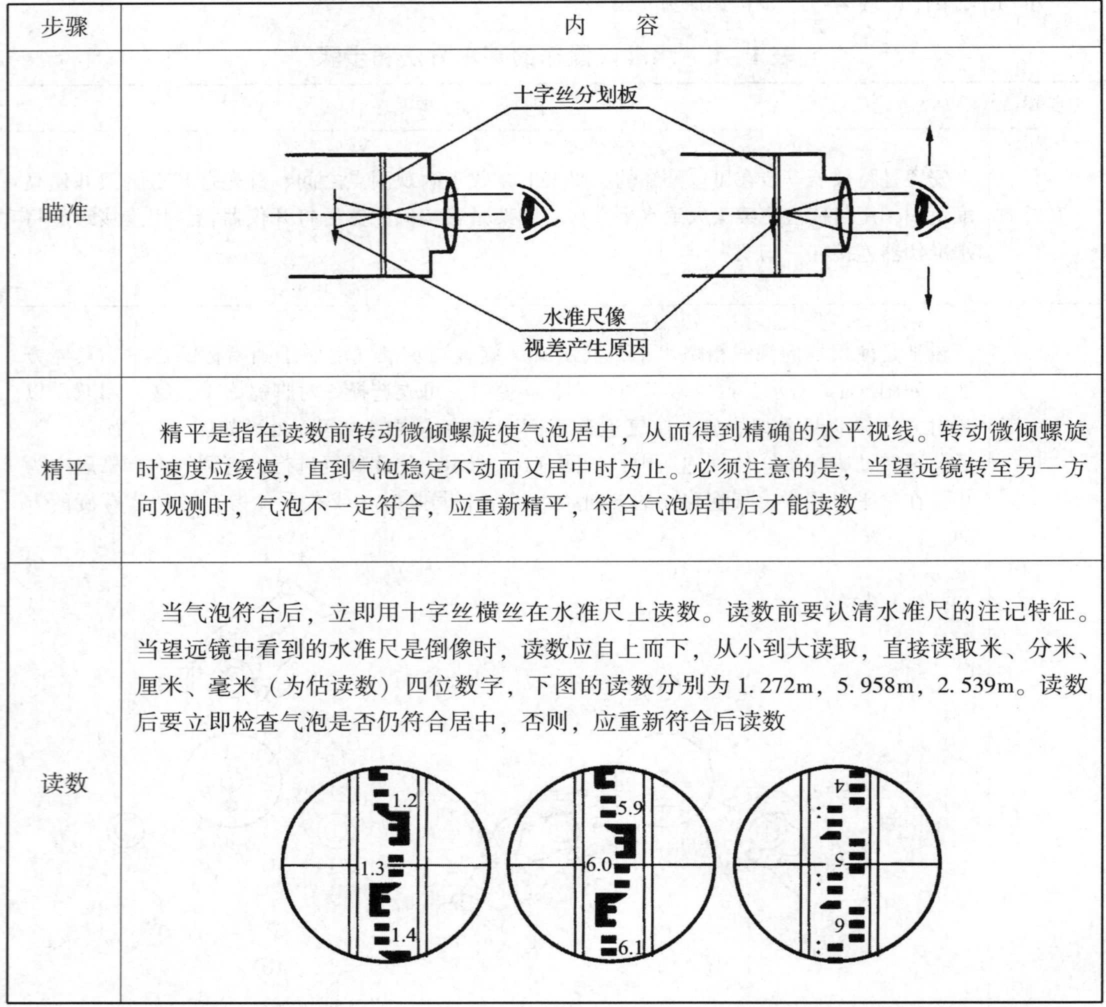

步骤	内 容
瞄准	十字丝分划板 水准尺像 视差产生原因
精平	精平是指在读数前转动微倾螺旋使气泡居中，从而得到精确的水平视线。转动微倾螺旋时速度应缓慢，直到气泡稳定不动而又居中时为止。必须注意的是，当望远镜转至另一方向观测时，气泡不一定符合，应重新精平，符合气泡居中后才能读数
读数	当气泡符合后，立即用十字丝横丝在水准尺上读数。读数前要认清水准尺的注记特征。当望远镜中看到的水准尺是倒像时，读数应自上而下，从小到大读取，直接读取米、分米、厘米、毫米（为估读数）四位数字，下图的读数分别为 1.272m，5.958m，2.539m。读数后要立即检查气泡是否仍符合居中，否则，应重新符合后读数

3. 水准测量原理

水准测量是利用能够提供水平视线的仪器——水准仪，同时借助水准尺，测定地面上两点之间的高差，再由已知点的高程推算未知点高程的一种测定高程的方法。

如图 1-13 所示，已知 A 点的高程 H_A，欲求 B 点的高程 H_B，在 A、B 两点间安置水准仪，分别读取竖立在 A、B 两点上的水准尺读数 a 和 b，由几何原理可知 A、B 两点间的高差为

$$h_{AB} = a - b \tag{1-2}$$

测量工作一般是由已知点向未知点方向进行的，即图 1-13 中，由已知点 A 向待求点 B 进行，则称 A 点为后视点，其上水准尺的读数 a 为后视读数；B 点为前视点，其上水准尺的读数 b 为前视读数。a、b 的真实意义分别为水平视线到后视点 A 和前视点 B 的高度。由此就有，两点之间的高差等于后视读数减去前视读数。

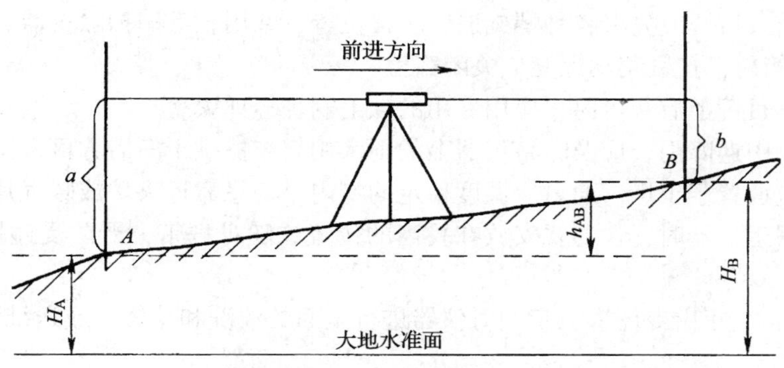

图 1-13 水准测量原理

由图 1-13 和式（1-2）不难看出：

当 $a>b$ 时，$h_{AB}>0$，B 点比 A 点高；$a<b$ 时，$h_{AB}<0$，B 点比 A 点 B 低；$a=b$ 时，$h_{AB}=0$，B 点与 A 点同高。

由图 1-13 可知，B 点的高程为

$$H_B = H_A + h_{AB} = H_A + (a-b) \quad (1-3)$$

按上式直接利用高差 h_{AB} 计算 B 点高程，称为高差法。

从图 1-13 中可以看出，H_A+a 为视线高程 H_i，则式（1-3）还可写为

$$H_B = H_i - b \quad (1-4)$$

在实际工程测量中，当安置一次水准仪需测定多个前视点高程时，通常可以先计算出水准仪的视线高程 H_i，再由视线高程 H_i 推算出 B 点的高程 H_A。按式（1-2）利用仪器视线高程 H_i 计算 B 点高程的方法通常称为仪高法。

4. 水准仪的使用与维护

（1）水准仪使用注意事项。水准仪是一种精密的光学仪器，使用时必须注意以下几点：

1）领用水准仪时，应首先检查仪器有无损坏；配件是否齐全、配套；物镜、目镜有否磨损，十字线是否清晰；各转动部位是否灵活等。

2）由箱中取出仪器时，应先松开各制动螺旋，用手拿住基座，轻轻将仪器取出。

3）在安置三脚架时，应选择在视线能通视、无障碍物影响、行人车辆干扰少、能保证仪器安全的地方。

4）仪器放到三脚架上后，应立即旋紧连接螺旋，并经常检查其连接是否牢靠。

5）仪器安置好后，测量人员不得离开，或另设专人保护，不让无关人员接近仪器。

6）微倾螺旋要居中，不宜过高或过低，以便于水准管的调平。

7）制动螺旋应松紧适度，不得过紧；微动螺旋宜保持在微动卡中间一段。

8）转移测站连续工作时，应将制动螺旋微微拧紧，一手持三脚架于肋下，另一手紧握基座置仪器于胸前进行移站，切不可单手提携或肩扛。

9）不得用手指、手帕等物擦拭物镜和目镜上的灰尘；观测结束后，应及时盖上物镜盖。

10）仪器应避免日晒、雨淋，在烈日或雨雪天操作时，应撑伞遮挡。

（2）水准仪的维护。

1）观测结束后，应先将各种螺旋退回正常位置，并用软毛刷扫除仪器表面上的灰尘，再按原位装入箱内，拧紧制动螺旋，关闭箱盖。

2）物镜、目镜上有灰尘时，应用专用的软毛刷轻轻掸去。

3）如观测中遇降雨，应及时将仪器上的雨水用软布擦拭干净后方可入箱关盖。

4）仪器应放置于干燥、通风、温度稳定的室内，切忌靠近火炉或暖气片。

5）长途搬运仪器时，仪器要安放在妥当的位置或随身携带，严防受碰撞、受振动或受潮。

6）每隔1~2年由专门人员定期对仪器进行全面的清洗和检修，或送维修部门进行清洗和检修。

1.5.2 建筑物的定位放线

1. 测设前的准备工作

首先是熟悉图纸，了解设计意图。设计图纸是施工测量的主要依据。与测设有关的图纸主要有：建筑总平面图、建筑平面图、立面图、剖面图、基础平面图和基础详图。设计总平面图是施工放线的总体依据，建筑物都是根据总平面图上所给的尺寸关系进行定位的。建筑平面图给出了建筑物各轴线的间距。立面图和剖面图给出了基础、室内外地坪、门窗、楼板、屋架、屋面等处设计标高。基础平面图和基础详图给出基础轴线、基础宽度和标高的尺寸关系。在测设工作之前，需了解施工的建筑物与相邻建筑物的相互关系，以及建筑物的尺寸和施工的要求等。对各设计图纸的有关尺寸及测设数据应仔细核对，必要时要将图纸上主要尺寸摘抄于施测记录本上，以便随时查找使用。

其次要现场踏勘，全面了解现场情况，检测所给原有测量控制点。平整和清理施工现场，以便进行测设工作。

然后按照施工进度计划要求，制定测设计划，包括测设方法、测设数据计算和绘制测设草图。

在测量过程中，还必须清楚测量的技术要求，因此，测量人员对施工规范和工程测量规范的相关要求应进行学习和掌握。

2. 建筑物的定位

建筑物的定位是根据设计条件，将建筑物外廓的各轴线交点（简称角点）测设到地面上，作为基础放线和细部放线的依据。由于设计条件不同，定位方法主要有下述三种：

（1）根据与原有建筑物的关系定位。在建筑区内新建或扩建建筑物时，一般设计图上都给出新建筑物与附近原有建筑物或道路中心线的相互关系，如下列几种图形情况。图1－14中绘有斜线的是原有建筑物，没有斜线的是拟建建筑物。

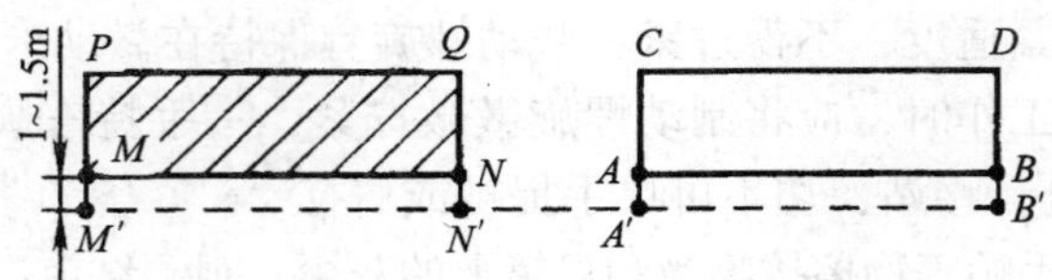

图1－14 建筑物的延长直线法定位

如图1－14所示，拟建的建筑物轴线*AB*在原有建筑物轴线的延长线上，可用延长直线法定位。为了能够准确地测设*AB*，应先作*MN*的平行线*M′N′*。作法是沿原建筑物*PM*与*QN*墙面向外量出*MM′*及*NN′*，并使*MM′*＝*NN′*，在地面上定出*M′*和*N′*两点作为建筑基线。再安置经纬仪于*M′*点，照准*N′*点，然后沿视线方向，根据图纸上所给的*NA*和*AB*尺寸，从*N′*点用量距方法依次定出*A′*、*B′*两点。再安置经纬仪于*A′*点和*B′*点测设90°而定出*AC*和*BD*。

如图1－15所示，可用直角坐标法定位。先按上法作*MN*的平行线*M′N′*，然后安置经纬仪于*N′*点，作*M′N′*的延长线，量取*ON′*距离，定出*O*点，再将经纬仪安置于*O*点上测设90°角，丈量*OA*值定出*A*点，继续丈量*AB*而定出*B*点。最后在*A*点和*B*点安置经纬仪测设90°，根据建筑物的宽度而定出*C*点和*D*点。

如图1－16所示，拟建建筑物*ABCD*与道路中心线平行，根据图示条件，主轴线的测设仍可用直角坐标法。测法是先用拉尺分中法找出道路中心线，然后用经纬仪作垂线，定出拟建建筑物的轴线。

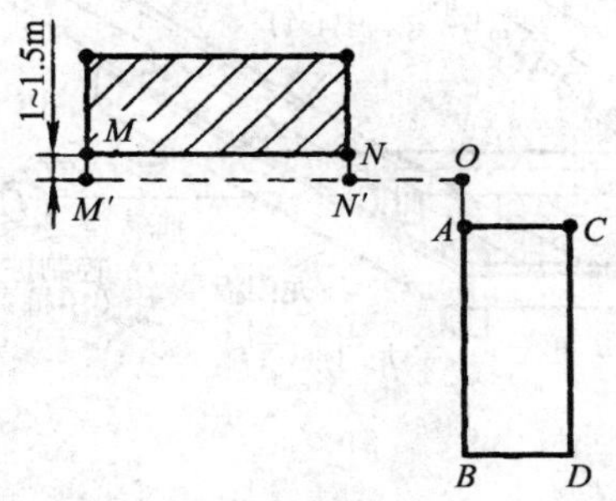

图1－15 直角坐标法定位（一）

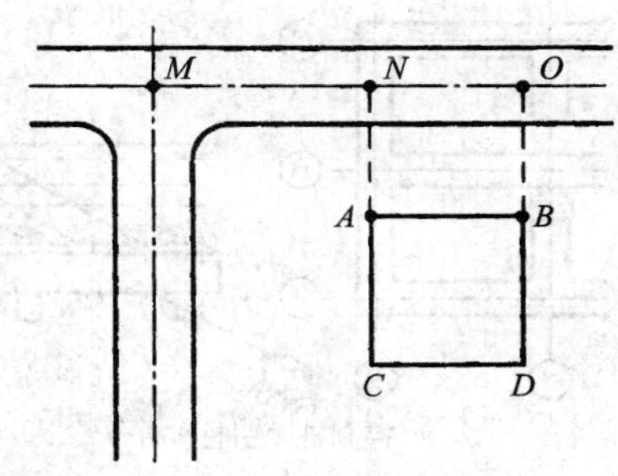

图1－16 直角坐标法定位（二）

（2）根据建筑方格网定位。在建筑场地已设有建筑方格网，可根据建筑物和附近方格网点的坐标，用直角坐标法测设。如图1－17所示，由*A*、*B*点的设计坐标值可算出建筑物的长度和宽度。测设建筑物定位点*A*、*B*、*C*、*D*时，先把经纬仪安置在方格点*M*上，照准*N*点，沿视线方向自*M*点用钢卷尺量取*A*与*M*点的横坐标差得*A′*点，再由*A′*点沿视线方向量建筑物的长度得*B′*点，然后安置经纬仪于*A′*点，照准*N*点，向左测设90°，并在视线上量取*AA′*得*A*点，再由*A*点继续量取建筑物的宽度得*D*点。安置经纬仪于*B′*点，同法定出*B*、*C*点。为了校核，应再测量*AB*、*CD*及*BC*、*AD*的长度，看其是否等于建筑物的设计长度和宽度。

（3）根据控制点的坐标定位。在场地附近如果有测量控制点可以利用，也可以根据控制点及建筑物定位点的设计坐标，反算出交会角度或距离后，因地制宜采用极坐标法或角度交会法将建筑物的主要轴线测设到地面上。

3．建筑物的放线

建筑物放线是指根据定位的主轴线桩（即角桩），详细测设其他各轴线交点的位置，并用木桩（桩顶钉小钉）标定出来，称为中心桩，并据此按基础宽和放坡宽用白灰线撒出基槽边界线。

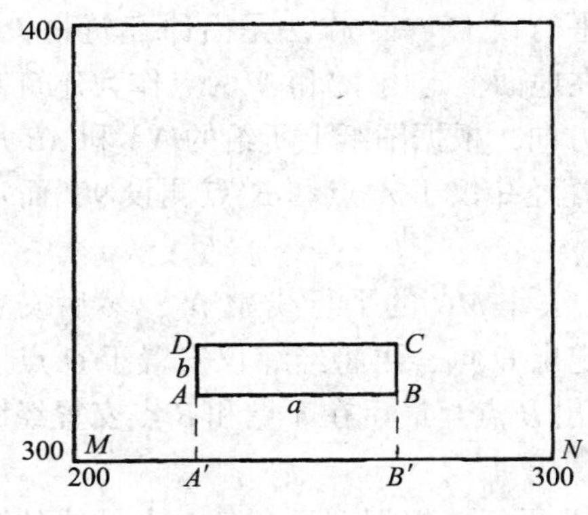

图 1－17 建筑方格网定位

由于在施工开挖基槽时中心桩要被挖掉，因此，在基槽外各轴线延长线的两端应钉轴线控制桩（也叫保险桩或引桩），作为开槽后各阶段施工中恢复轴线的依据。控制桩一般钉在槽边外 2～4m 不受施工干扰并便于引测和保存桩位的地方，如附近有建筑物，亦可把轴线投测到建筑物上，用红油漆作出标志，以代替控制桩。

（1）龙门桩的测设。在一般民用建筑中，为了便于施工，常在基槽开挖之前将各轴线引测至槽外的水平木板上，以作为挖槽后各阶段施工恢复轴线的依据。水平木板称为龙门板，固定龙门板的木桩称为龙门桩，如图 1－18 所示。

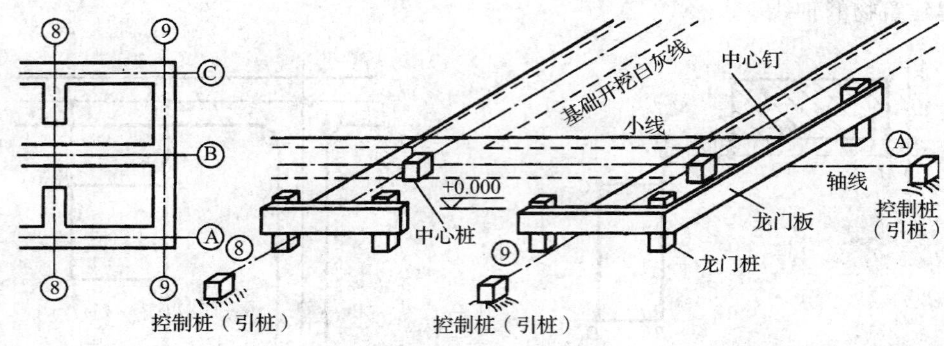

图 1－18 龙门桩的设置

设置龙门板的步骤如下：

1）在建筑物四角和中间隔墙的两端基槽外 1.5～2m 处（可根据槽深和土质而定）设置龙门桩。桩要竖直、牢固，桩的侧面应与基槽平行。

2）根据附近水准点，用水准仪在每个龙门桩外侧测设出该建筑物室内地坪设计高程线即 ±0 标高线，并作出标志。在地形条件受到限制时，可测设比 ±0 高或低整分米数的标高线，但同一个建筑物最好只选用一个标高。如地形起伏较大需用两个标高时，必须标注清楚，以免使用时发生错误。

3）沿龙门桩上 ±0 标高线钉设龙门板，这样龙门板顶面的高程就同在 ±0 的水平面上。然后用水准仪校核龙门板的高程，如有差错则应及时纠正。

4）把经纬仪安置于中心桩上，将各轴线引测到龙门板顶面上，并钉小钉作为标志（称为中心钉）。如果建筑物较小，也可用垂球对准定位桩中心，在轴线两端龙门板间拉一小线绳，使其贴靠垂球线，用这种方法将轴线延长标在龙门板上。

5）用钢直尺沿龙门板顶面，检查中心钉的间距，其误差不超过 1/20000。检查合格后，以中心钉为准，将墙宽、基础宽标在龙门板上。最后根据基槽上口宽度拉线，用石灰撒出开挖边线。

龙门板使用方便，它可以控制 ±0 以下各层标高和基槽宽、基础宽、墙身宽。但它需要木材较多，且占用施工场地影响交通，对机械化施工不适应。这时候可以用轴线控制桩的方法来代替。

（2）轴线控制桩的测设。轴线控制桩的方法实质上就是厂房控制网的方法。在建筑物定位时，不是直接测设建筑物外廓的各主轴线点，而是在基槽外 1 ~ 2m 处（视槽的深度而定），测设一个与建筑物各轴线平行的矩形网。在矩形网边上测设出各轴线与之相交的交点桩，称为轴线控制桩或引桩。利用这些轴线控制桩，作为在实地上定出基槽上口宽、基础边线、墙边线等的依据。

一般建筑物放线时，±0.000 标高测设误差不得大于 ±3mm，轴线间距校核的距离相对误差不得大于 1/3000。

1.5.3 一般基础工程施工测量

基础是建筑物的地下入土部分，它的作用是将建筑物的总荷载传给地基。不同基础的埋置深度是设计部门依据多种因素而确定的，因此，基槽开挖的深度必须满足基础埋置深度的要求。另外，为了保证基础的设计宽度得以满足，还必须在基础垫层上弹出基础边界线。当基础施工结束后，还要检查基础面是否水平，其标高是否满足设计要求。与此同时，还要检查基础面四角是否是直角等。这些都是基础工程施工中必须进行的测量工作。

1. 基槽开挖深度的控制

当基槽挖到一定的深度时，如果有一个明确的高程标志来告诉开挖人员，再往下挖多少就是槽底的设计标高；那基槽开挖工作就一定能又快又准地完成。这个“明确的高程标志”是完全可以做出来的，而且做法也很简单。就是当基槽开挖到接近槽底设计标高时，用水准仪在槽壁上每隔 2 ~ 3m 测设一个比槽底设计标高高出 0.500m（或某一整数）的水平桩，并沿水平桩在槽壁上弹一条标记线（比如墨线），依此控制挖槽深度和打基础垫层高度。

水平桩一般根据施工现场已测设的 ±0 标志或龙门板顶标高，用水准仪按高程测设的方法测设的。如图 1 – 19 所示，设槽底设计标高为 –1.70m，欲测设比槽底设计标高高 0.500m 的水平桩，首先在地面适当地方安置水准仪，立水准尺于龙门板顶面上，读取后视读数为 0.774m，求得测设水平桩的应读前视读数为 0.774m + 1.700m – 0.500m = 1.974m。然后立尺于槽内一侧并上下移动，直至水准仪视线读数为 1.974m 时，即可沿尺子底面在槽壁打一小木桩，即为要测设的水平桩。

2. 在垫层上弹线

根据控制桩或龙门板上的中心钉等标志，在垫层上用墨线弹出轴线、墙边线和基础边线（俗称撂底）。因为这是基础施工的基准线，所以墨线弹后要进行严格的复核检查。

3. 基础砌筑时的标高控制

砌筑基础时，一般用皮数杆作为标高控制。立基础皮数杆时，可先在立杆处打一木桩，用水准仪在木桩侧面抄出一条高于垫层某一数值（如 10cm）的水平线。然后将皮数杆上相同的一条标高线对准木桩上的水平线，并用钉子把皮数杆竖直钉牢，作为砌筑时的标高依据。当基础墙砌到 ±0.000 标高下一层砖时，应用水准仪测设防潮层标高，其误差不应大于 ±5mm。

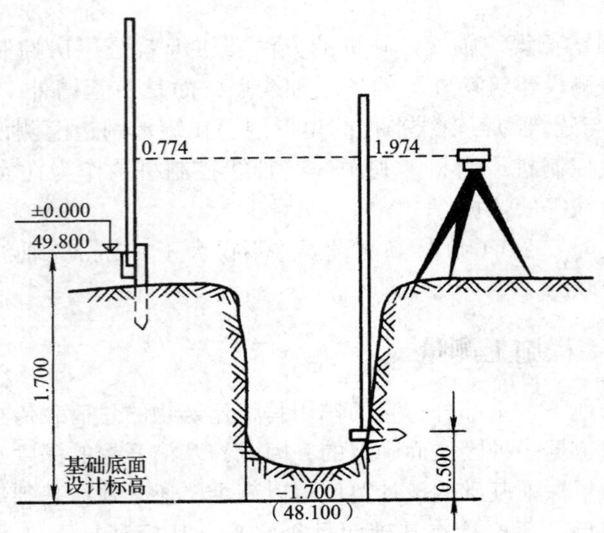

图 1－19 水平桩的测设

基础施工结束后，要检查各轴线交点上的基础面的标高是否符合设计要求。一般建筑物的基础面标高允许误差为 ±10mm。

4. 基础面直角的检查

在施工结束后的基础面上，恢复出轴线后，应检查基础面上的 4 个角点上的角度是否等于 90°。尤其是未测设控制桩的基础施工，更应进行这项检查。

除角度检查外，还要对各轴线点之间的距离进行检查，然后才能进行墙体的施工。

1.5.4 墙体工程施工测量

墙体施工中的测量工作，主要是墙体的定位和提供墙体各部位的高程标志。

1. 墙体定位

根据设计图纸的要求，利用控制桩或龙门板上已经做出的中轴线和墙边线标志，在基础面上弹出轴线和墙边线，然后再量出门洞位置。施工人员就可以按照墙边线进行墙体的砌筑，中轴线则作为向上投测轴线的依据。

墙边线是整个房屋主体的尺寸线，其位置是否正确，直接关系到房屋的施工质量。因此，弹出的墙边线要进行严格的校核。

当墙砌到窗台面高度时，要在外墙面上，根据轴线量出窗的位置，以便砌墙时预留窗洞。

2. 墙体各部位标高的控制

在墙边线弹出后，在内墙的转角处树立皮数杆，如图 1－20 所示。皮数杆是用来表明在一定高度内应砌砖的行数（皮数）和砖缝厚度的专用木杆。在制作皮数杆时，若墙体上各构件的标高可以稍有变动，则按标准缝厚把砖的行数画成整皮数。否则就要调节灰缝厚度，使规定高度内成整皮数。

砖缝的厚度可按式（1－5）计算：

$$h_{缝}=\frac{H-nh_{砖}}{n} \tag{1－5}$$

式中：$h_{缝}$——砖缝的厚度；

H——墙体上某一高度；

n——砖的皮数；

$h_{砖}$——砖的厚度。

计算时，可先根据 H 大致估计一个 n 值进行计算，然后再作调节，最后得出 $h_{缝}$ 的值。按砌体施工规范规定，砖缝厚度应在 0.8～1.2cm 之间。

立皮数杆时，先在地面打一木桩，用水准仪在桩的一侧测出 ±0.000 的位置，划出横线，然后把皮数杆上的 ±0.000 线与之对齐，并将皮数杆固定即可。

每层的墙体砌到窗台时，要在内墙面上、高出室内地坪 0.5m 处，用水准仪测设一条标高线，并用墨线在墙面上弹出。在安装楼板时，可用作检查墙面的标高，并可作为室内装修等工作的标高依据。

墙的垂直度是用托线板（图 1－21）来进行校正的。把托线板紧靠墙面，如果垂球线与板上的墨线不重合，就要对砌砖的位置进行校正。

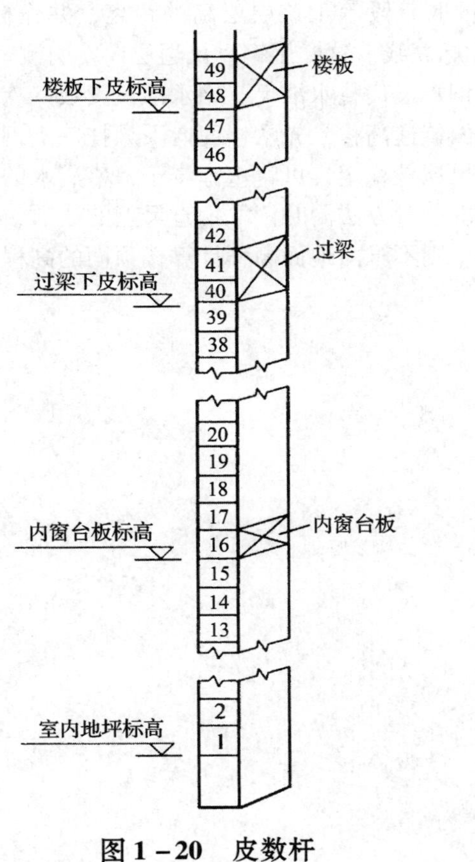

图 1－20 皮数杆

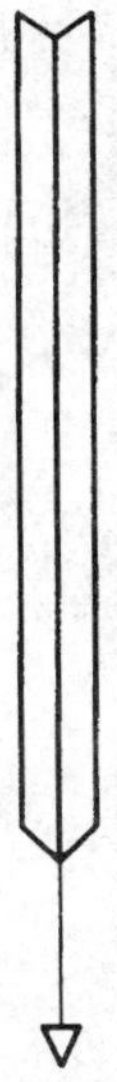

图 1－21 托线板

在楼板安装好后，将底层的墙体轴线引测到楼面上，并定出墙边线。在砌墙开始前，要重新立皮数杆，立杆处要进行“抄平”，使皮数杆底的标高与相应的标高一致。

3. 轴线和标高的传递

（1）轴线的传递。将底层的各轴线传递到楼面上去的方法有两种。当建筑物层数不多时，可用垂球来传递。从上一层楼面悬挂垂球，使垂球尖对准基础面上的轴线标志。当垂球稳定后，根据垂球线，在楼面边缘做出标记即可。同样，这种方法也可用作检查墙角线是否竖直。另一种方法是用经纬仪，按正、倒镜法，将基础面上的轴线传递到任一层楼面上去。

轴线的传递可以逐个进行，当轴线较多时，也可以将主要轴线传递到楼面上后，再用它来确定其他轴线。无论按哪种方法，对传递到楼面上的轴线，都要进行严格的校核。

对于框架结构的建筑物，也可以在支柱子模板时严格校核其中心位置和垂直度。拆模后，用经纬仪在桩面上投点并弹出其轴线即可。

（2）高程的传递。一般建筑物可以用皮数杆来传递标高。对于标高传递精度要求较高的建筑物，可用钢直尺直接丈量来传递高度。一般是在底层墙身砌筑到1.5m高后，用水准仪在内墙面上测设一条高出室内地坪线+0.500m的水平线，作为该层地面施工及室内装修时的标高控制线。对于两层以上各层，同样在墙身砌到1.5m以后，一般从楼梯间用钢直尺从下层的+0.5m标高线向上量取一段等于该层层高的距离，并作标志。然后，再用水准仪测设出上一层的“+0.5m”标高线。这样用钢直尺逐层向上引测。

另外，根据具体情况也可采用悬挂钢直尺代替水准尺，用水准仪读数，从下向上传递高程。由地面上已知高程点向建筑物楼面传递高程，先从楼面向下悬挂一支钢直尺，钢直尺下端悬一重锤。在观测时为了使钢直尺比较稳定，可将重锤浸于一盛满水的容器中。然后在地面及楼面各置一台水准仪，按水准测量方法同时读取钢直尺上的读数，计算截取的钢直尺的长度，以此作为这一段的高差，则不难由地面高程计算楼顶面的高程。

2 木工常用材料

2.1 常用木材

2.1.1 木材构造

1. 木材的构造

树干是构成木材的主要部分，由树皮、形成层、木质部与髓心四部分组成，占木材材积的50%～90%，见表2－1。树木的横截面如图2－1所示。

表2－1 木材的构造

木材组成部分	说明
树皮	指包裹在树木的干、枝、根次生木质部外侧的全部组织。它对木质部起保护作用，对识别原木树种具有重要意义。树皮占整株树木的体积依树种而异，一般为7%～20%
形成层	位于树皮和木质部之间，是包裹着整个树干、树枝和树根的一个连续的鞘状层。木材的形成就是起源于形成层，它是通过形成层的细胞分裂、新生木质部细胞的成熟、成熟木质部细胞的蓄积等三个过程形成的
木质部	位于形成层和髓心之间，是树干的主要部分，由初生木质部和次生木质部组成。次生木质部源于形成层逐年的分裂，占树干材积量最多，是木材可供利用的主要部分
髓心	俗称树心，位于树干（横切面）的中央，也有偏离中央的，颜色较深或浅，质地松软。它与第一年生的木材一同构成髓心

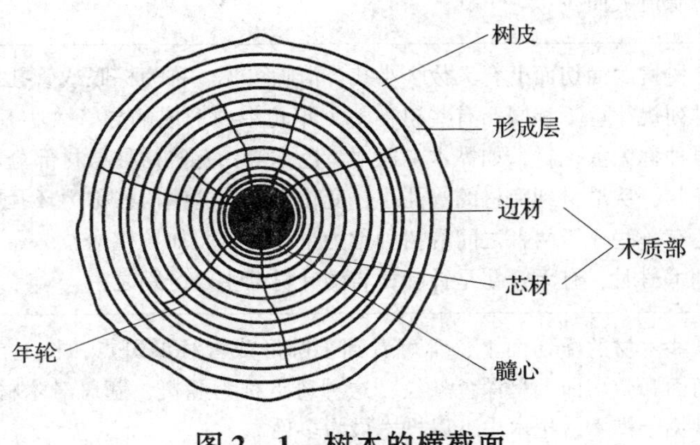

图2－1 树木的横截面

2. 木材的构造特征

木材的构造特征见表 2－2。

表 2－2 木材的构造特征

构造特征	说明
边材和心材	边材是靠近树皮的部分，心材是靠近髓心的部分。边材木色较浅，心材颜色相对较深。边材、心材有颜色区分的树种称为显心材树种；边材、心材没有颜色区分的树种则称为隐心材树种。隐心材树种的边材含水率相对较高，显心材含水率则较低。还有一些既无颜色区分、又无含水率差异的树种称为边材树种。 显心材树种有：落叶松、红松、杉木、圆柏、马尾松、黄菠萝、楸木等。 隐心材树种有：云杉、冷杉、臭松、水青冈、椴木、山杨等。 边材树种有：桦木、槭木、杨木等
年轮	在木材的横切面上，有许多环绕髓心的同心圆，称为年轮或生长轮。年轮在木材径切面上呈直通的线条，在弦切面上呈现“V”形纹理。年轮清晰与否，也是识别木材的特征之一。有些树种的年轮清晰而规则，如红松和黄花松的年轮清晰；有些树种年轮虽清晰，但不规则，如水曲柳的年轮弯曲，使木材呈现出美丽的花纹
早材与晚材	每个年轮均由内外两部分组成。年轮内部朝向髓心的部分为早材；年轮外部朝向树皮的部分为晚材。早材色浅，材质松软；晚材色较深，材质密硬。如落叶松的早晚材区分非常明显，这是一个主要特征
木射线	在木材横切面上，呈现辐射状的线条称为木射线。在木材组织中，只有木射线是横向组织。针叶树材的木射线极细，不易看见。阔叶树材的木射线较发达，如柞木为宽木射线，水曲柳和榆木具有窄木射线，杨、椴、色木为极窄木射线，而有的木种的木射线并不太明晰
树脂道	树脂道是某些针叶树材中特有的一种组织，具有分泌松香树脂的作用。它零散地分布在晚材或靠近晚材带的早材带。其形状有的像针孔，有的不易看到，在横切面上，呈现棕色或浅棕色小点状。 树脂道的大小、多少、有无，是识别针叶树材的重要特征。如红松树脂道小而多，落叶松树脂道大而少
管孔	阔叶树材的横切面上有无数个小孔，清晰可见，称为棕眼或管孔。在不同树种中，棕眼的排列规律也不相同。有些树在整个年轮带内形成的导管大小基本相似，分布均匀，这些树种称为散孔材，如桦木、椴木、色木等；有些树种早材部分的管孔很大，集中排列成环状，从早材到晚材的管孔小，变化突然，这些树种称为环孔材，如水曲柳、榆木等，还有一些介于两者之间的树种称为半环孔材，如核桃楸。 识别木材时，有无管孔是针叶材与阔叶材的主要区别之一
髓斑	在某些木材的横切面上，常可看到半圆形或弯月形斑点，长 1.5～3mm，颜色较深，在径切面和弦切面上呈深色条纹，这种斑点称为髓斑。髓斑对木材的识别有一定帮助，髓斑常见于桦木、杞木中，以桦木最为多见

2.1.2 常用树木的种类和用途

树木通常分为针叶树和阔叶树两大类。针叶树的叶子呈针形，平行叶脉，树干长直高大，纹理通直，一般材质较轻软，容易加工，是建筑工程中的主要用材。阔叶树的叶子呈大小不同的片状，网状叶脉，大部分材质较硬，刨削加工后表面有光泽，纹理美丽，耐磨，主要用于装修工程。

1. 针叶类树种

针叶类树种的种类和用途见表2-3。

表2-3 针叶类树种的种类和用途

种类	图 示	说 明
红松		又名东北松、海松、果松，盛产于我国东北长白山、小兴安岭一带。边材黄褐或黄白，心材红褐，年轮明显均匀，纹理直，结构中等，硬度软至甚软。其特点是干燥加工性能良好，风吹日晒不易开裂变形，松脂多，耐腐朽，可用做木门窗、屋架、檩条等，是建筑工程中应用最多的树种
白松		又名臭松、臭冷杉、辽东冷杉，产于我国东北、河北、山西。边材淡黄带白，心材也是淡黄带白，边材与心材的区别不明显，年轮明显，结构粗，纹理直，硬度软。其特点是强度低，富弹性，易加工但不易刨光，易开裂变形，不耐腐。在建筑工程中可用于门窗框、屋架、搁栅、檩条、支撑、脚手板等
樟子松		又名蒙古赤松、海拉尔松，产于我国黑龙江、大兴安岭、内蒙古等地。边材黄或白，心材浅黄褐，年轮明显，材质结构中等，纹理直，硬度软。其特点是干燥性能尚好，耐久性强，易加工，但不耐磨损。可用做门窗、屋架、檩条、模形板等

续表 2-3

种类	图示	说明
陆均松		又名泪杉，产于长江以南各省。边材浅黄褐，心材浅红褐，材质结构中等，硬度软，纹理直。其特点是干燥性能好，韧性强，易加工，较耐久。多用于制作木屋架、檩条、搁栅、椽条、屋面板等
马尾松		又名本松、山松、宁国松，产于山东、长江流域以南各省。边材浅黄褐，心材深黄褐微红，边材与心材区别略明显，年轮极明显，材质结构中至粗，纹理斜或直、不匀，硬度中等。其特点是多松脂，干燥时有翘裂倾向，不耐腐，易受白蚁危害。可用作小屋架、模形板、屋面板等
杉木		又叫沙木、沙树，盛产于长江以南各省。边材浅黄褐，心材浅红褐至暗红褐，年轮极明显、均匀，材质结构中等，纹理直，硬度软。其特点是干燥性能好，韧性强，易加工，较耐久。在建筑工程中常用做门窗、屋架、地板、搁栅、檩条等，应用十分广泛
四川红杉		产于我国四川、陕西一带。边材黄褐，心材红或鲜红褐，年轮明显，材质结构中等，纹理直，硬度软。其特点是易干燥，易加工，较耐久。可用做檩条、椽条、模形板等

续表 2－3

种类	图示	说明
水杉		产于四川、湖北，现已推广到全国 21 个省市。边材黄白或浅黄褐，心材红或红带紫，年轮明显，材质结构粗，纹理直而不均，硬度软。其特点是易干燥、易加工、不耐腐。一般可用做门窗、屋架、檩条、屋面板、模形板等

2. 阔叶类树种

阔叶类树种的种类和用途见表 2－4。

表 2－4 阔叶类树种的种类和用途

种类	图示	说明
水曲柳		产于东北长白山，树皮灰白色微黄，内皮淡黄色，干后呈浅驼色。边材呈黄白色，心材褐色略黄，年轮明显不均匀，结构中等，材质光滑，花纹美丽。其特点是富弹性、韧性、耐磨、耐湿，但干燥困难，易翘裂。在建筑工程中常用做家具、地板、胶合板及室内装修、高级门窗等
柞木		又名蒙古栎、橡木，产于我国东北各省。外皮黑褐色，内皮淡褐色，边材淡黄白带褐，心材褐至暗褐，年轮明显，结构中等，纹理直或斜，硬度甚硬。其特点是干燥困难，易开裂翘曲，耐水，耐腐性强，耐磨损，加工困难。可用做木地板、家具、高级门窗
白皮榆		又名春榆、山榆、东北榆，产于我国东北、河北、山东、江苏、浙江等省。边材黄褐，心材暗红褐，年轮明显，结构粗，纹理直，花纹美丽，硬度中等。其特点是加工性能好，刨削面光泽，但干燥时易开裂翘曲。多用做木地板、室内木装修、高级门窗、家具、胶合板等

续表 2-4

种类	图示	说明
紫椴		又名籽椴、椴木，产于我国东北及沿海一带。边材与心材区别不明显，均为黄白略带淡褐，年轮略明显，材质结构细，纹理直，硬度软。其特点是加工性能好，有光泽，时有翘曲，不易开裂，但不耐腐。常用于制作胶合板、普通木门窗、模形板等
核桃楸		又名胡桃楸、楸木，产于我国东北、河北、河南等地。树皮暗灰褐色，边材较窄，灰白色带褐，心材浅灰褐色稍带紫，年轮明显，结构中等，硬度中等，花纹美丽。其特点是富弹性，干燥不易开裂、翘曲、变形，耐腐，加工性能好。在建筑工程中多用于做木地板、木装修、高级门窗、家具等
桦木		又名白桦、香桦，产于我国东北、华北等地。边材与心材区别不明显，均为黄白微红，年轮略明显，材质结构中等，纹理直或斜，硬度硬。其特点是力学强度高，富弹性，干燥过程中易开裂翘曲，加工性能好，但不耐腐。可用做胶合板、室内木装修、支撑、地板等
色木		又名槭树、枫树，产于我国东北、华北、安徽。边材与心材区别不明显，均带淡红的黄褐色，年轮略明显，材质结构细，纹理直，花纹美丽，硬度硬。其特点是力学强度高，弹性大，干燥慢，常开裂，但耐磨性好。可用做地板、胶合板及室内木装修

续表 2－4

种类	图示	说明
黄菠萝		又名黄柏、黄柏栗，产于我国东北。边材淡黄，心材灰褐微红，年轮明显，材质结构中等，花纹美丽，硬度中等。力学强度中等，富有韧性，加工性能好，干燥不易变形，耐腐。多用于高级木装修、高级木门窗、家具、地板、胶合板等
楠木		又名雅楠、桢楠、小叶楠，产于湖北、四川、湖南、云南、贵州等地。边材和心材区别不明显，均为黄褐略带浅绿，年轮略明显，材质结构细，纹理倾斜交错，硬度中等。其特点是易加工，切削面光滑，干燥时有翘曲现象，耐久性强。可用做家具、室内木装修、高级门窗等
柚木		产于广东、台湾、云南等地。边材淡褐，心材黄褐至深褐，年轮明显，材质结构中等，纹理直或斜，硬度甚硬。其特点是耐磨损，耐久性强，干燥收缩小，不易变形。是做家具、高级木装修、地板的理想材料

2.1.3 木材的防护

1. 木材的干燥

(1) 自然干燥法。

1) 堆积方法见表 2－5。

表 2－5 木材堆积方法

材种	堆积方法	堆积示意图	要 求
原木	分层纵横交叉堆积法		按树种、规格和干湿情况区别分类堆积，距地不小于 50cm，堆积高不超过 3m，也可用实堆法，定期翻堆
板、方材			即将板、方材分层纵横交叉堆积，层与层间互成垂直，底层下设堆基，离地不小于 50cm。垛顶用板材铺盖，并伸出材堆边 75cm
	垫条堆积法		各层板、方材堆积方向相同，中间加设垫条。垫条应厚度一致，上下垫条间应成同一垂线
小材料	架立堆积法	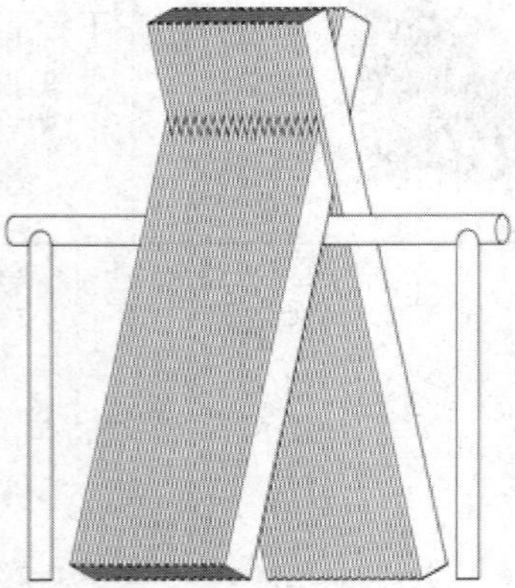	将木材立起、斜放，相互交叉、依靠，间隔通空气。适于数量不多、而又急需达到气干状态时使用

续表 2－5

材种	堆积方法	堆积示意图	要　求
小材料	井字堆积法	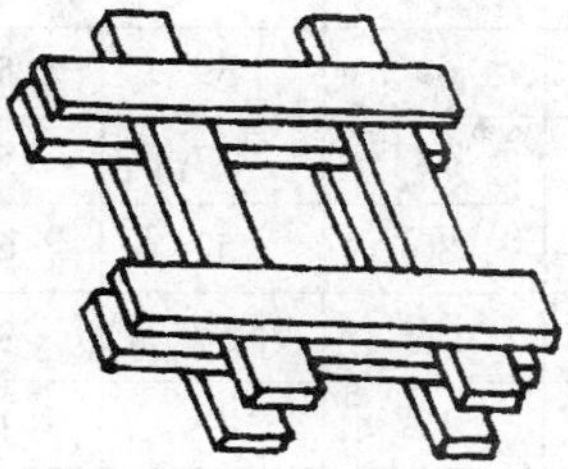	将木板垫起，每层放两块木板，在平面内上下两层相互垂直堆积，成井字
	三角形堆积法	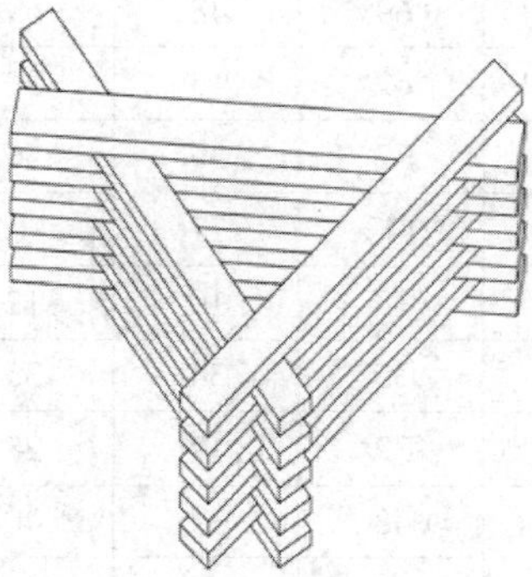	将木板按三角形状头尾相互搭接，压住
	交搭堆积法		当木材较短时，可用交搭堆积法，将上下两层相邻两短材端头搭在一起

2）木材自然干燥大概时间见表 2－6。

表 2－6　木材自然干燥大概时间

树种	干燥季节	板厚 2～4cm			板厚 5～6cm		
		最长（d）	最短（d）	平均（d）	最长（d）	最短（d）	平均（d）
红松	晚冬（3 月）～初春（4 月）	68	41	52	102	90	96
	初夏（6 月）	29	9	19	45	38	42
	初秋（8 月）	50	36	43	106	64	85
	晚秋（9 月）～初冬（11 月）	86	22	54	176	168	172

续表 2－6

树种	干燥季节	板厚 2～4cm			板厚 5～6cm		
		最长（d）	最短（d）	平均（d）	最长（d）	最短（d）	平均（d）
落叶松	晚冬～初春	69	39	54	148	128	138
	初夏	63	37	50	60	43	52
	初秋	80	52	66	170	75	122
	晚秋～初冬	125	57	91	203	167	185
白松	初夏	17	9	13	103	30	67
	初秋	31	21	26	59	49	54
水曲柳	晚冬～初春	69	48	59	192	84	138
	初夏	62	15	39	121	111	116
	初秋	72	39	56	157	130	144
	晚秋～初冬	143	77	110	175	87	131
紫椴	初夏	13	10	12	81	74	78
	初秋	35	34	35			
	晚秋～初冬	32	17	28			
裂叶榆	晚冬～初春	48	32	40	110	96	103
	初夏	16	15	16	121	34	78
	初秋	36	30	33	105	83	94
	晚秋～初冬	48	31	40	—	—	—
桦木	晚冬～初春	60	45	53	175	85	130
	初夏	25	20	23	155	65	110
	初秋	85	46	66	179	120	150
	晚秋～初冬	97	95	96	195	161	178
山杨	晚冬～初春	78	37	58	155	108	132
	初秋	43	36	40	196	189	193
	晚秋～初冬	45	30	38	174	111	143
核桃楸	晚冬～初春	67	36	52	110	90	100
	初夏	20	17	19	63	62	63
	初秋	49	40	45	120	109	115
	晚秋～初冬	73	30	52	163	110	137
色木	初夏	30	26	28	150	100	125
	初秋	65	49	57	229	227	228
	晚秋～初冬	59	57	58	170	130	150

（2）人工干燥法。人工干燥法的种类见表2－7。

表2－7 人工干燥法的种类

种 类	基本原理	优缺点
蒸汽干燥法	将蒸汽导入干燥窑，喷蒸汽增加湿度并升高窑内温度，另一部分蒸汽通过暖气排管提高和保持窑温，使木材干燥	（1）设备较复杂。 （2）易于调节窑温，干燥质量好。 （3）干燥时间短，安全可靠
烟熏干燥法	在地坑内均匀散布纯锯末，点燃锯末，使其均匀缓燃，不得有火焰急火，利用其热量，直接干燥木材	（1）设备简单，燃料来源方便，成本低。 （2）干燥时间稍长、质量较差。 （3）管理要求严格，以免引起火灾
热风干燥法	用鼓风机将空气通过被烧热的管道吹进炉内，从炉底下部风道散发出来，经过木垛又从上部吸回到鼓风机，往复循环，使木材干燥	（1）设备较简单，不需锅炉及管道等设备。 （2）干燥时间较短，干燥质量好。 （3）建窑投资少
烟道加热干燥法	在干燥窑的地面、墙面上砌筑烟道，窑外生炉子，通过地面、墙面散发热量使窑温升高，干燥木材	（1）设备简单、投资少。 （2）干燥成本较低。 （3）木材干燥不均匀，干燥周期长，质量不易控制
瓦斯干燥法	燃烧煤或木屑产生瓦斯，直接通入烘干窑内干燥木材，木材在窑内按水平堆积法放置	（1）设备简单，易于实施。 （2）热量损失少，成本低。 （3）窑温易控制，干燥质量较好
红外线干燥法	利用可以放射红外线的辐射热源，对木材进行热辐射，使木材吸收辐射热能进行干燥	（1）设备简单，基准易调节。 （2）干燥周期短，成本低。 （3）如用灯泡干燥时，耗电量大，加热欠均匀
水煮处理方法	将木材放在水槽中煮沸，然后取出置干燥窑中干燥，从而加快干燥速度、减少干裂变形	（1）设备复杂，成本高。 （2）干燥质量好。 （3）可加快难以干燥的硬木干燥时间。 （4）只可在小范围内使用
过热蒸汽干燥法	用加热器在室内加热，使木材中蒸发出来的水汽过热，形成过热蒸汽，并利用干燥介质，进行木材高热干燥	（1）干燥周期短。 （2）热量和电力消耗较少。 （3）木材干燥比较均匀。 （4）建窑时耗用金属量较大

续表 2-7

种类	基本原理	优缺点
石蜡油干燥法	将木材置于盛石蜡油的槽内加热，直到木材纤维所获得的温度与槽内石蜡油的温度相同为止，当木材温度达到120~130℃时，木材中的水分将分解出，而使木材干燥	(1) 大大缩短了干燥时间，一般只需3~8h。 (2) 干燥质量好且不产生裂缝。 (3) 降低吸湿性，提高抗腐性。 (4) 需耗用大量的石蜡油
高频电流干燥法	将木材作为电解质，置于高频振荡电路的工作电容器中，在电容的两极间加上交变电场。电场符号的频繁交变，引起木材分子的极化，分子摩擦产生热量，使木材内部加热、蒸发出水分而干燥	(1) 材料很快地热透，干燥时间短。 (2) 易于控制内、外层温度梯度。 (3) 内应力和开裂性小。 (4) 耗电多，成本高
微波干燥法	将木材作为电解质置于微波电场中，木材的分子在电场中排列方向急速变化，分子间摩擦发热而干燥木材	(1) 干燥速度快，干燥质量好。 (2) 成本高。 (3) 耗电多，运转复杂

2. 木材的防腐

(1) 木材的防腐处理方法。木材的防腐处理方法见表2-8。

表2-8 木材的防腐处理方法

方法	说明
涂刷法	用刷子将防腐剂涂于木材表面，涂刷1~3遍。这种方法简易可行，但药剂渗入深度浅，使用时要选用药效较高的防腐剂
常温浸渍	将木材浸渍于防腐剂中一定的时间，使其吸收量达到剂量的要求。这种方法适用于马尾松这类易浸渍的木材
热冷槽浸渍	用一个热槽、一个冷槽浸渍处理，把木材先放在热槽里煮，然后放入冷槽里，如此反复几次，药剂愈浸愈深，最后从热槽中取出，以排除多余的防腐剂。 采用水溶性防腐剂时，热槽温度为85~95℃，冷槽温度为20~30℃。采用油类防腐剂时，热槽温度为90~110℃，冷槽温度为40℃左右。 木材在槽中浸渍时间应根据树种、截面尺寸和含水率而定，以达到剂量要求为准
加压浸注	把木材放在密封的浸注罐里，注入药剂，施加压力，强迫药剂浸入木材内部。这种处理方法需要机器设备，技术比较复杂，适用于木材防腐厂中大规模生产。 经过防腐处理的木材，使用年限可以增加3~10倍

（2）防腐剂的种类。采用防腐剂对木材进行防腐处理，可以达到防腐要求。防腐剂的种类很多，一般可分为以下几类，见表2－9。

表2－9 防腐剂的种类

名 称	种 类	特 点	适用范围	处理方法
水溶性防腐剂	有氟化钠、硼铬合剂、硼酪合剂、铜铬合剂、氟砷铬合剂等	这类防腐剂无臭味，不影响油漆，不腐蚀金属	适用于一般房屋木构件的防腐与防虫，其中氟砷铬合剂有剧毒，不应使用于经常与人直接接触的木构件	常温浸渍、热冷槽浸渍、加压浸注
油溶性防腐剂	有林丹、五氯酚合剂等	这类防腐剂几乎不溶于水，药效持久，不影响油漆	适用于腐朽严重或虫害严重的构件	涂刷法、常温浸渍
油类防腐剂	有混合防腐油、强化防腐油等	这类防腐剂有恶臭，木材处理后呈暗黑色，不能油漆，遇水不流失，药效持久	适用于直接与砖砌体接触的木构件防腐，露面构件不宜使用	涂刷法、常温浸渍、加压浸注、热冷槽浸渍
浆膏防腐剂	有沥青浆膏等	这类防腐剂有恶臭，木材处理后呈暗黑色，不易流失，药效持久	适用于含水率大于40%的木材以及经常受潮的木构件	涂刷法

3．木材的防火

防止木材燃烧一般采取结构防火措施和防火剂处理两种方法。结构防火措施即在设计房屋和建造房屋时，应使构件远离热源（如锅炉房、电焊操作场所等），或使用砖石、混凝土、石棉板和金属等做成的隔离板。防火剂处理即在木材上涂刷防火剂。

木材防火涂料的种类见表2－10。

表2－10 木材防火涂料

名 称	说 明
丙烯酸乳胶防火涂料	这种涂料无抗水性，每平方米的用量不得少于0.5kg。可用于顶棚、木屋架及室内细木制品
氯乙烯防火涂料	这种涂料有抗水性，每平方米用量不得少于0.6kg，可用于露天构件上
酚醛防火漆	型号为F60－1，能起延迟燃烧的作用，每平方米用量不得少于0.12kg。适用于公共建筑和纪念性建筑的木质或金属表面

续表 2－10

名　称	说　明
过氯乙烯防火漆	分为 G60－1 过氯乙烯防火漆和 G60－2 过氯乙烯防火底漆两种，漆膜内含有防火剂和耐温原料，在燃烧时，漆膜内的防火剂会因受热产生烟气，起熄灭和减弱火势的作用。适用于公共建筑或纪念性建筑的木质表面。一般涂防火底漆两道，每道间隔 24h，等完全干后再涂防火面漆 1～2 道。防火漆如黏度太大，可用二甲苯稀释，但不能与其他品种混合，否则会影响质量。贮存期为 6 个月。用量为 0.6～0.7kg/m²
无机防火漆（水玻璃型）	无机防火漆系以水玻璃及耐火原料等制成的糊状物，施工方便，干燥性能良好，漆膜坚硬，可防止燃烧并且抵抗瞬间火焰。多用于建筑物内的木质面、框架、木隔板等，但不耐水，故不能在室外使用

木材防火注意事项：

（1）应根据《建筑设计防火规范》GB 50016—2014 的规定和设计要求，按建筑物耐火等级对木构件耐火极限的要求，确定所使用的防火剂。如采用防火浸渍剂则应依此确定浸渍的等级。

（2）对露天结构或易受潮的木构件，经防火处理后，应加防水层保护。

2.2　人造板材

人造板材就是利用木材在加工过程中产生的边角废料，添加化工胶黏剂制作成的板材，如图 2－2 所示。人造板材种类很多，常用的有胶合板、刨花板、中密度板、细木工板（大芯板），以及防火板等装饰型人造板。因为它们有各自不同的特点，被应用于不同的家具制造领域。

图 2－2　人造板材

板式家具是以人造板为主要基材，是板件为基本结构的拆装组合式家具，全部经表面装饰的人造板材加五金件连接而成的家具。

板式家具具有可拆卸、造型富于变化、外观时尚、不易变形、质量稳定、价格实惠等基本特征。板式家具常见的结合通常采用各种金属五金件连接，装配和拆卸都十分方便，加工精度高的家具可以多次拆卸安装，方便运输。因为基材打破了木材原有的物理结构，所以在温、湿度变化较大的时候，人造板的形变要比实木多得多，质量要比实木家具的质量稳定。

常见的人造板材有胶合板、细木工板、刨花板、中纤板等。胶合板（夹板）常用于制作需要弯曲变形的家具；细木工板性能有时会受板芯材质影响；刨花板又叫微粒板、蔗渣板、实木颗粒板。优质刨花板广泛用于家具生产制造。中纤板质地细腻，可塑性较强可用于雕刻。

板式家具常见的饰面材料有薄木（俗称贴木皮）、木纹纸（俗称贴纸）、PVC胶板、聚酯漆面（俗称烤漆）等。后三种饰面通常用于中低档家具，而天然木皮饰面用于高档产品。板式家具是由中密度纤维板或刨花板进行表面贴面等工艺制成的家具。这种家具中有很大一部分是木纹仿真家具。市场上出售的一些板式家具的贴面越来越逼真，光泽度、手感等都不错，工艺精细的产品价格也很昂贵。

1. 板材种类

人造板材品种很多，有胶合板、木工板、纤维板、蜂窝板、阻燃板（石膏板、硅酸钙）、铝塑板、美案板、刨花板、发泡板等，见表2－11。

表2－11 人造板材种类

名　称	图　示	说　明
胶合板		胶合板是用水曲柳、柳安、椴木、桦木等木材，利用原木经过旋切成薄板，再用三层以上成奇数的单板顺纹、横纹90°垂直交错相叠，采用胶黏剂黏合，在热压机上加压而成
细木工板		细木工是由芯板拼接而成，两个外表面为胶板贴合。此板握钉力均比胶合板、刨花板高。此板价格比胶合板、刨花板均贵。它适合做高档柜类产品，加工工艺与传统实木差不多
纤维板		纤维板由木材经过纤维分离后热压复合而成。它按密度分高密度、中密度。平时使用较多为中等密度纤维板，比重0.8左右。它的优点为表面较光滑，容易粘贴波音软片，喷胶黏布，不容易吸潮变形，缺点是有效钻孔次数不及刨花板，价格也比刨花板高

续表 2－11

名 称	图 示	说 明
蜂窝板	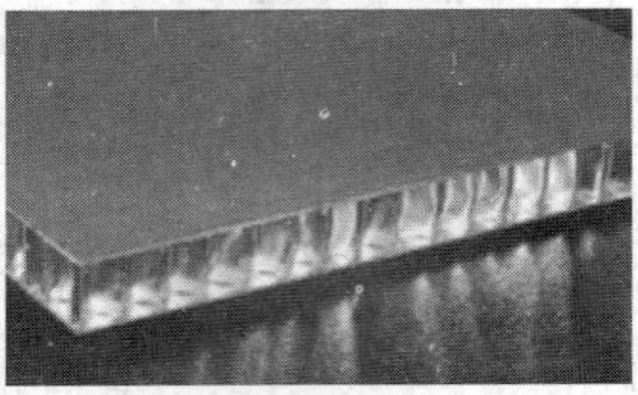	蜂窝板又称蜂巢纸，它是由 200g 左右牛皮纸加工成蜂窝形状，并可伸缩拉伸，产品共分 A、B、C 三级。它的优点是：重量轻，不易变形，但它要和中纤板或刨花板结合才单独使用。特别适合做防变形大跨度台面，或易潮变形的门芯。但生产时要冷或热压加工，因而生产效率较低
阻燃板		阻燃板主要以工业氧化镁原材料组成，其黏合剂为树脂材料，因此成本低，阻燃板又称不燃板。其加工性能与刨花板、中纤板近似。不吸水、泡浸 12h 无事。阻燃板中有一类由石膏原材料为主，也有不燃阻燃性，但吸潮性差，局部又容易膨胀，钻孔打钉也不行。另一类为硅酸板，它同样也有阻燃特性，但重量较氧化镁不阻燃板重 1.5 倍，握钉力不行，对承重结构件要求强度高，成本也增高
铝塑板	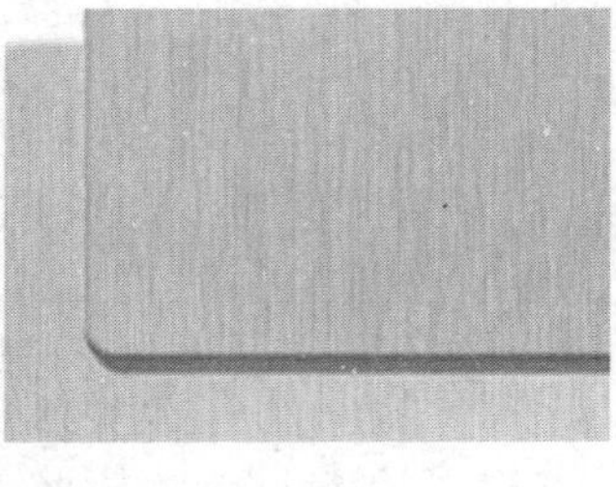	此类板材属复合型材料，铝塑板表面以铝板镶在塑料板上面，另一种则以塑料板为主进行真空镀铝处理，二种分别在成本上，功能差不多。美案板是铝塑板一个类别，它除具有塑胶板表镶铝层外，还通过模压加工出各种美术图案（即肌理设计差别）。铝塑板特点防火、重量较轻，也可做造型弯曲。缺点：价格较高，握钉力较差，连接只能用胶水或钳夹工艺，因此只能局限部分产品使用
刨花板		刨花板主要以木削经一定温度与胶料热压而成。木削中分木皮木削，甘蔗渣、木材刨花等主料构成。一般质量刨花板以木材刨花原料制造，它由芯材层、外表层及过渡层构成。外表层中含胶量较高，可增加握钉力、防潮、砂光处理，由刨花板加工过程运用胶料及一定溶剂，故导致含有一定量苯成分化学物质，按其含量不同分有 E0、E1、E2 级，同时刨花板中还分出防潮型刨花板，价格略高于普通刨花板

续表 2－11

名 称	图 示	说 明
发泡板		发泡板主要以 PP、ABS、EPS、EVA 中其中一种材料经发泡成型。由于成本原因，发泡板中 EPS、EVA 二大类居多。发泡板可用于隔音、图钉插钉等作用。特别适合强度不高的结构件、承重量低的场合使用。发泡板与波音软片、布的黏合，要选择合适胶水及不同工艺参数才行，否则有起泡现象

2. 人造板材的危害

人造板材是利用天然木材和其加工中的边角废料，经过机械加工而成的板材。在生产过程中绝大部分采用脲醛树脂或改性的脲醛胶，这类胶黏剂具有胶接强度高、不易开胶的特点，但它在一定条件下会产生甲醛释放。甲醛被世界卫生组织确定为致癌和致畸性物质，对人体健康的影响主要表现在嗅觉异常、刺激、致敏、肺功能异常、肝功能异常和免疫功能异常等方面。其浓度在每立方米空气中达到 0.06～0.07mg/m^3 时，儿童就会发生轻微气喘；当室内空气中甲醛含量为 0.1mg/m^3 时，就有异味和不适感；达到 0.5mg/m^3 时，可刺激眼睛，引起流泪；达到 0.6mg/m^3 时，可引起咽喉不适或疼痛；浓度更高时，可引起恶心呕吐，咳嗽胸闷，气喘，肺水肿，甚至死亡。

甲醛释放主要有两个来源：一是板材在干燥时，因内部分解而产生甲醛，表现为板材在堆放和使用过程中，温度、湿度、酸碱、光照等环境条件会使板内未完全固化的树脂发生降解而释放甲醛。其中木材密度越小，甲醛散发能力越强。二是用于板材基材粘接的胶黏剂产生了甲醛，表现在制胶、热压方面，其中制胶时尿素没有和甲醛完全反应，使胶中含有一部分游离甲醛，游离甲醛的浓度高低与采用的摩尔比和制板工艺有关；板材热压过程中胶黏剂固化不彻底，胶中一部分不稳定结构（如醚键、羟甲基团、亚甲基）发生分解而释放甲醛。人造板材中的甲醛释放会随着热压温度和施胶量的变化而变化，将长期影响室内环境质量。

2.3 木工胶黏剂

胶黏剂（又称黏合剂）是一种具有黏合性能的物质。它能将木材、玻璃、陶瓷、橡胶等材料紧密地粘接在一起。胶黏剂一般分为结构胶与非结构胶两种。结构胶用于粘接受力构件；非结构胶用作构件定位。木工常用的非结构胶黏剂有三种：皮胶骨胶、脲醛胶和白乳胶，见表 2－12。

表 2-12 木工常用的非结构胶黏剂

名 称	图 示	说 明
皮胶骨胶		皮胶骨胶以动物皮、骨为主要原料制成，一般为黄色或褐色块状，半透明或不透明体，溶于盐水，却不溶于有机溶剂，对木质粘接牢度大。使用皮胶骨胶前应按1:5 的胶、水比例混合后用火炖化。由于使用不方便，现在已很少用
脲醛胶		脲醛胶用一定比例的曲面尿素与甲醛溶聚而成，加氯化氨调匀后使用，广泛使用于木材、胶合板及其他木质材料的粘接。施工方便，黏结力好，无色、耐光性好，毒性较小，但脆性大，耐水性差
白乳胶		白乳胶是现在普遍使用的一种胶黏剂，施工方便，黏结力好，弹性和柔韧性均好。白乳胶可作为玻璃、皮革、木材、塑料壁纸、瓷砖等材料的粘接及粉刷胶料之用，还可用作刷浆、喷浆的胶料

2.4 木工常用五金件

木工常用的五金件种类见表 2-13。

表 2-13 木工常用的五金件

项 目	图示及内容
钉类	钉类按用途的不同可分为圆钉、扁头钉（暗钉）、拼钉（枣核钉）、骑马钉、油毡钉、瓦楞螺钉、石棉瓦钉、镀锌瓦楞钉和射钉等。 （1）水泥钢钉主要用于将制品钉在水泥墙壁或制件上。

续表 2－13

<table>
<tr><th>项　目</th><th>图示及内容</th></tr>
<tr><td>钉类</td><td>（2）扁头圆钢钉主要用于木模板制作、钉地板等需将钉帽埋入木材的场合。
（3）拼合用钢钉适用于门扇等需要拼合木板时作销钉用。
（4）骑马钉主要用于固定金属板网、金属丝网或室内挂镜线等 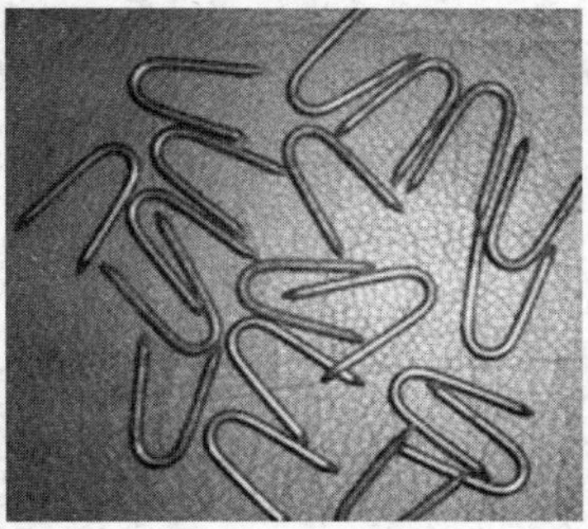</td></tr>
<tr><td>活页</td><td>活页又称合页、铰链。常见的有以下几种：
（1）普通合页：合页一边固定在框上，另一边固定在扇上，可以转动开启，适用于木制门窗及一般木器家具上。
（2）轻型合页：合页板比普通合页薄而窄，主要适用于轻型的木制门窗及一般木器家具上。
（3）抽芯合页：合页轴心（销子）可以抽出。抽出后，门窗扇可取下，便于擦洗。主要用于需经常拆卸的木制门窗上。 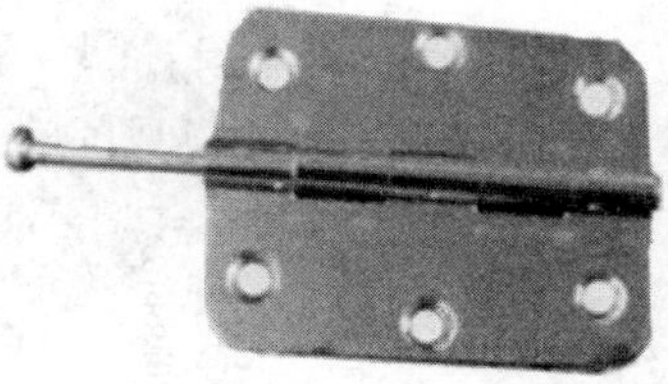
（4）方合页：合页板比普通合页宽些、厚些。主要用于重量和尺寸较大的门窗或家具上。
（5）H 型合页：属抽芯合页的一种，其中松配一片页板可以取下。主要用于需经常拆卸的木门或纱门上。 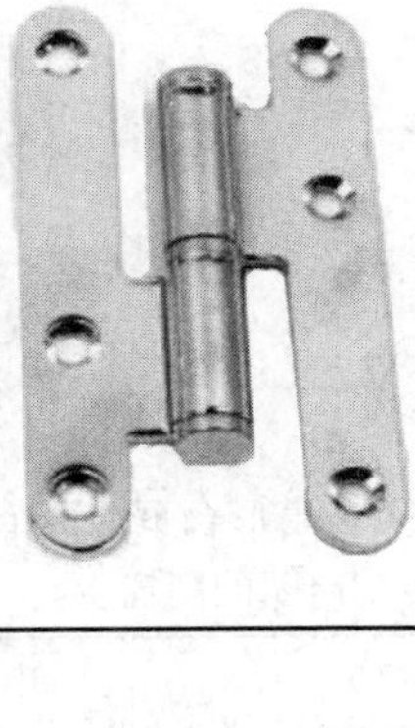</td></tr>
</table>

续表 2－13

项　目	图示及内容
活页	(6) T 型合页：适用于较宽的门扇上，如工厂、仓库大门等。  (7) 纱门弹簧合页：可使门扇开启后自动关闭，只能单向开启。合页的销子可以抽出，以便调整和调换弹簧，多用于实腹钢结构纱门上。 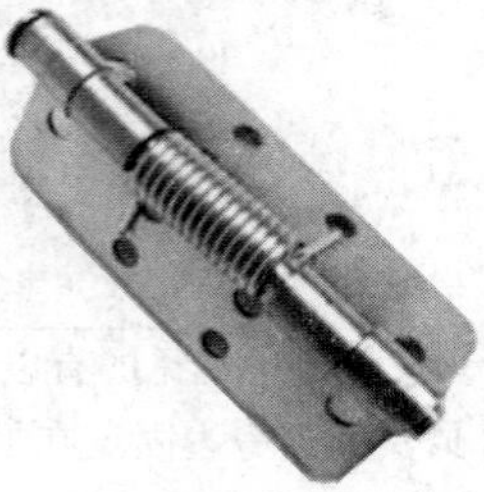 (8) 轴承合页（铜质）：合页的每片页板轴中均装有单向推力球轴承一个，门开关轻便灵活，多用于重型门或特殊的钢骨架的钢板门上。 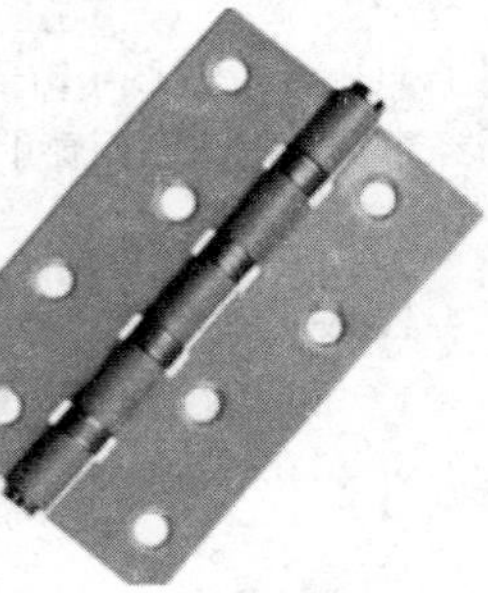 (9) 斜面脱卸合页：这种合页利用合页的斜面与门扇的重量而使门自动关闭。主要适用于较轻的木门或厕所等半截门上。 (10) 冷库门合页：表面烘漆，大号用钢板制成，小号用铸铁制成。用于冷库门或较重的保温门上。 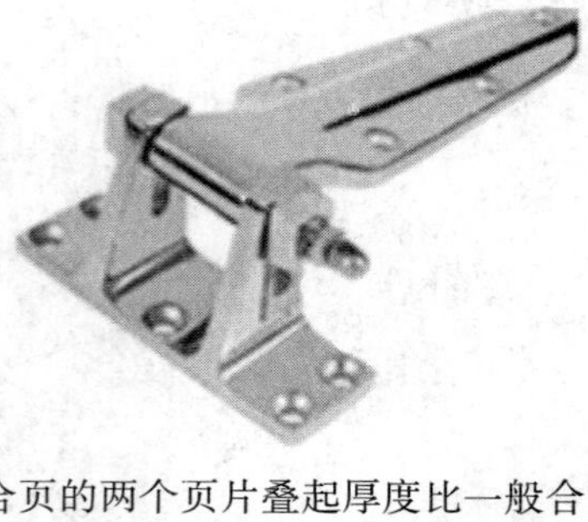 (11) 扇形合页：扇形合页的两个页片叠起厚度比一般合页的厚度薄一半左右，适用于各种需要转动启闭的门窗上。

续表 2－13

<table>
<tr><th>项　目</th><th>图示及内容</th></tr>
<tr><td>活页</td><td> 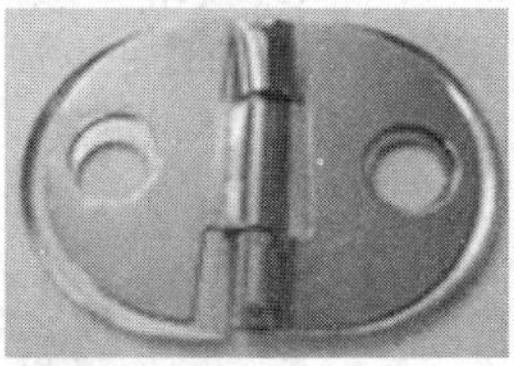（12）无声合页：又称尼龙垫圈合页，门窗开关时，合页无声，主要用于公共建筑物的门窗上。
（13）单旗合页：合页用不锈钢制成，耐锈耐磨，拆卸方便。多用于双层窗上。 
（14）翻窗合页：安装时带心轴的两块页板应装在窗框两侧，无心轴的两块页板应装在窗扇两侧。其中一块带槽的无心轴页板，须装在窗扇带槽的一侧，以便窗扇装卸。用于工厂、仓库、住宅、公共建筑物等的活动翻窗上。 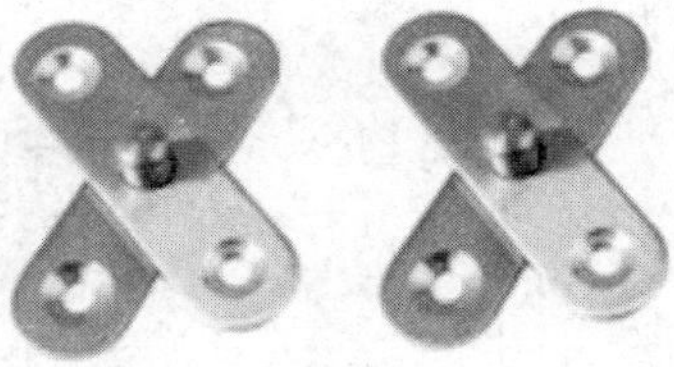
（15）多功能合页：当开启角度小于75°时，具有自动关闭功能，在75°～90°角位置时，自行稳定，大于95°的则自动定位。该合页可代替普通合页安在门上使用。 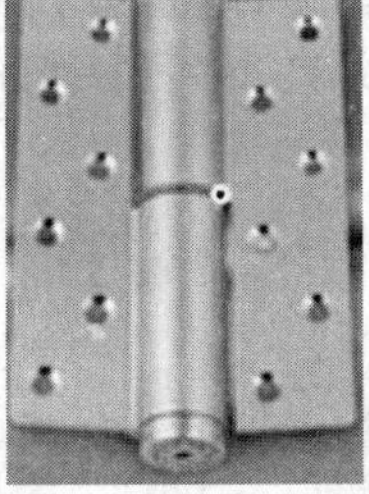</td></tr>
</table>

续表 2－13

<table>
<tr><th>项　　目</th><th>图示及内容</th></tr>
<tr><td>活页</td><td>（16）防盗合页：普通合页，当其轴被抽出后，门扇可被卸下来；防盗合页，通过合页两个页片上的销子和销孔的自锁作用，可避免门扇被卸，而起到防盗作用，适用于住宅户门上。 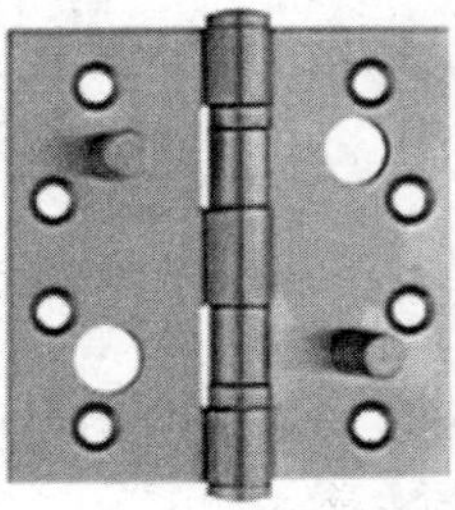

（17）弹簧合页：可使门扇开启后自动关闭。单弹簧合页只能单向开启，双弹簧合页可以里外双向开启。主要用于公共建筑物的大门上。 

（18）双轴合页：双轴合页分左右两种，可使门扇自由开启、关闭和拆卸。适用于一般门窗扇上 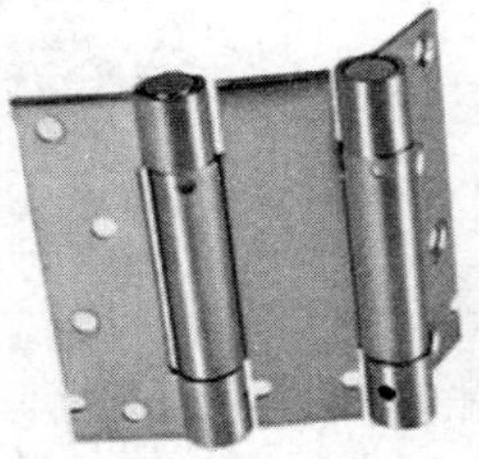</td></tr>
<tr><td>木螺钉</td><td>木螺钉用于把各种材料的制品固定在木质制品上。在木门窗安装中，木螺钉要与合页配套使用。常见的有沉头木螺钉（又称平头木螺丝）、圆沉头木螺钉、半圆头木螺钉、六角头木螺钉。各种木螺钉的钉头开有“一字槽”或“十字槽” 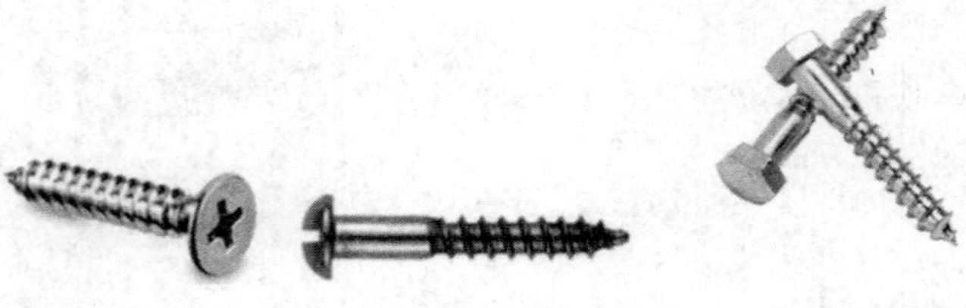</td></tr>
</table>

续表 2 -13

项　目	图示及内容
门锁	门锁分暗锁和明锁两种。 (1) 暗锁可分为复锁和插锁两大类，前者的锁体装在门扇表面上，如弹子门锁类；后者的锁体装在门扇边框内，又称“插芯门锁”，如执手锁类。常用的插锁有双保险、三保险锁。  (2) 明锁是日常生活中使用的普通锁，又称挂锁。明锁与锁扣合用，锁扣一般选用3～4寸为宜。明锁在门的正面，背面（室内）则应安上插销，插销应用木螺钉安装 
窗钩 (又称风钩)	窗钩由羊眼和撑钩两部件组成，装在木制窗上，用来扣住开启的窗扇，防止被风吹动 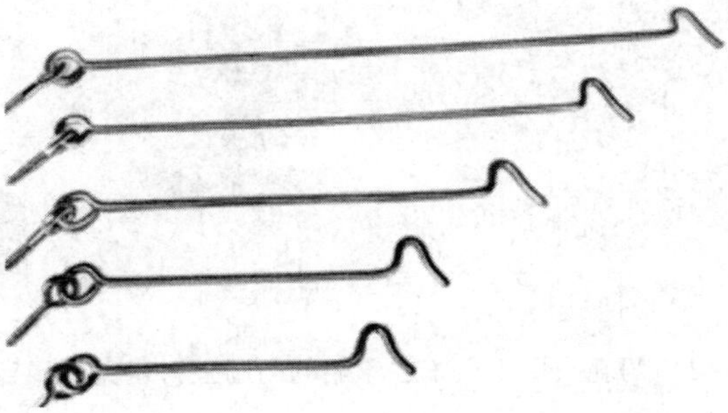
拉手	拉手分为门拉手和窗拉手两种。 (1) 常用的门拉手有门锁拉手、铁拉手、管子拉手、锁拉手、底板拉手等。拉手的作用是方便门扇的开启与关闭，外表通常镀铬，一般安装在门扇正面中部的适当位置。

续表 2－13

<table>
<tr><th>项　目</th><th>图示及内容</th></tr>
<tr><td>拉手</td><td> （2）窗扇上的拉手一般用铁拉手、铝拉手，其作用是方便窗扇的开启与关闭，一般安装在窗扇室内正面中部的适当位置 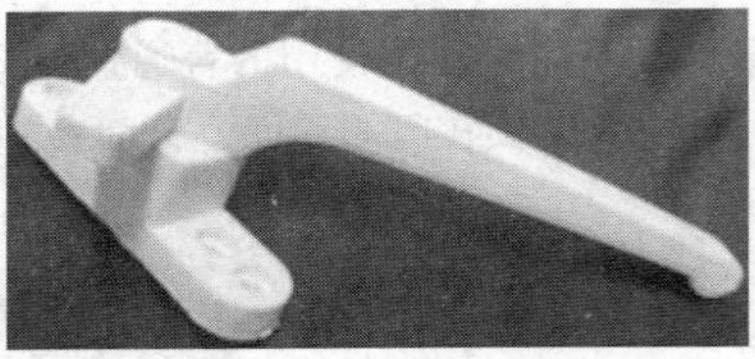</td></tr>
<tr><td>门制</td><td>门制是用来固定开启的门扇使其不能关闭。开门时只要将门扇向墙壁方向一推，门扇即被门制固定；关门时，只须将门扇稍用力一拉即可使轧头（或挂钩）与底座分开，使用方便。
（1）常用的门制有脚踏门制、门轧头、脚踏门钩和磁力吸门器四种。
1）脚踏门制用来固定开启的门扇。 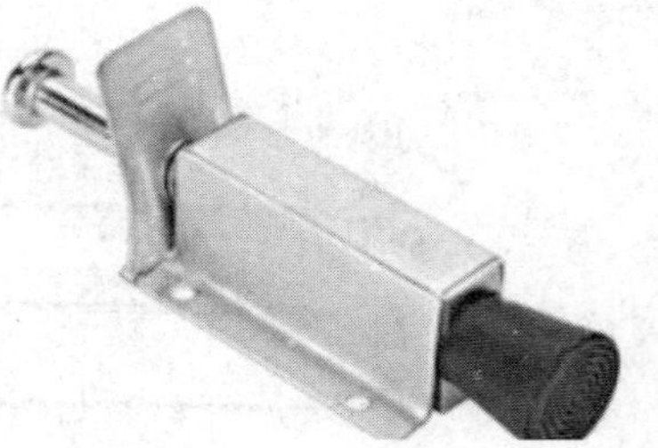
2）门轧头用于火车、轮船的门扇上，避免门扇自动关闭。 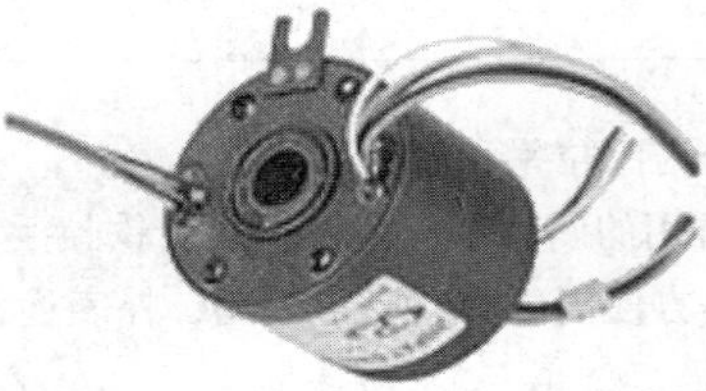</td></tr>
</table>

续表 2 - 13

<table>
<tr><th>项　　目</th><th>图示及内容</th></tr>
<tr><td>门制</td><td>3）脚踏门钩用于挂住开启的门扇。 

4）磁力吸门器用来吸住开启的门，使之不能自行关闭。 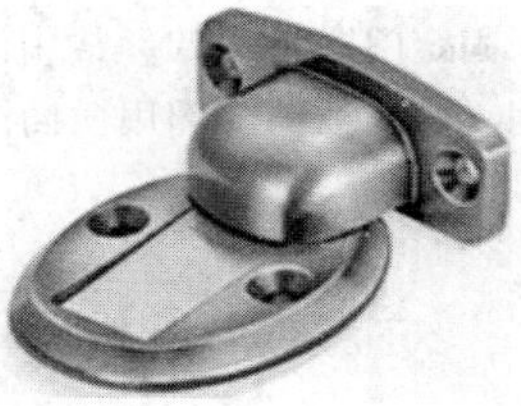

（2）各种门制按安装部位的不同又分为横式和立式两种，立式门制（又称落地式）的定位器底座装置在靠近墙壁的地板上；横式门制（又称踢脚板式）的定位器底座装置在墙壁或踢脚板上</td></tr>
<tr><td>门弹簧</td><td>门弹簧在门扇向内或向外开启角度不到90°时能起到自动闭门的作用。常见的有门簧弓、地弹簧和门底弹簧等。
（1）门簧弓是装在门扇中部的自动闭门器，它适用于单向开启的轻便门扇上，作为短时期内或临时性的自动关闭门扇之用。 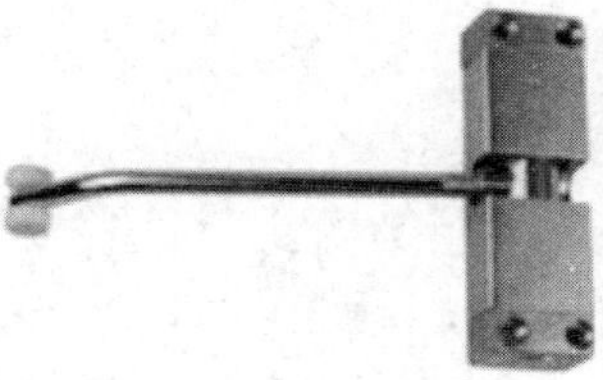

（2）地弹簧安装在开启门的底部，采用地弹簧的门扇具有运行平稳、静寂无声的优点，多用于影剧院、商店、宾馆等公用建筑的弹簧门扇上。</td></tr>
</table>

续表 2-13

项　目	图示及内容
门弹簧	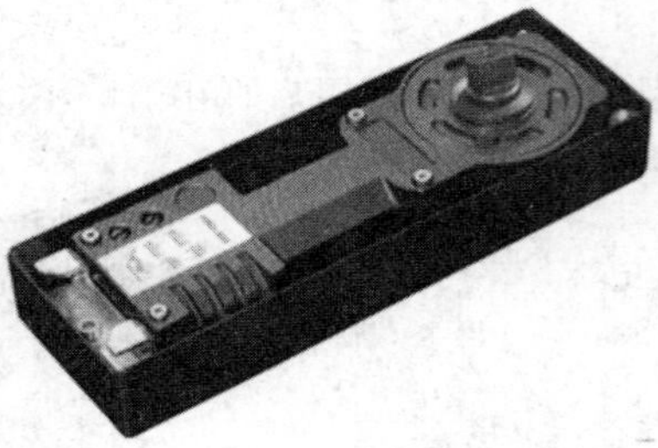 (3) 门底弹簧是装在门扇底部的一种小型自动闭门器。 对于安装门弹簧的门，当门扇需要开而不关时，则可将门扇开启成 90°即可使门保持不关闭
插销	插销是用来固定门窗扇用的。常用的有钢插销，分为普通型和封闭型两种。另外还有翻窗插销、蝴蝶插销（门用横插销）、暗插销、铜插销等 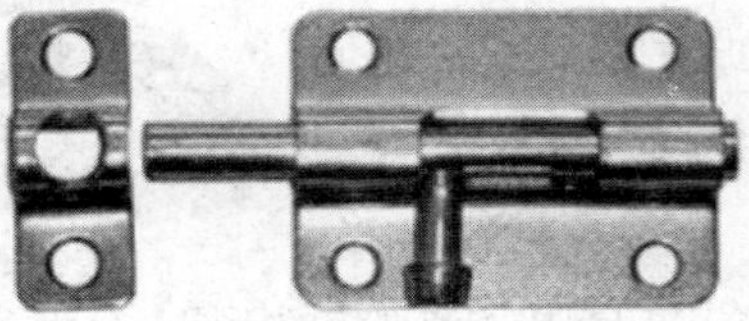

3 木工常用工机具及操作

3.1 手工工具

3.1.1 量具与划线工具

1. 量具及使用

量具的种类及使用方法见表3－1。

表3－1 量具的种类及使用方法

种类	图 示	使 用 方 法
直尺		直尺是用来划直线，度量尺寸，测量和检验工件表面平整度的量具。 操作者在使用时，一只手拿尺，用拇指指甲抵住木料的侧边，指甲端部紧紧地固定在所需的刻度上，食指指尖在拇指掐住刻度的对面掐住尺的边缘，将其余三个手指回抵尺面。另一只手持笔，笔尖紧贴尺端，使笔尖能随尺身同时移动，然后，根据划线长度的需要，双手向外或向内移动，就画出了所需要的直线。 移动尺身时，动作要平稳，要防止木料上的毛刺刺伤手指，同时避免尺身斜向滑动
卷尺		卷尺有钢卷尺和皮卷尺两种，皮卷尺一般用来度量距离较长的尺寸和工件。钢卷尺携带方便，使用灵巧，测量准确，刻度清晰，是目前木工较理想的测量工具。 测量时，左手握住工件，右手拇指和食指捏住尺条，将尺盒用其余三指握在掌心，然后用尺端搭扣工件侧端，左手拇指将尺按住，以确保测量的准确性，尺寸起点从搭扣内侧算起。 使用钢卷尺时，要防止尺头搭扣弯折，尺面被践踏和硬性弯折。卷尺应与工件边沿平行

续表 3-1

种类	图 示	使用方法
木折尺		木折尺有4折、6折、8折等数种。木折尺除可作一般测量外，还可用它来划平行线（俗称托线）。 划线时，左手握住尺体，中指指甲刻在所需平行宽度的刻度线下，右手用划线笔紧贴尺端零位，双手同时平行向后托划，使该平行线能和基准边平行。 托线操作时，左手中指的指甲背，一定要紧贴木料基准边，否则划出的线会歪斜扭曲
直角尺	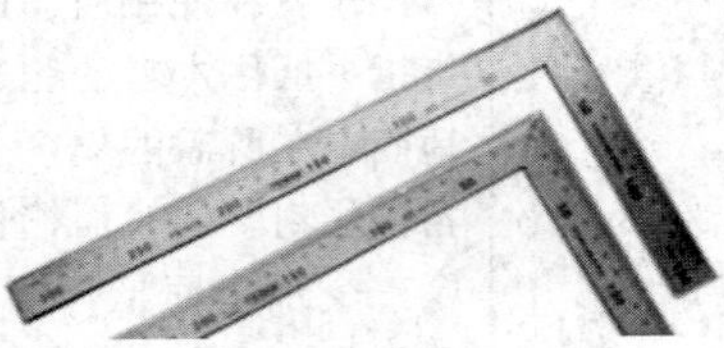	直角尺是木工用来划线及检查工件或物体是否符合标准的重要工具。由尺梢和尺座构成，尺梢可以用竹笔直接靠近它进行划线，尺座上有刻度，可测量工件长度
活动角尺	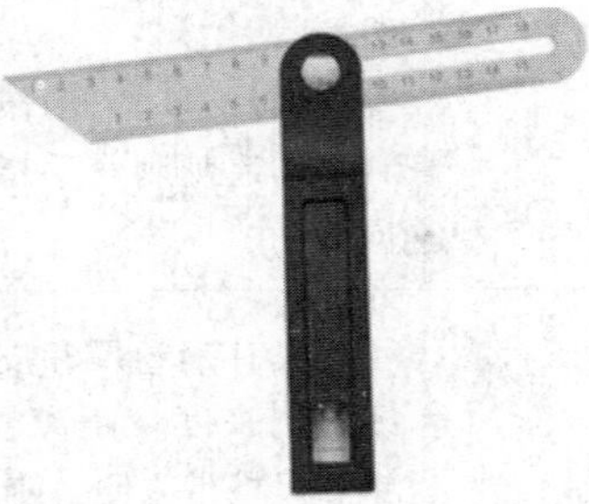	活动角尺用于划任意斜线；三角尺（又叫45°尺）主要用于划45°的对角线。 使用时，先将尺翼调整到所需角度再将螺母旋紧固定，然后把尺座紧贴木料的直边，沿尺翼划线
三角尺	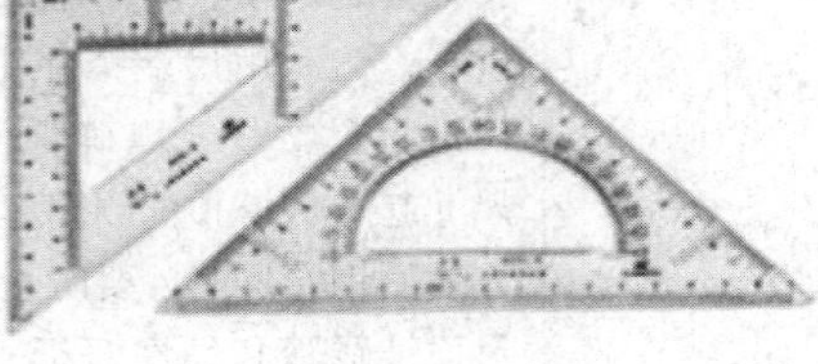	使用时，将尺座靠于木料直边，沿尺翼斜边划斜线，也可沿直边划横线、平行线

续表 3－1

种类	图　　示	使 用 方 法
水平尺		水平尺有木制和钢制两种，尺的中部及端部各装有水准管。 水平尺用于校验物面的水平或垂直。当水平尺放置于物面上，如中部水准管内气泡居中间位置，则表明物面呈水平。将水平尺直立一边紧靠物体的侧面，如端部水准管内气泡居中间位置，则表示该侧面垂直
线锤		线锤是用钢制成的正圆锥体，并经电镀防锈，在其上端中央设有中心带孔螺栓盖，通过中心孔可系一条线绳。 线锤用于校验物体的垂直度，在使用时手持线的上端，线锤自由下垂把线张直，目光顺着线绳观察与物体自上到下距离是否一致，如一致则表示物体呈垂直

2．划线工具及操作

划线工具的种类及操作方法见表 3－2。

表 3－2　划线工具的种类及操作方法

种类	图　　示	操 作 方 法
划线笔		划线笔包括木工铅笔、竹笔等。木工铅笔的笔杆为椭圆形，铅芯有黑、红、蓝三种颜色。使用前将铅芯削成扁平形，划线时使铅芯扁平面靠着尺顺画。 竹笔又名墨衬，是用韧性好的竹片制成的，一般长 200mm 左右。削笔时竹青一面应平直，竹黄一面削薄，笔端削成扁宽 15～18mm，并成 40°斜角，同时削成多条竹丝。竹丝越细，吸墨越多，竹丝越薄，划线越细，竹丝长度为 20mm 左右。笔尖稍削成弧形，使划线时笔尖转动方便。使用时，手持竹笔要垂直不偏

续表 3－2

种类	图 示	操 作 方 法
墨斗		墨斗用硬质木料凿削而成，或用金属材料制成，前部是斗槽，后部是线轮和摇把。斗槽内装满丝棉、棉花或海绵类吸墨材料，倒入适量墨汁，线绳一端绕在后部线轮上，另一端通过斗槽前后的穿线孔再与定钩连接好。使用时，定钩挂在木料前端，墨斗拉到木料后端，线绳贴伏于木料面上，左手拉紧并压住线绳，右手垂直将线绳中部提起，松手回弹，即在木料上绷出墨线
拖线器		拖线器又称勒线器或线勒子，它由导板、划线刀、刀杆、元宝式螺栓组成。导板用硬木制成，中间开有两个长方形孔眼，上面装有两个螺栓，用于紧固刀杆。刀杆穿过孔眼，可在孔眼中来回移动，刀杆一端嵌入划线刀。使用时，按需要调整好划线刀与导板之间的距离，并用导板上的螺栓固定住刀杆，右手握住拖线器，使导板紧贴木料侧面，轻轻移动导板，就可在木料面上画平行线。画单线时用一个刀杆；画双线时用两根刀杆
圆规	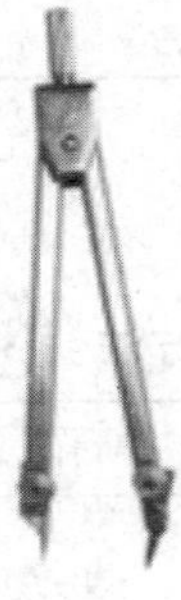	圆规主要用来等分线段，或画圆和圆弧等。圆规脚的尖端应锐利，否则画出的线段往往不准确
分度角尺	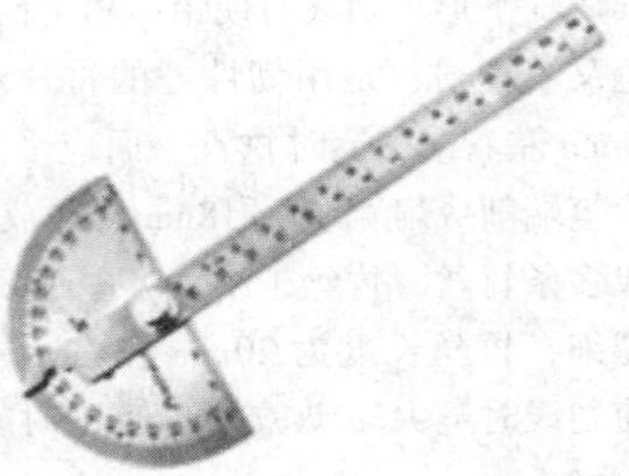	分度角尺由尺座、量角器、尺翼、销钉、螺栓等组成。尺座用金属（或胶木、塑料、不易变形的硬木）制成，其尺寸为长×宽×厚＝（150～200）mm×20mm×（20～25）mm。量角器外钩的直径宜为90mm，使用时，在量角器半圆直径的中心点钻一孔。尺翼用厚度为2mm的胶木板或不锈钢尺制作，长度为300～500mm，宽为25mm，在尺翼长度的中段中心钻一孔，孔与螺栓成动配合。尺翼和量角器用环氧树脂胶和销钉牢固的组合成一个整体。在组合过程中，尺翼与量角器叠合时，量角器上90°刻线必须垂直于尺翼外边，二者的孔必须对正

3.1.2　锯削工具

锯削工具的种类及使用方法见表 3-3。

表 3-3　锯削工具的种类及使用方法

种类	图　示	使用方法
框锯	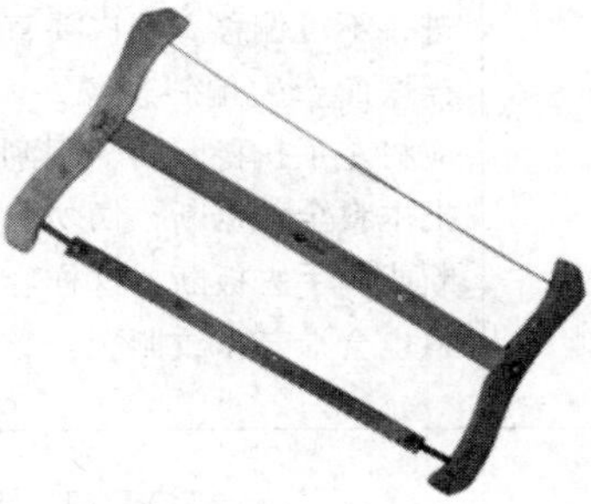	框锯又称为拐锯、架锯，它是木工的主要用锯。框锯由工字形木架和锯条等组成。木架一边通过连接销（或锯钮）装锯条，另一边装麻绳，并用绞片绞紧，或装直径为 3~5mm 的钢丝用螺栓旋紧。 在使用框锯前，先用旋钮将锯条角度调整好，并用绞片将绞绳绞紧使锯条平直。框锯的使用方法有纵割法和横割法两种。 （1）纵割法。在锯割时，将木料放在板凳上，右脚踏住木料，并与锯割线成直角，左脚站直，与锯割线成 60°角，右手与右膝盖成垂直，人身与锯割线约成 45°角为适宜，上身微俯略为活动，但不要左仰右扑。锯割时，右手持锯，左手大拇指靠着锯片以定位，右手持锯轻轻拉推几下（先拉后推），开出锯路，左手即离开锯边，当锯齿切入木料 5mm 左右时，左手帮助右手提送框锯。提锯时要轻，并可稍微抬高锯手，送锯时要重，手腕、肘肩与身腰同时用力，有节奏地进行。这样才能使锯条沿着锯割线前进。否则，纵割后的木材边缘会弯曲不直，或者锯口断面上下不一。 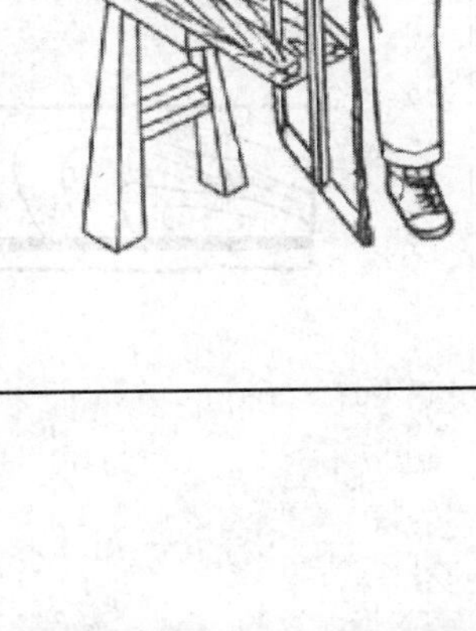

续表 3－3

种类	图 示	使用方法
框锯		（2）横割法。在锯割时，将木料放在板凳上，人站在木料的左后方，左手按住木料，右手持锯，左脚踏住木料，拉锯方法与纵割法相同 使用框锯锯割时，锯条的下端应向前倾斜。纵锯锯条上端向后倾斜 75°～90°角（与木料面夹角），横锯锯条向后倾斜 30°～45°角。时时要注意使锯条沿着线前进，不可偏移。锯口要直，勿使锯条左右摇摆而产生偏斜现象。木料快被锯断时，应将左手扶稳断料，锯割速度放慢，一直把木料全部锯断，切勿留下一点，任其折断或用手去扳断，这样容易损坏锯条，木料也会沿着木纹撕裂，影响质量
手锯		手锯分为板锯和搂锯两种。宽大的手锯称为板锯，窄小的手锯称为搂锯
侧锯		侧锯又称沿缝锯，用于开缝挖槽。使用侧锯时，右手握锯柄，左手按住木料端部上方，前后来回锯削

续表 3－3

种类	图　示	使用方法
刀锯	双刃刀锯　夹背刀锯 鱼头刀锯	刀锯为用于纤维、层板下料的锯削工具。 刀锯按其形式不同分为双刃刀锯、夹背刀锯和鱼头刀锯等。它们均是由锯刃和锯把两部分组成。 （1）双刃刀锯两边均有锯齿，一边为顺锯（纵割）齿，另一边为截锯（横割）齿。适合用于锯割较小的木材、长而宽的薄板，并且不受材面宽度的限制，又可以顺锯截切两用，使用很方便。 （2）夹背刀锯的锯刀片较薄，为使锯刀片保持平直，在锯背上用钢条夹直，锯齿较细，锯割后木材表面光平，故适用于细木锯割。它有顺锯和截锯之分。 （3）鱼头刀锯一边有锯齿，锯齿较粗，人字形锯齿只能锯割横木纹，常用于建筑工地木工现场支模
钢丝锯		钢丝锯用于精细圆弧和工件的锯削。其操作方法与曲线锯相同，右手握住锯弓上部把手，左手用力压住工件，锯削时用力要轻，切忌用力过猛，不然细小的钢丝容易折断

续表 3－3

种类	图 示	使用方法
龙锯		这种锯的锯齿比较大，锯齿方向由中央向两端斜分（角度相同），锯齿面呈弧形，锯条两端装上手柄，供两人操作。适用于采伐树木、锯割原木或截断较大的木料

3.1.3 刨削工具

1. 种类

刨削工具的种类见表 3－4。

表 3－4 刨削工具的种类

种类	图 示	说 明
平刨		平刨用来刨削木料的平面，使其平直。平刨由刨身、刨柄、刨楔、封口铁、刨刀（又叫刨铁）、刨盖、盖铁螺钉等几部分组成。常见的平刨有粗刨、清刨和光刨三种。 （1）粗刨。俗称二长刨或中刨，主要用于木材表面的第一次粗加工。刨长 300～400mm，宽为 65mm，厚为 50mm；刨刀宽度一般为 40mm。 （2）清刨。又名细刨或长刨，适用于刨削长料和木材经第一次粗刨后，再进行平、直度的加工，达到拼缝严密的要求。刨长为 400～500mm，宽为 65mm，厚为 50mm；刨刀宽度为 50mm。 （3）光刨。又名细短刨，即在清刨加工后更进一步的精加工，刨光木材表面，刨长 150～200mm，宽为 65mm，厚为 50mm；刨刀宽度为 40～50mm

续表 3－4

种类	图　示	说　明
槽刨		槽刨主要用于需要抽槽的木器构件。刨身长 180～250mm，宽 25～30mm，高 45～60mm，槽宽有 3mm、4mm、6mm、8mm、10mm、12mm 等几种规格。槽刨的封口宽度为 1～3mm。有时一个刨身套可用几把不同规格的槽刀，以提高槽身的利用率。如槽宽 8mm 的槽刨刨身，也可以套用 10mm 或 12mm 的刨刀
边刨		边刨有两种，一种用于铲削高低裁口线，刨身较短（约长 350mm）；另一种用于薄板拼缝，刨身较长（约长 450mm）。边刨在结构上类似于单手左侧开通式槽刨，底部镶有能活动的硬木限位板。刨身高 60mm，宽 40mm，刨刀安装角度为 45°～50°，为了排屑方便，刀面略向外、向左倾
弯刨		弯刨又称螃蟹刨，是刨削圆弧、弯料的专用工具，平时很少使用
线刨		为成品棱角处开美术线条的专用工具，平时很少使用

2. 刨的使用

（1）磨刨刀。使用前先将刨刀磨锋利。磨刀的方法是用右手拇指与食指端压住刀身，左手扶住右手在右手上前方起稳住刀身的作用，刀身与油石（即磨石）面贴紧，用力压住均匀地前后推动，如图 3－1 所示。粗磨锋利后，再在墨砚石上进行清口精磨。

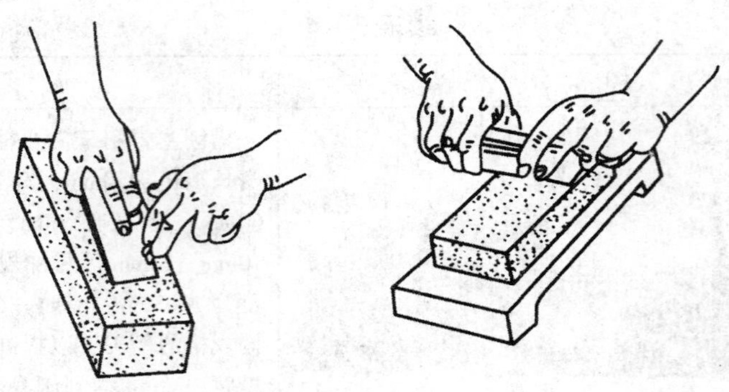

图 3－1 磨刨刀

刨刀磨好后，就进行安装，将盖板扣盖严密。最后将盖板的螺栓拧紧，或将木楔用力压紧，将刨刀固定好。如果刃口伸出太多，则可用钉锤敲打刨身的尾部，使刨刃口退回一些距离，直至刃口符合刨削的要求。

（2）刨的操作。刨的操作方法见表 3－5。

表 3－5 刨的操作方法

操作方法	内 容
手势	刨削操作时，手主要起控制刨身平衡、掌握刨削方向、确定刨削位置的作用。握刨时，用双手的中指、无名指、小指和掌心握住刨柄，食指压在刨腔两侧，施加前压力，拇指压在刨柄后方的刨身上。 当刨刀刚接触木料，开始刨削时，握刨柄的手指及掌部应形成一股向前的扭力，以增加食指对刨身前段的压力，使刨底紧贴加工面；当刨身前段刨出料头时，拇指即对刨身后段加压，食指放松，使刨尾紧贴木料被切削面以保持刨身平衡。否则，刨成的木料会中段凸起、两头塌下。 正确 错误

续表 3－5

操作方法	内　容
手势	另外，运刨时刨身方向应正对前方，不可斜着刨，以防将料刨扭曲 正确　错误
脚步	短料刨削，身体可站在工作台左侧，左脚在前、右脚在后成弓箭步运刨。长料刨削，可采用冲刺式步法，刨完第一步后，右脚向前跨上一步，同时左脚迅速跨进一步，从前次刨的终点位置接第二刨，依次向前，连续刨料出头
用力	刨削用力的形式，除了上述手部用力要点以外，主要来自腰和上臂的冲击力（俗称“腰功”）。由于运刨体力消耗较大，操作时要注意运刨节奏，不可快刨、猛刨，应长手推刨。最后还应注意平刨，在提起刨身准备进行下一次刨削时，要避免刨刃在木料表面上拖磨，防止刨刃过早变钝，或者拖坏工件表面

3. 看料

刨料的速度与看料的熟练程度密切相关。木工主要是靠目测来分辨被刨木料的平直度的。目测挡料时，可用右眼从料头一端向另一端观察，常见的种情况如图 3－2 所示。目测板料，可用双眼从板料的一侧同时平看，只转眼珠，头部不动，如图 3－3 所示，此方法同样适合检验框架构件敲合后的翘曲情况。

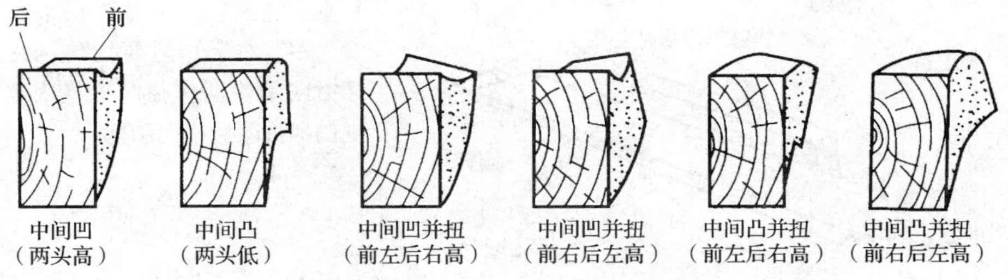

图 3－2　目测挡料的几种情况

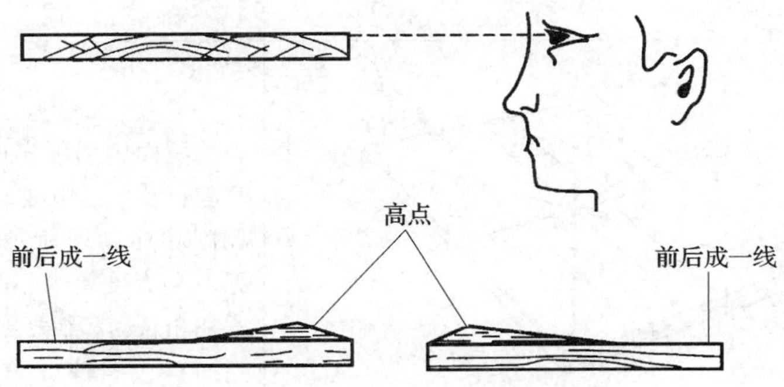

图 3－3　目测板料平整度

4. 刨削工具的应用

刨削工具的应用方法见表 3 – 6。

表 3 – 6 刨削工具的应用方法

应用方法	图 示	内 容
挡料刨削	垂直面（小面） 基准面（大面）	挡料刨削先刨基准面（大面）。选择材质较好的料面作为挡料基准面，观察其纹理方向，目测该面的平整及扭曲状况，用粗刨顺纹将高（凸）处大致刨平，再用细长刨刨净，并标上记号再刨垂直面（小面）。垂直面是挡料的第二基准面，它与大面垂直。刨削时，可以边刨边用直角尺搁料，不断检查该面与基准面的垂直情况，并标上记号
拼缝刨削	工件 木螺钉 木楔 拼缝刨削临时夹具 圆钉 平刨 工件 齿铅头 衬板 横向刨削拼缝	板料拼缝一定要刨平直，且与板面垂直。加工时，刨底要很平直。操作时，左、右手用力要均匀。板料用马牙钳或木块锯作临时夹具固定，也可把刨柄拆除后横向刨削
大版面刨削	① ③ ④ ②	大版面刨削可先用粗长刨交叉加工坯料，然后再用细长刨顺纹刨削光洁，刨削顺序如图所示。对偏重光洁度，而对平直度要求不是很高的板面，可只用粗长刨和细短刨加工

续表 3 –6

应用方法	图　　示	内　　容
截面刨削		截面刨削在刨削木料的横截面时，如果直接运刨出头，往往容易将前方边缘的木料撕裂。因此，要从料的两端向中间刨削，最后修平整

3.1.4　凿孔工具

木制品加工时，凿眼（孔）、开榫是使部件连接成一个紧固整体的主要操作工艺，也是衡量木工技术水平的重要标志之一。

凿子是用来凿眼、剔槽及对狭窄部分切削的工具。木工常用的凿孔工具按其形式不同有平凿、圆凿和斜凿等。

凿子由凿头和凿柄组成。凿头用优质碳素钢锻造而成，其刃口尺寸和形状按用途不同而分成多种；凿柄因要承受锤击，通常用硬质木材制作，为防止柄端锤击开裂，一般在柄端装铁箍保护，柄长为 130 ~150mm。

凿孔工具的种类见表 3 –7。

表 3 –7　凿孔工具的种类

种类	图　　示	说　　明
平凿		平凿又称板凿。一般凿刃宽度为 12.7 ~31.7mm。平凿又分为宽刃凿和窄刃凿两种。宽刃凿，刃口较宽（22mm 以上）且薄，故又称为薄凿，适用于剔槽和切削。窄刃凿又称为厚凿，凿刃窄而厚，刃口宽度在 18mm 以下，主要用于凿削较窄较深的方眼槽
圆凿	短柄圆凿　长柄圆凿	圆凿刃口呈弧形，有两种形式：一种为短柄圆凿，用于凿削圆孔或弧形部位；另一种为长柄圆凿又称圆铲，刃薄，颈细，用于剔圆槽及雕刻等

续表 3－7

种类	图　示	说　明
斜凿		斜凿又称为斜铲，它是刃口倾斜的一种薄刃凿，切削比较锋利，用于倒棱、剔槽、剔狭窄部分及雕刻等

凿子的使用方法：凿眼前，先将已划好榫眼墨线的木料放置于工作台上。凿孔时，左手握凿（刀口向内），右手握斧敲击，从榫孔的近端逐渐向远端凿削，先从榫孔后部下凿，以斧击凿顶，使凿刃切入木料内，然后拔出凿子，依次向前移动凿削，一直凿到孔的前边墨线；最后再将凿面反转过来凿削孔的后边。凿完一面之后，将木料翻过来，按上述方法凿削另一面。当孔凿透以后，须用顶凿将木楂顶出来。如果没有顶凿，也可采用木条或其他工具将孔内的木楂和木屑顶出来。凿子长时间使用后，刃口就会变钝，严重时还会出现缺口或断裂。如果出现缺口或刃口裂纹，则必须先在砂轮机或油石上粗磨，然后再在细磨石上磨锐。凿子的研磨方法与刨刃的研磨基本相同。由于凿子窄，不可在磨石中间研磨，以防磨石中间出现凹沟现象。

3.1.5 钻孔工具

钻孔工具的种类及使用方法见表 3－8。

表 3－8　钻孔工具的种类及使用方法

种类	图　示	使 用 方 法
螺旋钻		螺旋钻又称麻花钻，钻杆长度为 500～600mm，用优质钢制成，钻杆前段做成螺旋状，端头呈螺钉状，钻杆上端另穿木柄作为旋转把手，钻的直径规格为 6.5～44.5mm。 先在木料正面划出孔的中心，然后将钻头对准孔中心，两手紧握把手稍加压力向前扭拧；当钻到孔的一半时，再从反面钻通为止。钻孔时，要使钻杆与木料面垂直。斜向钻孔要把握钻杆的角度

续表 3 - 8

种类	图示	使用方法
手摇钻		手摇钻又称摇钻。钻身用钢制成，上端有圆形顶木，可自由转动；中段曲拐处有木摇把；下端是钢制夹头，用螺纹与钻身连接，夹头内有钢制夹簧，可夹持各种规格的钻头。 左手握住顶木，右手将钻头对准孔中心，然后左手用力压顶木，右手摇动摇把，按顺时针方向旋转，钻头即钻入木料内。钻孔时要使钻头与木料面垂直，不要左右摆动，防止折断钻头。钻透后将倒顺器反向拧紧，按逆时针方向旋转摇把，钻头即退出
牵钻		牵钻又称拉钻，是古老的钻孔工具。钻杆用硬木制成，长 400 ~ 500mm，直径为 30 ~ 40mm，分为上下两节。上节为握把，呈套筒形，可自由转动；下节有卡头，卡头内呈方锥形深孔，可装钻头。在钻杆上部绕上皮索与拉杆相连，推拉拉杆，即可反复旋转。牵钻的钻力较小，只适用于钻直径 2 ~ 8mm 的小孔。 左手握住握把，钻头对准孔中心，右手握住拉杆水平推拉，使钻杆旋转，钻头即钻入木料内。钻孔时，要保持钻杆与木料面的垂直，不得倾斜

3.1.6 其他辅助工具

木工作业时除了使用上述工具外，还需要一些其他辅助工具，见表 3 - 9。

表 3-9 其他辅助工具种类

种类	图 示	说 明
斧	单刃斧	斧分为单刃和双刃两种。单刃斧又称偏钢斧，以右方向砍削为主；双刃斧又称中钢斧，左右两个方向劈（砍）削均可。砍的方法有平砍和立砍两种。 平砍适用于砍削较长板材的边缘。操作时，砍削面向上，斧刃斜面向下，以划线为准，从左向右顺木纹砍削。 立砍适用于砍削较短木材。操作时，左手握住木材并直立于台面（或垫板）上，斧刃斜面向外，以划线为准，从上向下，顺木纹砍削。 用斧砍削时，需注意以下事项： （1）以划线为界，不允许砍到划线以内，并要留出刨光的余量。 （2）砍削时用力大小、落斧方向和位置要正确。砍削较厚木材时，可每相距100mm左右用斧斜砍个切口，斧按顺序砍到切口处，多余木片容易脱落。砍削软材时，要轻砍细削，不要用力过猛。 （3）碰到节子时，应从木材（或节子）两端砍削。如节子较大，先将节子砍碎，再左右砍削。如节子在板材中心时，应从节子中心向两边砍削。如节子坚固，则应用锯将其锯去，不宜硬砍。 （4）斧头与木把连接必须牢固，以防斧头脱落伤人。开始落斧时用力要轻、要稳。 （5）斧的研磨。斧刃应避免与铁具、砂石等硬物相碰，如果刃口用钝或出现缺口时，要在磨石上研磨。研磨时，手势要稳，左右手前后移动时，动作要一致，握斧头的右手要使斧头的研磨面紧贴磨石平面，不可翘动。

续表 3-9

种类	图示	说明
斧	双刃斧	当斜面磨成青灰色，锋口用手轻摸感觉有卷口时，即可翻面，将斧的平面紧贴磨石稍磨几下，去除卷口。磨好的斧刃要锋利、无缺口、刀口挺直、斜面成一平面
锤子	羊角锤 平角锤	又叫榔头，分为羊角锤和平角锤。 锤子由锤头和柄（锤柄）组成。锤头用优质碳素钢经锻制加工而成，用于敲击的一端需经热处理淬硬。锤柄用硬木制成，柄长约为300mm。锤子主要用于敲击钉子和安装接榫。羊角锤既可敲击，又可拔钉
锛		它用于砍削较大木料的平面。操作时，要侧身观察划线，根据木料软硬程度决定下锛力。先砍几下，然后按划线修砍。锛的操作比较困难，稍不留意易发生砍伤事故，必须小心谨慎，看准砍稳

续表 3－9

种类	图　示	说　明
钳	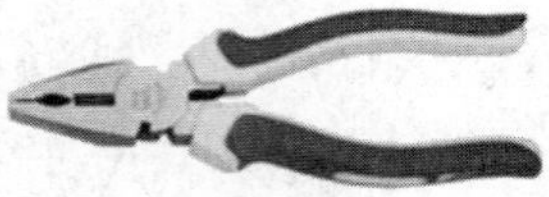 钢丝钳 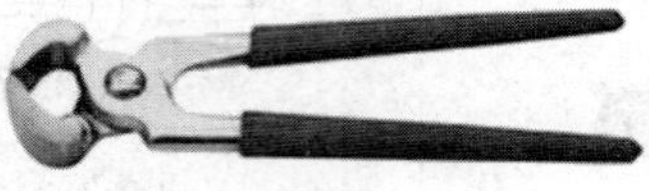 钉子钳	常用于木作工程的有钢丝钳和钉子钳两种。 钢丝钳可用来夹断钢丝、铁钉，也可用于拔小钉子；钉子钳主要用于拔出圆钉
扳手	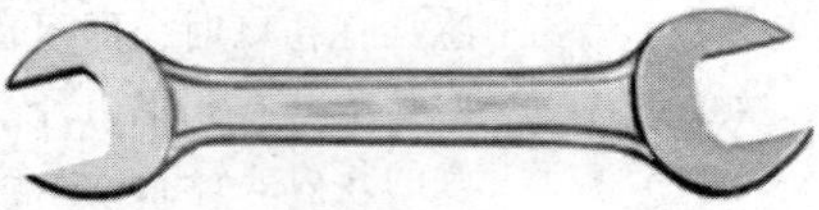 呆扳手  活络扳手	扳手是松紧螺栓的专用工具，又有呆扳手和活络扳手两种
木锉	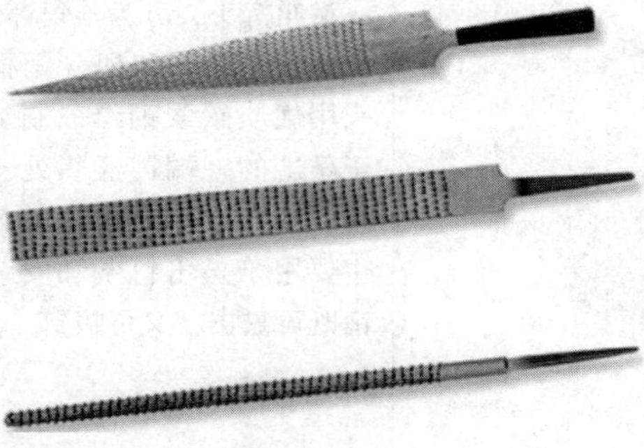	木锉分扁锉、圆锉、平锉三种。木锉的用途是锉削或修正木制品的孔、凹槽及不规则的表面。锉削时，要顺着木纹锉才能使木构件表面光滑，否则表面起毛
旋凿	 普通型旋凿  十字槽旋凿  自动旋凿	旋凿又称螺丝批、改锥、起子，分为普通型旋凿、十字槽旋凿、自动旋凿3种。主要用于装卸各种形式和规格的木螺钉，如安装木门窗、小五金等，用途十分广泛

3.2 手持电动工具

手持电动工具种类及使用要点见表3－10。

表3－10 手持电动工具种类及使用要点

种类	图 示	技术性能和适用范围	使 用 要 点
电钻		电钻可对金属材料、塑料、木材等装饰构件钻孔，是一种体积小、重量轻、操作简单、使用灵敏、携带方便的小型电动机具。 电钻一般由外壳、电动机、传动机构、钻头和电源连接装置等组成。 从技术性能上看，电钻有单速、双速、四速和无级调速，其中双速电钻为齿轮变速。工程中使用电钻钻孔多在13mm孔径以下，钻头直接卡固在钻头夹内；若钻削13mm以上的孔径，则还要加装莫氏锥套筒	(1) 使用前应先检查电源是否符合要求，然后空转时运转，检查传动机构是否正常，接地保护是否良好，以免烧毁电动机或造成安全事故。 (2) 不同直径孔的钻削，应选用相应规格的电钻，不要形成“小马拉大车”，也不准超越电钻的技术性能强行钻孔。 (3) 选用的钻头角度正确，钻刃锋利，钻孔过程中不要用力过猛，以免电钻过载。感觉钻削速度突然下降时，应立即减小压力，当孔即将钻透时，压力也要减小。钻削过程中遇到钻机突然停转时，要立即切断电源，检查停转的原因并排除后方准继续钻削。 (4) 转移作业位置需移动点钻时，必须手持电钻手柄，拿起电缆线，不准拖拉电缆线，以防绝缘层破损及操作者触电。 (5) 电钻在使用过程中要轻拿、轻放。避免损坏机壳和内部零件。电钻使用完毕，应立即进行保养。较长时间不使用，应放在通风干燥的环境中保存

续表 3－10

种类	图示	技术性能和适用范围	使用要点
电锤		电锤是一种在钻削的同时兼有锤击的小型电动机具，国外也叫冲击电钻。它是由电动机、传动装置、曲轴、连杆、活塞机构、离合器、刀夹机构和手柄等组成。 电锤的旋转运动是由电动机经一对圆柱斜齿轮传动和一对螺旋锥齿轮减速来带动钻杆旋转。当钻削出现超载时，保险离合器使旋转打滑，不会使电动机过载和零件损坏。电锤冲击运动，是由电动机旋转，以较高的冲击频率打击工具端部，造成钻头向前冲击来完成的。电锤的这种旋转加冲击的复合钻孔运动，比单一的钻孔运动钻削效率要高得多，并且因为冲击运动可以冲碎钻空周围的硬物，还能钻削电钻不能钻削的空眼，因而拓宽了使用范围。 电锤广泛适用于饰面石材、铝合金门窗和铝合金龙骨吊顶的安装装饰工程，也可用在混凝土地面钻孔，预埋膨胀螺栓，以代替普通地脚螺栓来安装各种设备	(1) 使用前应先检查电源与电压是否与电锤铭牌上的规定相符；电源开关必须处于“断开”的位置。若电源距作业位置较远，可使用延长电缆线。电源线的截面积应足够，在满足作业要求的前提下，应力求电缆线短些；要认真检查电缆线的完好状况，不准有破损漏电部位，且应接地良好，安全可靠。 (2) 电锤各零件的连接部位必须连接牢固可靠，钻头选用得合理，符合钻孔和开凿的要求，且要安装牢固。应经常检查钻头的磨损情况，发现磨损不锋利时要及时更换或磨刃，以免影响钻孔效率和造成电动机过载。 (3) 打孔时，电锤的钻头必须垂直于工作面，要用手均匀按压电锤，连续送进，不准时钻头在孔内左右摆动，以免扭坏电锤；作业时若需要使用电锤扳撬时，要均匀用力，不要过猛。 (4) 电锤系断续工作制的电动机具，不准长时间连续使用，要常以手背贴拭温度。当温度超过 60℃ 时，应停歇，进行冷却，以免因升温、过载烧毁电动机

续表 3－10

种类	图示	技术性能和适用范围	使用要点
电刨		手电刨又称手提式木电刨。它是对木材进行刨削加工的小型电动机具。它既可以刨削平面，也可以倒角或刨止口，代替了木工推刨子的繁重体力劳动。在建筑装饰工程中主要用于门窗安装、木地面施工和各种木料的刨平作业	（1）使用前先检查一下电源电压是否符合电刨铭牌上的要求，电缆线有无破损，电源接入接头是否正确、牢固。 （2）较长时间没有使用的电刨要先进行干燥处理。 （3）刨削前再检查被刨材料表面有无铁钉，要有应先剔掉，以防刨削时刀片破裂，碎片弹出伤人。 （4）木工电刨不能用来刨削其他材料。更换V带、刀片或检修时，都要拔下电源插头。 （5）要定期检查电刨的碳刷、换向器、开关和电源插头等，尤其注意碳刷磨损后要及时更换。 （6）转移作业位置时，要一手拿电刨，一手拿电缆线，不准拖拉电刨或电缆线，以防机具或电缆线损坏。 （7）操作者应戴好防护镜和绝缘手套。 （8）电刨使用完毕，应进行保养，并放置干燥、无腐蚀性气体及通风环境中保存
电锯		电锯又称手提式木工电锯。主要用来对木材横、纵截面的锯切及胶合板和效塑料板的锯割，具有锯切	（1）使用前先检查电源电压是否符合电锯铭牌上额定电压的要求，电源接入端接头是否牢固可靠，电缆线是否完好等。 （2）将被锯材料用螺丝压板或其他方法夹紧固定，在锯割时不可移动或变位。

续表 3-10

种类	图示	技术性能和适用范围	使用要点
电锯		效率高、锯切质量好、节省材料和安全可靠等优点，是建筑物室内装饰工程施工时重要的小型电动机具之一	(3) 作业时，只准用手柄提升安全罩，不允许将安全罩固定或拉紧到开启的位置上，安全罩始终应保持良好的工作状态。 (4) 手提电锯转移作业位置时，不准随意开启电锯，以防发生事故。 (5) 作业中如需要调整切锯深度螺母和斜锯切螺母时，要停机及切断电源进行，调整好后要夹紧，确认牢固可靠后再开机锯切。 (6) 切割大面积的材料需要用双手导锯时，应将左手紧握在侧手柄上。 (7) 作业中不准猛拉电缆线，以防插头脱离插座。凡需要更换锯片、检查、调整、紧固电锯以及润滑时，都必须停机及切断电源后进行。 (8) 电锯用完后，先清洁、保养，然后放到干燥、无腐蚀性气体的环境中保存
电动冲击钻		电动冲击钻是一种旋转带冲击的特殊电钻，在构造上一般为可调式的结构，当将旋钮调到纯旋转的位置并安装钻头，此时的电动冲击钻与普通电钻一样，可对钢材制品进行	(1) 电动冲击钻使用前应认真检查各部分的完好状况，电源线进入电动冲击钻处绝缘保护是否良好，电缆线有无破损情况等。

续表 3－10

种类	图　　示	技术性能和适用范围	使 用 要 点
电动冲击钻		打孔；如果将旋钮调到冲击位置并安装上硬质合金的冲击钻头，此时的冲击钻可对混凝土、砖墙等进行钻孔。在建筑工程及水、电、煤气等安装工程中，电动冲击钻应用得十分广泛	（2）根据冲击、钻孔的要求选择适用的钻头，按电动冲击钻所需要的电压接好电源，将钻头垂直于墙面进行钻孔。 （3）电动冲击钻作业时的声响应正常，如发现杂声异响时应立即停止操作。发现钻头转速突然下降或临钻透孔时，应适当减小压钻的力量。作业中突然出现刹停，应立即切断电源，查明原因，解决后再继续钻孔。 （4）电动冲击钻转移作业位置时，要一手握住手柄，一手拿电缆线，不准拖地拉线以破损绝缘层。 （5）电动冲击钻用完后应立即进行保养，并要放到干燥通风的环境中保管
电动曲线锯		电动曲线锯是用来对不同材料进行曲线或直线切割的手持式的小型电动机具。它具有体积小、重量轻、操作灵敏、安全可靠和适用范围广的优点。电动曲线锯由电动机、往复运动机构、风扇、机壳、锯条、手柄和电器开关等组成。	（1）根据被锯割的材料合理选用锯条。电动曲线锯在作业中切割较薄的板材，如发现板材有反跳现象，则表明锯齿齿距太大，锯条选用得不合理，应予更换细锯齿条。 （2）锯条的锯齿应锋利，安装在刀杆上应固定紧密牢靠。 （3）电动曲线锯向前锯切时，用力不准过猛，曲线锯割其转角半径不宜小于 50mm。锯切过程中，若锯条被卡住，应先切断电源，然后将锯条退出，再进行慢速锯割。

续表 3-10

种类	图示	技术性能和适用范围	使用要点
电动曲线锯		电动曲线锯的锯条作往复直线运动，能锯切形状复杂并带有较小曲率半径的几何图形的各种板材，但所用锯条的粗细不同。锯切木材应使用粗齿锯条；锯切有色金属板材应使用中齿锯条；锯切层压板或钢材时，应使用细齿锯条	（4）为保证锯切质量，认准锯切线路很重要，开机找线不准则严禁随意将曲线锯提起，以防因锯条受到撞击而折断，但可以继续开动曲线锯，找准切割线路。 （5）在锯切的板材表面有孔加工要求时，可先用电钻在指定的位置钻孔，然后再将曲线锯的锯条深入孔中，锯切出要求的形状。 （6）作业中发现电动曲线锯声响不正常，机壳过热，运转速度不正常等，应立即切断电源，进行检查，待故障排除后再继续进行锯切。 （7）电动曲线锯每天使用完毕都要认真地进行保养，并放在干燥、通风的环境中保管
手提磨光机		磨光机是用来磨平抛光木制产品的电动工具。它有带式、盘式和平板式等几种	操作时，右手握住磨机后部的手柄，左手抓住侧面的手把，平放在木制产品的表面上顺木纹推进，转动的砂带将表面磨平，磨屑收进吸尘袋，积满后拆下倒掉。 磨光机砂磨时，一定要顺木纹方向推拉，切忌原地停留不动，以免磨出凹坑，损坏产品表面。用羊毛轮抛光时，压力要掌握适度，以免将漆膜磨透

3.3 木工机械

木工机械种类及使用要点见表3－11。

表3－11 木工机械种类及使用要点

种类	图 示	使 用 方 法
木工带锯机		木工带锯机主要适用于加工板材、方材的直线口、曲线口及小于30°～40°斜面口或加工木质零件，锯轮直径为630mm。锯机结构比台式木工带锯机简单，大部分采用手工进料。 木工带锯机由机体、上锯轮、下锯轮、回转工作台、锯卡子、防护罩、电动机、制动装置等组成。上锯轮支承在机身的骨架上，转动手轮上锯轮可沿机身导轨上下移动，从而改变上下锯轮的中心距离，以适应锯条长度的改变，使锯条能够适当地紧张在两个锯轮上，锯条的张紧程度，通过锯条张紧弹簧的作用，能够自行补偿调节。转动小手轮可以使上锯轮和轴承座倾斜，以调整锯条在锯轮上的位置，使锯齿露在锯轮轮缘端下面。下锯轮为主动轮，通过V带轮由电动机驱动
木工圆锯机		圆锯机的种类较多，按照其进给方式分，包括手动进料和机动进料两种类型。圆锯机的构造比较简单，主要由机架、工作台、锯轴、切割刀具、导尺、传动机构和安装装置等组成。制材使用的大型圆锯机还配有注水装置（冷却锯片）、锯卡及送料装置等。圆锯机上的圆锯片，按照其断面形状可分为圆锯片、锯形锯片和刨削锯片三种形式。 圆锯机工作前，对轴承加润滑脂，检查锯片是否装夹牢固，防护罩是否到位，保险装置是否可靠，待确认一切正常才可开机工作。

续表 3-11

种类	图示	使用方法
木工圆锯机		锯剖时，不论纵向锯剖还是横向截料，木材都应与锯台面压平贴实。锯剖长料时，应先根据构件尺寸调整好导板，开动圆锯机，待锯片运转正常后，需两人配合进行操作，一人在上手位置手握木材沿着导板均匀地向前送料，当木材端头超出锯片后，下方位置的人用拉钩抓住，均匀地拉木材前进，待木材另一端脱离锯片后，方可用手接住；锯剖短小木材，必须用推杆送料，严禁用手送料，以防锯片伤手。横向截料应对准截料线。为防止锯片发热变形，可在台下和锯片两侧安装冷水管喷水冷却锯片
手压刨		手压刨用来刨削构件的平面，也能刨削斜面及对缝等。这种刨削机械结构简单，使用范围也比较广泛。 手压刨又称平刨，由机身、台面（工作台）、刀轴、刨刀、导板、电动机等组合而成。 操作前，应先检查机械各部件及安全防护装置。要进行工作台的调整，前台面比后台面要略低，高度差即为刨削厚度，一般控制在 1~2.5mm 之间。刨削前，应对工件进行检查，以确定正确的加工方案。木板厚度在 30mm 以内的短料，禁止在手压刨上进行刨削，以防发生伤手事故。单人操作时，人应站在工作台的左侧中间，左脚在前，右脚在后，左手按压木料，右手均匀推送。当右手离刨口 15cm 时，即应脱离料面，靠左手推送。无论何种材质的刨料，一般都应顺茬刨削，遇有戗茬节疤、纹理不顺、坚硬等材质时，要减低刨削的进料速度。一般进料速度宜控制在 4~15m/min。刨削时，先刨大面，后刨小面。同时刨削几个工件时，厚度应基本相等，以防薄的构件被刨刀弹回伤人

续表 3－11

种类	图示	使用方法
自动 压刨床 （机）		自动压刨床（机）包括单面（自动）压刨床、双面压刨床、三面木工刨床、四面木工刨床等。在中小型木材加工工厂（车间）和建筑工地上得到广泛应用的是单面（自动）压刨床。 操作前，应按照加工木料要求的尺寸，仔细调整机床刻度尺。每次吃刀深度应不超过2mm。自动压刨床一般应由两人操作。一人进料，一人按料，人要站在机床左、右侧或稍后为宜，不要正对工件，以免被工件撞伤。刨长构件时，两人应协调一致，平直推进顺直拉。刨短构件时，可用木棒推进，不能用手推动。如发现横走时，应立即转动手轮，将工作台面降落或停车调整。操作人员工作时，思想要集中，衣袖要扎紧，不得戴手套，以免发生事故
木工 钻床		木工钻孔用的主要机械设备是木工钻床（或台钻）。木工钻床（又称打眼机）的类型很多，按外形分为立式和卧式两种；按操作方式分为手动式、脚踏式和半自动式等。常用的钻头有麻花钻、方形钻和S形钻。 钻孔前，应根据所钻孔的大小选好钻头并装在钻夹头内，钻头尾端顶在钻夹头的底部，钻头要装得垂直紧固。再将画好钻孔墨线的木构件放在工作台面上并夹紧，先进行试钻，试钻正确后才能进行钻孔。

续表 3-11

种类	图示	使用方法
木工钻床	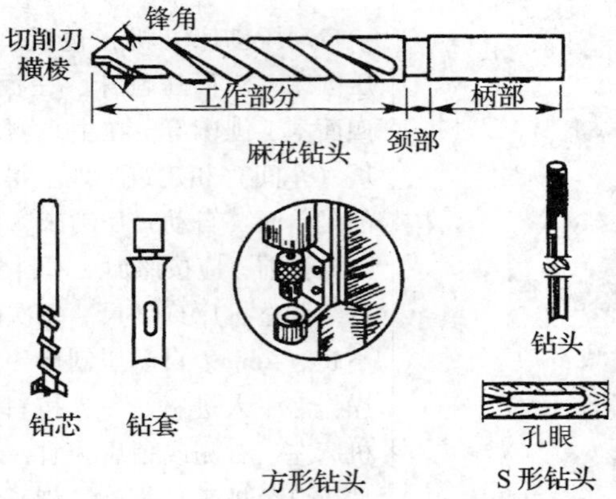	钻孔时，右手握手柄，匀速下压手柄，使钻头缓慢均匀下降进行钻孔作业，直至钻到要求的深度为止。提起手柄钻头从木构件中拔出，切断电源，待钻床主轴（即钻头）停止转动后，松开卡料器下木构件，钻孔工作结束。如钻透孔时(一次钻透)，则要在弯构件下面加垫木板；如木构件的厚度大于钻头的长度，应先从木构件的反面钻一半深，再翻转木构件从正面钻通。钻不透孔时（即钻孔），先将钻头顶在木构件表面，根据钻孔深度尺寸和钻床上的刻度，将工作台调整到需要的高度。也可以通过下降钻床主轴尺寸控制钻孔深度
开榫机		开榫机按榫头结构形式和用途不同可分为多种。常用的有直榫机、燕尾开榫机、箱榫开榫机和梳齿开榫机等。其中直榫机应用广泛。 直榫开榫机分单头和双头两种。用于开直榫，也可进行切削、锯削和铣削榫槽等单独作业。 开榫机一般有 6 个刀架，直接带动 6 个刀头工作。若刀头安装不正确或操作不协调，会发生事故或影响加工质量。故要求操作者应严格按照工艺规程进行操作。刀具要按所开榫的形状进行研磨后安装在刀架上。进行开榫工作时，先进行试切，经测量榫头的形状和尺寸符合要求后再进行榫头加工作业
木工铣床	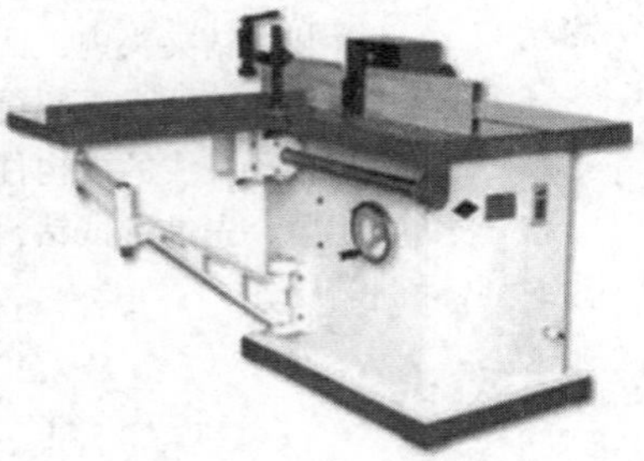	木工铣床不仅能开榫，还能进行裁口、刨槽和起线等多种作业，是木工行业中不可缺少的机械设备。 木工铣床的种类很多，其中立式单轴木工铣床应用最广。这种铣床结构紧凑，体积小，使用方便。

续表 3－11

种类	图 示	使 用 方 法
木工铣床	用于铣削沟槽的 S 形铣刀 多刃铣刀 用于铣削榫头的 S 形铣刀 整体式铣刀 刀片 刀体 装配式铣刀	木工铣床用的切削刃具主要是铣刀。铣刀有整体式和装配式两种。整体式铣刀分为多刃铣刀、用于铣削沟槽的 S 形铣刀和用于铣削榫头的 S 形铣刀；装配式铣刀由刀片和刀体组成。 铣削加工前，应按加工木构件的内容（裁口、刨槽或起线）和铣削部位的形状（口形、槽形或线形）选择铣刀，并把铣刀安装在刀轴上。如选用整体式铣刀，可直接进行安装；如选用装配式铣刀，应先把刀片安装在刀体上（应放在平板上，用角尺校对使刀刃平齐），然后将铣刀安装到刀轴上。铣刀在刀轴上紧固，转动手轮调整铣刀到所需高度，盖好护罩。然后调整、紧固导板。 工作时，接通电源，待刀轴运转正常后，将木构件沿着台面紧靠导板向前推进。加工木构件较长或较大时，应由两人操作（推进和接拉），左手在前按压木构件，右手在后推进，速度要均匀，不要太快，碰到节子时，要放慢速度。 用铣床进行开榫加工时，将木构件夹在推车上，由推车前进可在木构件端头开出榫头来
带式磨光机		带式磨光机用来磨光平面或非平面的构件表面。磨光平面构件的工作台有固定的，也有可移动的。磨光非平面构件的带式磨光机则没有工作台，它是利用游动的砂带进行工作的。带式磨光机类型较多，有立式、卧式，单砂带、多砂带，手工进给和机械进给等多种形式。所用砂带多是布质的，也有采用纸质的。

续表 3－11

种类	图 示	使用方法
带式磨光机	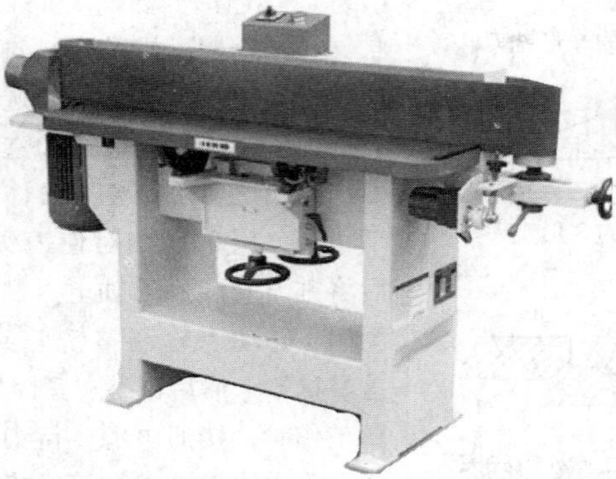	操作前先调整张紧装置，将砂带张紧；把工件放在工作台上，将工作台调整到一定高度，左手操纵压垫的操作手柄，使压垫沿带纵向移动，两手操作要互相配合，这样就能将工件的整个表面磨光。砂带可在市场上买到，使用时根据两轮间的距离截断，将砂带两头在水中浸泡，刮去面上的砂粒（每头刮去 30～50mm），然后涂上胶水，把两头搭接在一起，用两块平板紧压两面，待干后即可使用。 加工进给时，其前端边缘应与砂辊的轴线呈 10°～15°倾角，以防直进损坏砂带或将工件磨成斜棱。工件进给要连续不断地均匀进料，以防停顿或过慢时会使工件表面出现波纹。磨削面积较小的工件时，应排满机床进料的整个宽度，但工件应渐次地进给到砂辊，防止同时进入砂辊时工件端头磨损。进给速度要根据材质软硬而定。一般硬材进给速度低，软材进给速度高一些。在操作时，加工件由于厚度不均匀或翘曲而被挤卡时，应停止进给，升起上进料辊及压紧辊，取出工件并清除杂物，以免扯坏砂带

4 木制品加工

4.1 木制品的选料配料

4.1.1 木制品的选料

根据木材的缺陷状况，合理选料，是木工操作的重要一步。不同等级和用途的木制品，技术要求不同，同一制品上不同的零部件对材料的要求也不完全相同。

1. 木材的缺陷状况

(1) 天然木材缺陷。常见的天然木材缺陷包括节子、应力木、脆性裂纹、斜纹理弯曲、夹皮、油眼等，见表4-1。

表4-1 常见的天然木材缺陷

名称	图示	说明
节子	 活节 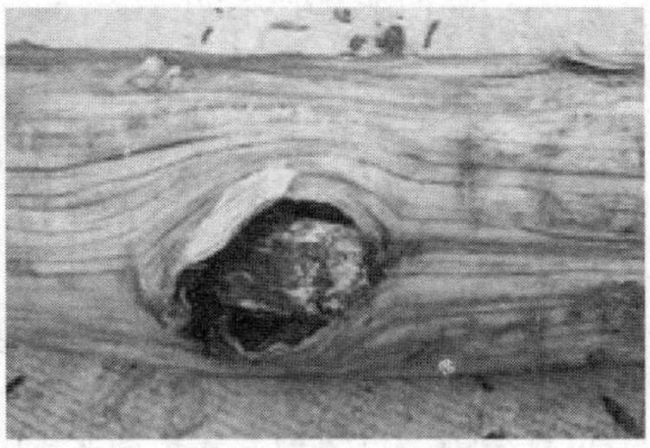 死节	树干中的活枝条或枯枝条在树干中着生的断面称为节子。 节子分为活节和死节。节子与周围木材紧密连接，质地坚硬，没有任何腐朽征兆的称为活节，也称紧节或健全节；节子与周围木材部分脱离或完全脱离的称死节，又称松节或腐朽节。活节对木材的利用影响很小，而且可以形成美丽的花纹；死节对木材的利用影响较大。在木材制作加工中，遇到节子部位须注意放慢速度，以防损坏锯齿；同时节子会使局部木材形成斜纹，加工后材面不光滑，易起毛刺或劈槎，影响制品美观。此外，节子还会破坏木材的受力均匀性，降低强度
斜纹理	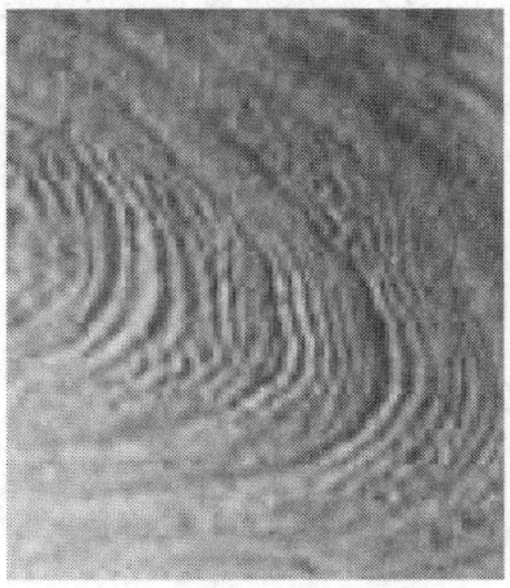	斜纹理简称斜纹或扭纹。有些斜纹理如交错纹理、波状纹理，可以通过特殊加工使板面呈现特殊花纹，作装饰镶板用。斜纹理用作受力构件时，就会降低强度，因此受力的建筑构件不宜使用斜纹理的木材

续表 4－1

名称	图示	说明
应力木	 应拉木  应压木	有些圆木，端面髓心偏向一边，使一边比另一边长得宽。宽的一边的木材称为应力木，窄的一边的特性一般与正常木材相差不多，称为应木。应力木的构造和性质与正常木材不同，影响木材的利用，它常在产生枝条、倾斜和弯曲的树干上。应力木分为应压木和应拉木两种。 应压木是针叶树材所特有的，产生在倾斜或弯曲树干和枝条的下方或是应力木的一边。针叶树材的倾斜树干锯开之后，髓心总是偏向上方或压应力的对面，而下方或压应力一边则长而宽大，这一边属于压应力，因此称为应压木。 应拉木是阔叶树材所特有的，产生在倾斜或弯曲树干和枝条的上方或拉应力一边。倾斜树干锯开后，髓心总是偏向下方或拉应力的对面，而上方或拉应力的一边长而宽大，由于这一边属于拉应力，因此称为应拉木。 应压木与正常木不一样。应压木横截面上的宏观特征是材色较深，早材向晚材过渡为渐变，即早、晚材的界限不明显，髓心偏向一边，年轮宽、晚材带也增宽，因此应压木密度较大，纵向干缩大，开裂严重。在一块木材上，由于应压木与正常木和对应木收缩不一致，会产生开裂和翘曲。除顺纹抗压强度外，应压木的其他强度均有所下降。 同样，应拉木与正常木也不一样。应拉木在树干端面上有时材色较深，髓心偏向一边，有时髓心偏倚不大。在锯切生材时，在应拉木部位有夹锯、过热现象，板面起毛，弦切成单板后毛糙不平，同时，纵向收缩率增大，结果会产生异乎寻常的弓弯和内裂
脆性	—	木材因受外力作用而折断时，断得突然，断口整齐，这种性质就称脆性。造成木材脆性的原因有多种，如生长轮狭窄，或针叶树材年轮过宽，应压木的木材具有压伤、脆心、腐朽等缺陷。这些均会导致木材脆性增加，影响木材的利用

续表 4－1

名称	图　示	说　明
油眼	—	针叶材年轮内局部充满树脂的条状沟槽称为油眼。树脂流出后会损坏木材表面，所以，不适宜作胶合板等
夹皮	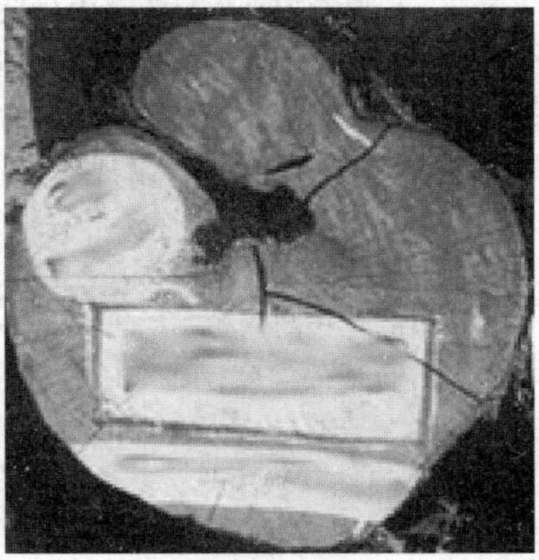 外夹皮 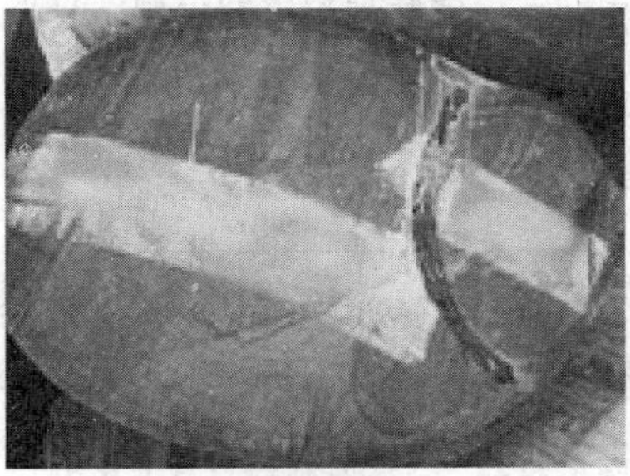 内夹皮	木材的木质部内有时会带有一块块的树皮，称之为夹皮。夹皮在圆木外表可见的称之为外夹皮；完全包在木材内部的称为内夹皮。夹皮会损坏木材的完整性，使年轮弯曲，降低木材的等级
弯曲	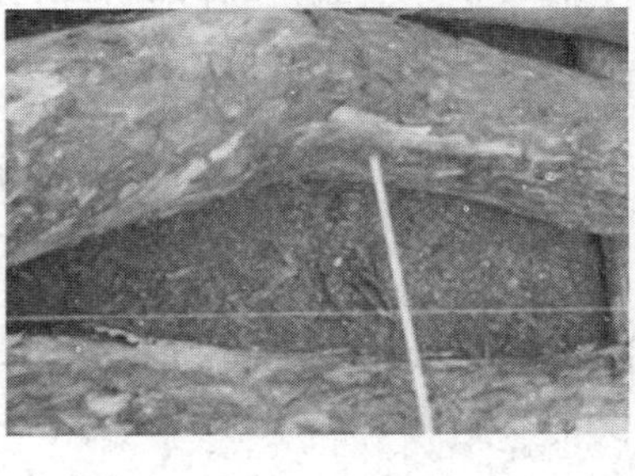	树干的主轴不在同一直线上就是弯曲。圆木弯曲有一面弯曲和多面弯曲两种弯曲形式。弯曲圆木会降低木材的出材率和木材的各种强度

（2）生物危害缺陷。生物危害缺陷见表4－2。

表4－2　生物危害缺陷

名称	图　　示	说　　明
腐朽	心材腐朽 边材腐朽	木材受腐朽菌侵蚀后，不但木材的颜色和结构发生改变，同时也变得松软、易碎，最后变成一种干的或湿的软块（呈筛孔状、粉末状等），此状态称之为腐朽。木材的腐朽主要是受真菌的危害产生的。造成木材腐朽的真菌主要有白腐菌和褐腐菌。白腐菌侵蚀木材后，木材呈现白色斑点，外观似小蜂窝或筛孔，或材质变得很松软，用手挤捏，很容易剥落，这种腐朽又称为腐蚀状腐朽；褐腐菌侵蚀木材后，木材呈现褐色，表面有纵横交错的细裂纹，用手挤捏，很容易捏成粉末状，这种腐朽又称为破坏性腐朽。 木腐菌的生长与繁殖一般需要具备一定的条件。首先要有合适的温度，通常最适宜的温度为25～30℃；其次是木材要有合适的含水率，当木材的含水率为23%～30%时，最适宜木腐菌生长和繁殖；足够的氧气和一定的营养对木腐菌的生长和繁殖也不可缺少。要防止木材的腐朽，改变木腐菌的生长条件是积极的措施。对木材进行干燥，降低木材的含水率，同时借助高温杀死木腐菌，将有毒的药剂浸湿到木材中去，进行防腐处理等，都是防止木材腐朽的积极方法
虫害	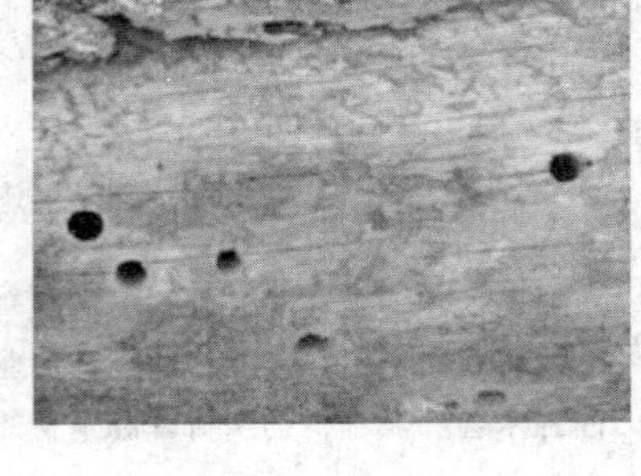	木材在贮存期间与制成品后，都会有虫害发生。有些树种在砍伐之后，短期内就出现虫害；有些木材在气干状态下，容易发生虫害。正在使用中的木制品也极易发生虫害。虫害会在木材表面形成虫孔，排出粉末，通称为粉末虫或蛀虫。消灭虫害的方法是木材在使用前经过人工高温干燥或将防虫剂注入木材；在木制品上涂油漆，对抑制虫害的产生也有作用。 根据蛀蚀程度的不同，虫眼可以分为下述三种： （1）表皮虫沟。虫蛀木材深度不足1cm的虫沟或虫害。 （2）小虫眼。虫孔的最大直径不足3mm的虫眼。 （3）大虫眼。虫孔的最小直径在3mm以上的虫眼

（3）干燥缺陷。干燥缺陷见表4－3。

表4－3 干燥缺陷

名称		图示	说明
开裂	径裂		在木材断面内部，沿半径方向开裂的裂纹
	轮裂	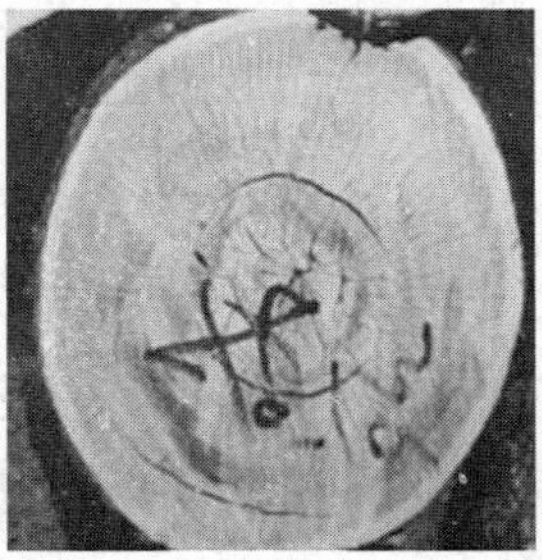	在木材断面沿年轮方向开裂的裂纹。轮裂有成整圈的（环裂）和不整圈的（弧裂）两种
	干裂		因木树干燥不均而引起的裂纹。通常分布在材身上，在断面上分布的亦与材身上分布的外露裂纹相连，通常称为纵裂
翘曲		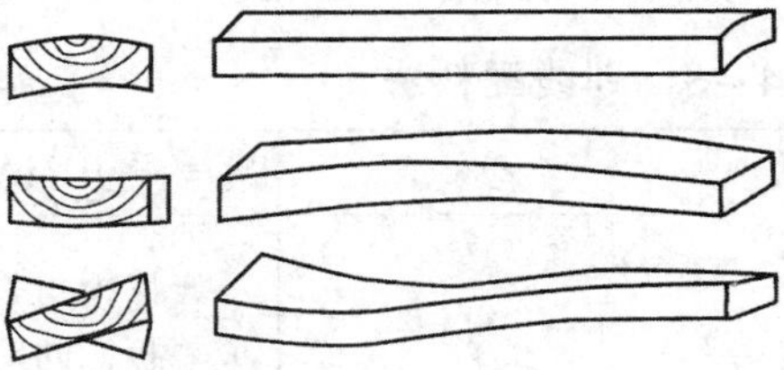	木材的翘曲对木材的利用有严重的影响。因此，在选料时，不应选择有翘曲的板材和木枋

2．选料方法

所谓选料，就是要根据制品的质量要求，合理地确定各零部件所用材料的树种、纹理、规格及含水率。

木制品用材的部位包括三种：外表用料是指木材裸露在制品外面，需要进行涂饰，例如椅、凳类家具的坐面、腿，台案类家具的台面、腿、抽屉面等；内部用料是指用在制品的内部，无需涂饰或不需完全涂饰的零部件，例如柜体的内档、搁板、底板等；暗用料是指隐藏在制品内部，正常使用情况下看不到的零部件，例如沙发软包饰的内部支架等。

选择的材种、规格要符合设计要求，达到用材与设计相符，材料搭配合理，以免浪费。

选料要遵循的基本原则包括：充分考虑不同的材种具有不同的颜色、花纹和光泽；要认真检查木材的干燥质量以及缺陷状况；外用料要选择材质好、纹理美观、涂饰性能好的木材。

选料中应当注意：所选木材是经过干燥处理的木材，符合质量要求。含水率要求见表 4－4。

表 4－4　配料含水率要求表（%）

类别	地区					
	华北	东北	华东	华南	西南	西北
	含水率					
胶拼部件	10	12	18	20	15	12
其他部件	14	15	20	22	18	15
床板（铺板）	18	20	—	—	—	—

在选料时要考虑产品各零件受力的情况和产品的强度要求，应当注意对有缺陷的木材有效合理利用。在同一胶拼件上，软材和硬材不能同时使用。

4.1.2　配料方法

根据加工工艺不同，配料的方法也不同。主要的配料方法包括划线配料法、粗刨配料法等。

1. 划线配料法

划线配料法是指根据木构件的毛料规格尺寸、形状、质量要求，在木板材上套裁划线，然后照线锯割配制成规格毛料的过程。这种方法最适用于弯曲部件或异形部件。划线配料法根据操作方法的不同，又分为平行划线法及交叉划线法，见表 4－5。

表 4－5　划线配料法

名称	图　示	说　明
平行划线法	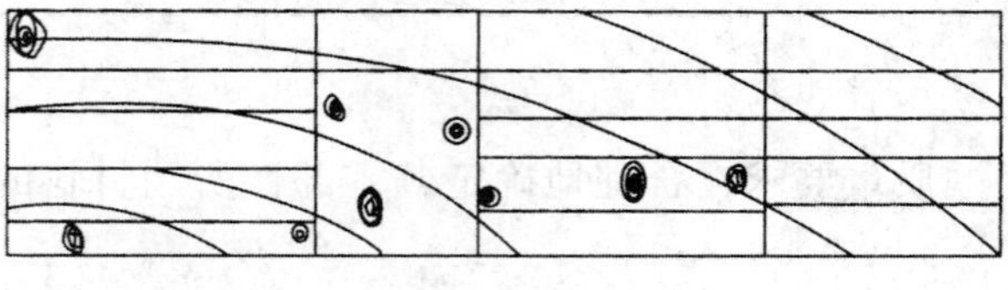	先将板材按毛料的长度横截成短板，同时除去板上的缺陷部分，然后用样板在短板上划出平行线，在划线时注意留出一定的加工余量。平行划线法的特点是生产效率高，容易加工，但出材率较低，大批量的配料时使用此种方法效果较好

续表 4－5

名称	图 示	说 明
交叉划线法	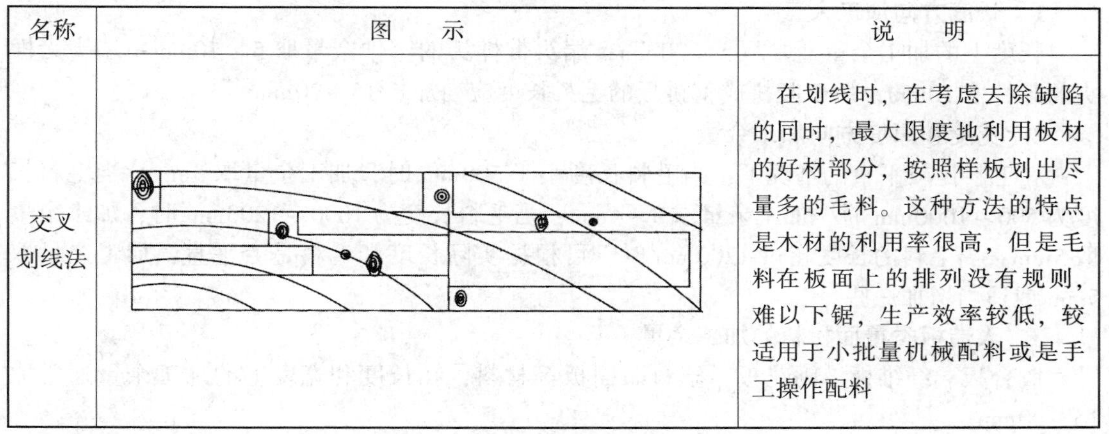	在划线时，在考虑去除缺陷的同时，最大限度地利用板材的好材部分，按照样板划出尽量多的毛料。这种方法的特点是木材的利用率很高，但是毛料在板面上的排列没有规则，难以下锯，生产效率较低，较适用于小批量机械配料或是手工操作配料

2. 粗刨配料法

所谓粗刨配料法就是将大板在刨床上先经过单面或双面粗刨加工，然后再进行选料配料的方法。经过粗刨后的大板，纹理、色泽及缺陷会明显刨露在表面，有利于根据板材情况，合理配料。对于节子、钝棱、裂纹、腐朽等缺陷，可根据用材标准所允许的限度，在配料时保留下来，以提高出材率并保证毛料的质量。

事实上，在配料时可以灵活采用各种方法，其目的是充分利用木材，提高工作效率和产品的质量。

4.1.3 加工余量

将毛料加工成形状、尺寸、表面粗糙度都符合设计要求的零件时所切去的部分，就是加工余量。简单地说，加工余量就是毛料尺寸与零件尺寸之差。若采用湿材配料，则加工余量中应当注意包括湿材毛料的干缩量。

如果加工余量过大，不仅木材切削损失的部分较多，还会因为多次切削而降低生产率，增加动力消耗；但是，加工余量也不能过小，否则经过基准面与基准边的加工后，有相当数量的零件达不到要求的断面尺寸和表面质量，形成废品。在配料当中，要注意留出合理的加工余量，以提高木材的利用率，节约加工时间。加工余量对木材损失的影响如图4－1所示。

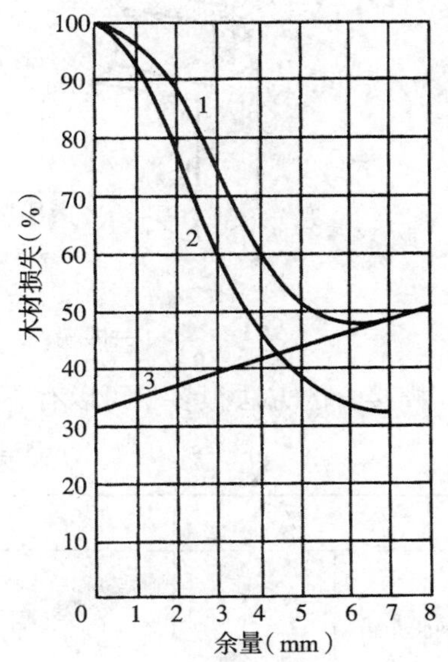

图 4－1 加工余量对木材损失的影响

1—总损失；2—废品损失；3—余量损失

加工余量分为工序余量和总余量两种。工序余量是为了消除上道工序所造成的形状和尺寸误差而应切去的木材表面部分。总余量是为了获得尺寸、形状和表面粗糙度都符合要求的零部件而应当从毛料表面切去的总厚度。总余量等于各工序余量之和。

目前，木材加工行业中采用的加工余量的经验值如下：

1. 长度方向加工余量

长度上的加工余量通常取 5 ~ 20mm；端头带榫头的零件余量取 5 ~ 10mm；端头无榫头的零件取 10mm；用于胶拼成整拼板的毛料长度应当加长 15 ~ 20mm。

2. 宽度和厚度方向加工余量

在毛料比较平直的情况下，当毛料长度小于 500mm 时，加工余量取 3mm；当毛料长度为 500 ~ 1000mm 时，加工余量取 3 ~ 4mm；当毛料长度为 1000 ~ 1200mm 时，加工余量取 5mm；当毛料的长度超过 1200mm 时，可根据实际长度和毛料是否平直，加工余量取 5mm 或适当增加一些。

3. 人造板类覆面材料的加工余量

胶合板、纤维板、刨花板、塑料贴面板等材料，在长度和宽度上的加工余量通常取 15 ~ 20mm。

4.2 木制品的接合

木工把木制零部件组合成成品，采用的各种连接方法，称为木构件接合法。常用的接合方法有钉接合、榫接合、搭接及胶接合。

4.2.1 榫接接合方法

榫接合是指榫头嵌入榫眼或榫槽的接合，如图 4 - 2 所示，接合时通常都要施胶。

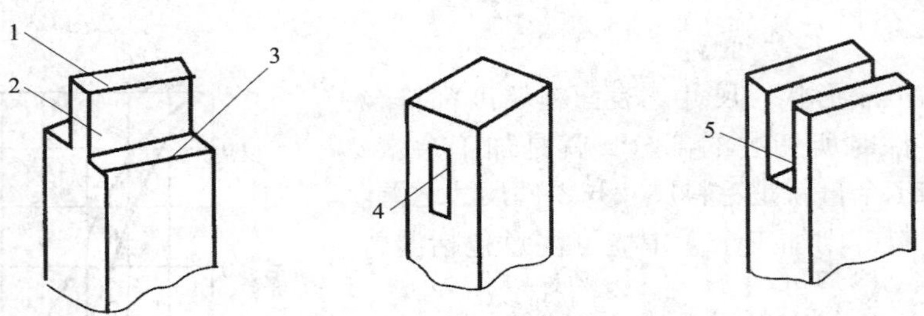

图 4 - 2 榫头的组成

1—榫端；2—榫颊；3—榫肩；4—榫眼；5—榫槽

榫接合的方法很多，可以有不同的分类，见表 4 - 6。

表 4 - 6 榫接接合方法

分类		图示
按榫头的断面形状划分	矩形榫（直角榫）	

续表 4-6

分类		图示
按榫头的断面形状划分	圆形榫	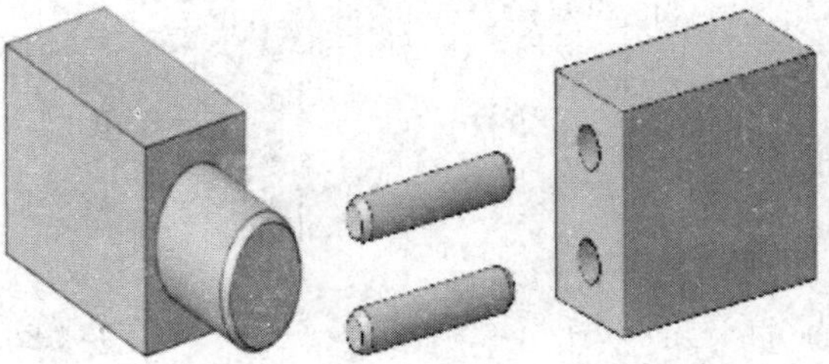
	半圆形榫	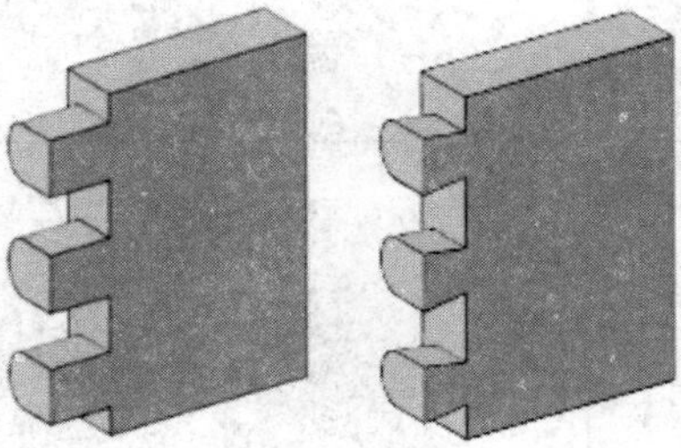
	椭圆形榫	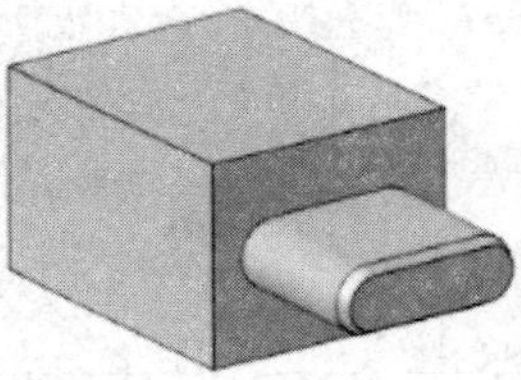
	梯形榫（燕尾榫）	
按榫头数量划分	单榫	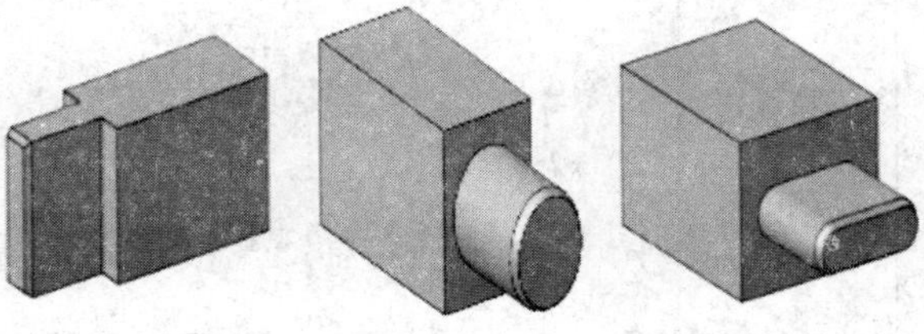

续表 4－6

分类		图示
按榫头数量划分	双榫	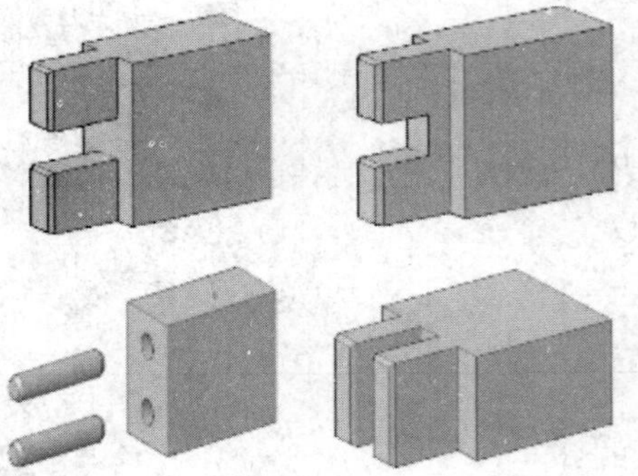
	多榫	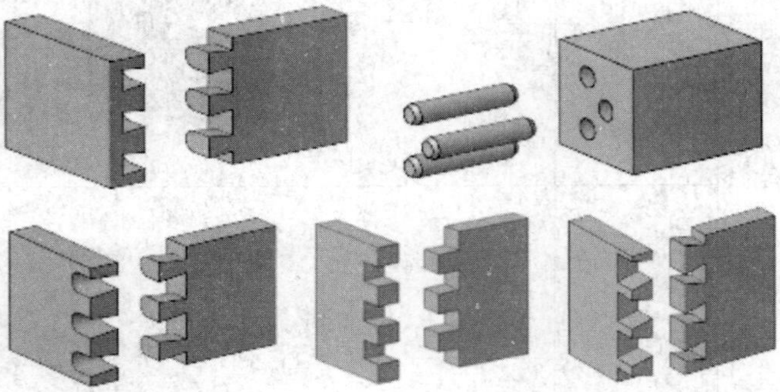
按榫头端头的可见划分	明榫（贯通榫）	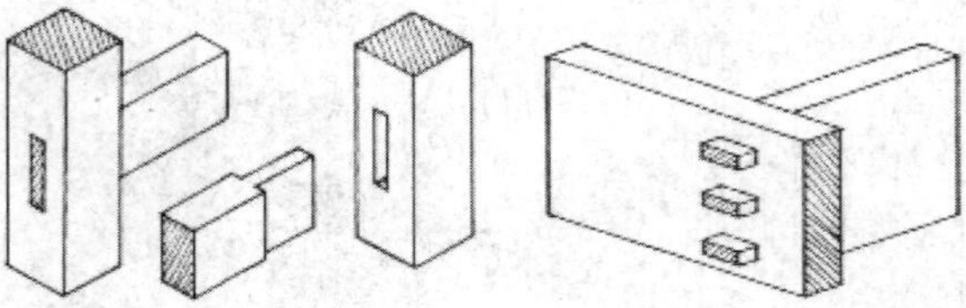
	暗榫（不贯通榫）	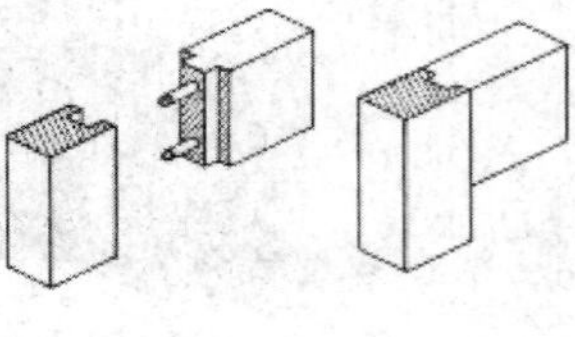

续表 4 – 6

分类		图示
按榫肩形式划分	单肩榫	
	双肩榫	
	三肩榫	
	四肩榫	
按榫头侧面的可见划分	开口榫	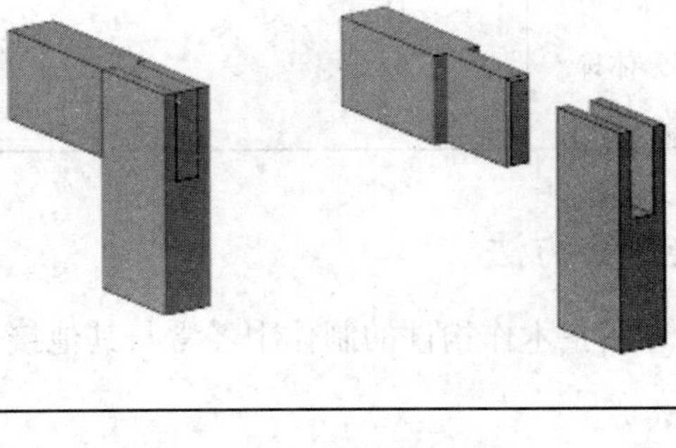

续表 4－6

<table>
<tr><th colspan="2">分　类</th><th>图　示</th></tr>
<tr><td rowspan="2">按榫头侧面的可见划分</td><td>闭口榫</td><td>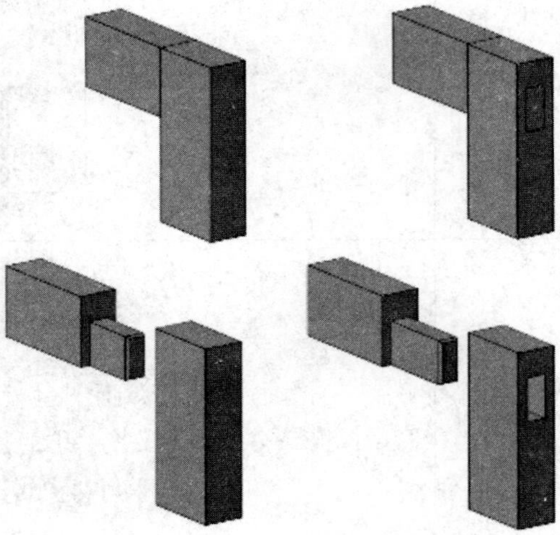</td></tr>
<tr><td>半闭口榫</td><td>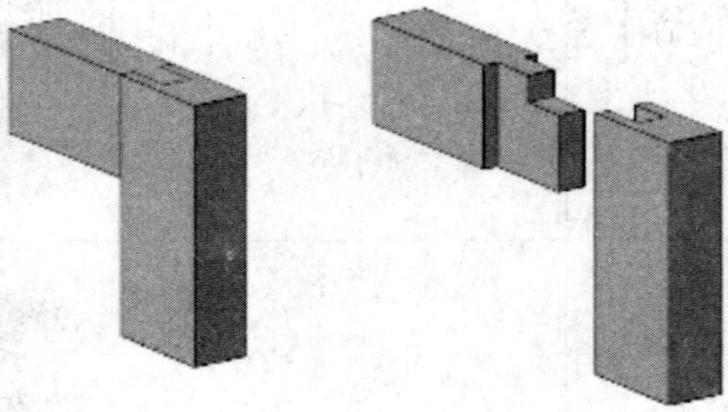</td></tr>
<tr><td rowspan="2">按榫头与零件的关系划分</td><td>整体榫</td><td>—</td></tr>
<tr><td>分体榫</td><td>—</td></tr>
</table>

4. 2. 2　楔接接合方法

楔接接合方法在木作构件的制作中经常与其他接合方法配合使用。常见楔接接合方法见表 4－7。

表 4－7　常见的楔接接合方法

名　　称	图　　示	特　　点
穿楔夹角接		木材穿楔夹角接的形式具有两种，一种是横向穿楔，另一种是竖向穿楔，具体做法为：先将两块料端头割成45°开槽后穿楔
镶角楔接		当两板材角接时，两板端头锯成45°斜角，并在角部开斜角缺口，然后用另一块三角接合板进行胶合并加钉紧固
明燕尾楔斜接		交接两块木板端头锯成45°的斜面，隔一定距离开燕尾榫槽，再用硬木制的双燕尾榫块楔入榫槽。为了使接合牢固可带胶楔接
三角垫块楔接		将接合两块木板端锯成45°斜角，内部每隔一定距离加三角形楔块、带胶楔接，并用圆钉紧固
角木楔接		在两木料接角处装置角木楔，进行楔结合，适用于角接内部空间不影响使用时情况
阔角楔接		阔角楔接是两木板平接的方法。先将两板端头锯成45°斜角，然后按楔的形式开槽，一般常见的楔包括哑铃式、银锭式、直板式三种，如图 2－34 所示，操作方便
明薄片楔斜接		将两接合木板端割成45°斜角，再用钢或木制的薄楔片楔入角缝中。这种方法通常用于简单的箱类制作

4.2.3 钉接接合方法

钉接接合操作简便，其中螺钉、螺栓接合还可以拆卸。常用钉接接合方法见表4－8。

表4－8 常用钉接接合方法

名称	内容及图示
圆钉接合	圆钉接合有明钉、暗钉、转脚钉、扎钉4种。 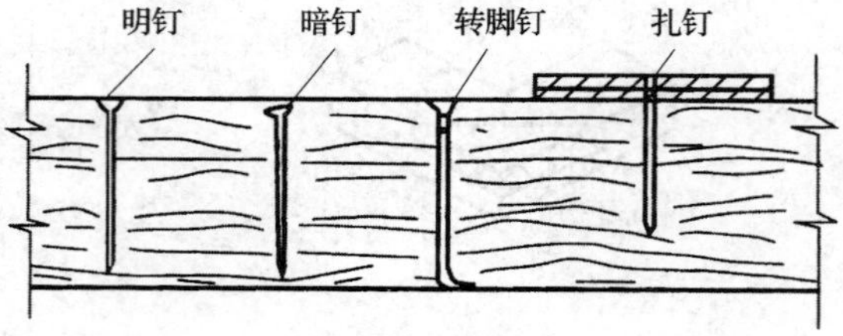 （1）明钉接合。钉帽要敲没。当同一部位需钉多只圆钉时，应当使各钉不在同一木纹线上，以防木料裂开。明钉接合多教用于建筑木构件及家具背板等隐蔽部位。 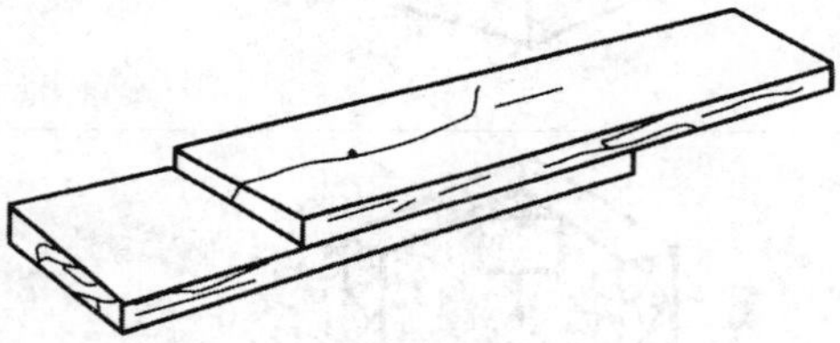 钉接位置不当 （2）暗钉接合。钉帽应敲扁，钉帽扁向应顺木纹，并用钉冲将钉帽冲入木下1～2mm。油漆时，用腻子将钉眼填平补色，暗钉接合对家具外观影响不大，可以用于家具制作中引条钉接、板面封边等明显都位。 （3）转脚钉接合。在操作时，把木料平放在钢板上。将钉略斜向敲入，当钉尖碰到钢板后，就会转脚。一般多用于钉包装板箱。 （4）工件胶合可以用扎钉接合，胶合工件上面可压一小块胶合板，圆钉由压板钉入胶合工件。当胶液固化后，再将扎钉连同压板一起拔除
螺钉接合	螺钉接合强度比圆钉大，适用于厚板拼接、面子板吊合、家具组装、五金附件的装配等。 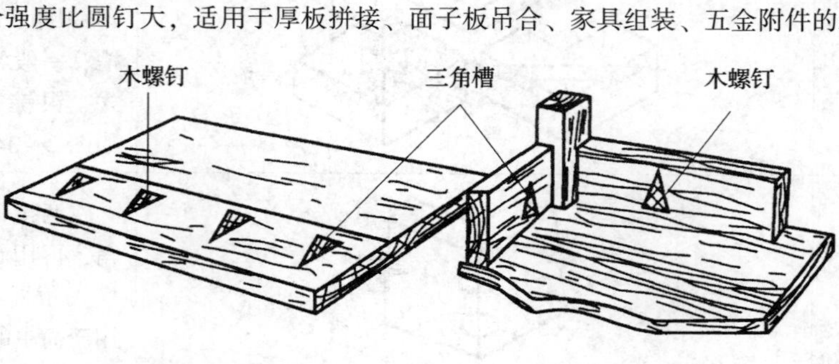

续表 4-8

名称	内容及图示
螺钉接合	木螺钉连接时，不可以直接用锤将螺钉一次敲没。如果螺杆较长，应当先在工件连接处钻一个略比螺杆直径大、深度约为杆长一半的孔，再将螺丝批拧紧；如果螺杆较短，一先用锤将其长的2/3敲入工件，再用螺丝批拧紧。遇到硬质木料时，钻孔应略深些。拧入前，以可在钉尖抹些油或肥皂，以防钉尖扭断。 用木螺钉拼厚板或吊家具面板时，先用薄凿在一块板上凿一斜向三角槽，在三角槽侧面中心，钻一个比螺杆略粗的孔，再将要拼接的板料对齐按实，孔中插入螺钉，并用螺丝批拧紧
螺栓接合	螺栓接合拆卸方便，通常在建筑工程木结构中，用得较多。目前，很多组合、拆装、折叠家具中的木构件，也常采用螺栓接合。 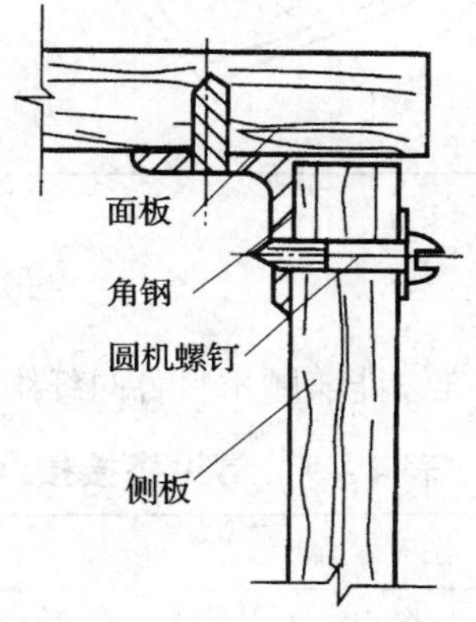 木工常用的螺栓有六角螺栓（加木制梁的对接、水泥模板的固定等）、半圆头螺栓、沉头螺栓（如家具板块的组合、折叠椅的活动转轴等）。 另外，家具出面部位所用螺栓，应当镀锌或镀铬。螺栓接合的定位，可以用定位木块，或搭接与螺栓接合同时采用，或圆销、方榫定位安装螺栓，可以先在连接处钻孔，孔径可比螺杆直径大1~2mm，再将螺栓、垫片套入，定位后拧紧螺母 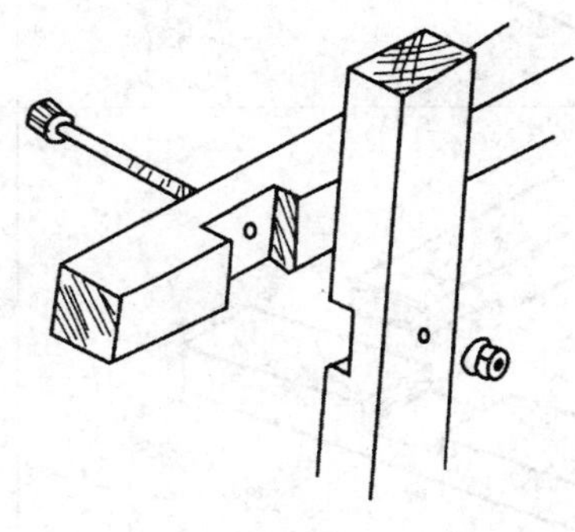

续表 4 –8

名称	内容及图示
竹钉接合	竹钉比较适应潮湿的使用环境，例如：水桶、农具等可以采用竹钉。制竹钉的毛竹要新鲜。圆木与方木竹钉制法略有不同，圆木制竹钉时往往将竹坯先削成一长条，然后一个个截断制成。在方木制竹钉时，先将毛竹截成一段段和钉一样长的坯料，然后劈去篾黄；两头削尖，再劈成一根根竹钉（固定硬木榫的竹钉只需削尖一头）。在用竹钉拼板时，先将板坯铺平，并划上竹钉拼接位置及板块拼接顺序标记。再在板侧面用勒线器刻出钻孔中心位置。并用牵钻钻孔。孔不可钻歪，否则板面会拱曲 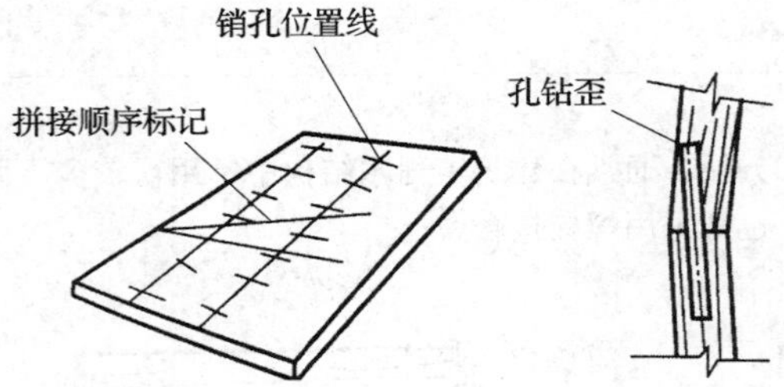 销孔位置线 拼接顺序标记 孔钻歪

4.2.4 搭接接合方法

搭接接合制作简便、定位准、能兼顾木料各向纤维强度。常见搭接接合方法见表4 –9。

表 4 –9 常见搭接接合方法

名 称	图 示	说 明
十字形搭接	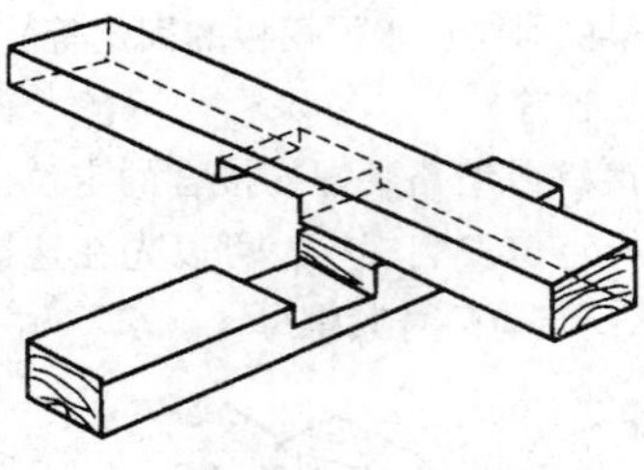	十字形搭接能够兼顾相交档料的各向纤维强度。在制作时，按照划线，先用框锯将档料沿直向纤维锯断，然后用薄凿把中间部分凿去修平。十字形搭接在木作构件制作中被广泛采用。如桌子的交叉档，木床背内框架衬档的相交处
丁字形搭接	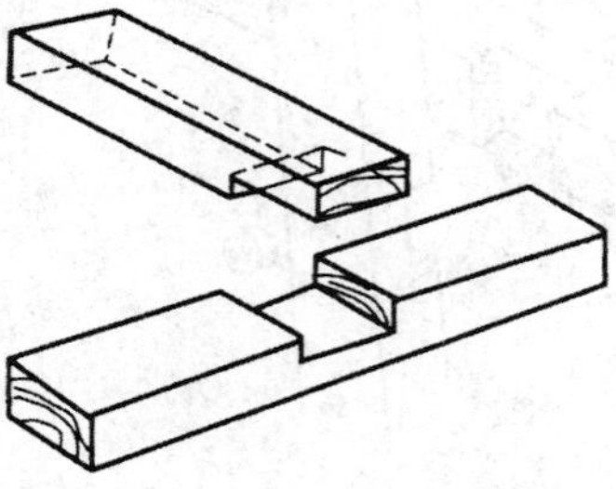	丁字形搭接多用于薄档料的简单接合，如家具衬档间的接合

续表 4 –9

名　称	图　示	说　明
叉口丁字形搭接		叉口丁字形搭接比上述搭接稳固，若用于斜交木构件接合，其制作比普通榫接更方便。叉口搭接与螺栓接合同时使用，能够承受较大的压力。如屋架横梁与直柱的接合，受力货架的横档与直脚相接处
对角搭接		对角搭接外表美观，制作简便，但接合强度较差，对角多数为45°。它在家具中用得较多，如镜框、照相框对角处
直角相缺搭接		直角相缺搭接制作简单，但接合强度较差，常用于一般抽屉侧板和背板的接合、普通箱体的板块垂直接合处等，常配用螺钉以加强接合部位的连接强度

4.3 实木制品加工

4.3.1 原木制材

原木制材的分类及方法见表 4 – 10。

表 4 –10　原木制材的分类及方法

分　类	图　示	方　法
原木制作半原木	弹纵长中心线 小头吊线　大头吊线	将原木放在木马架或凳子上，在原木的小头端用眼吊看，确定弯曲较大的一面，将其转动到顶面，然后在顶面上弹一条墨线，再用线锤在木材两端吊看，并画出垂直中心线，画完后把木底面转向顶面，以两端截面中心线的端点在顶面弹出一条纵长中心线，依纵长中心线锯开即得两根半原木

续表 4-10

分类	图示	方法
原木制作方木	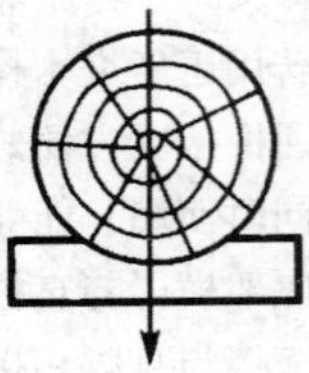 吊中心线  画水平线 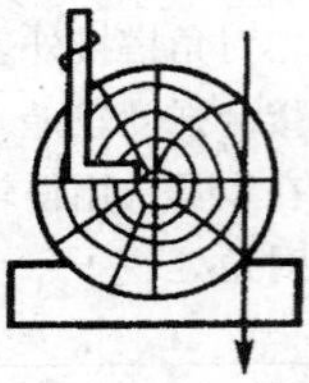 吊宽度线画宽度线 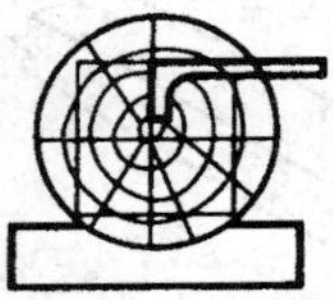 画高度线	先在原木小头截面用吊线法画出垂直中心线，用尺平分为二等份，中间的点为方木的中心，再用角尺通过中心画一水平线，然后按照要求的尺寸，利用十字线画出方木边线。在大头同样画出边线，用墨斗线连接两截面画出方木棱角线，弹出纵长墨线。依线锯掉四边边皮即可得到方木
原木制作板材	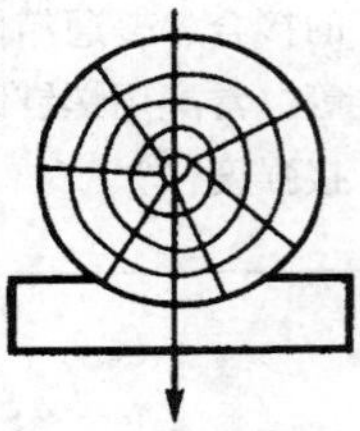 吊中心线 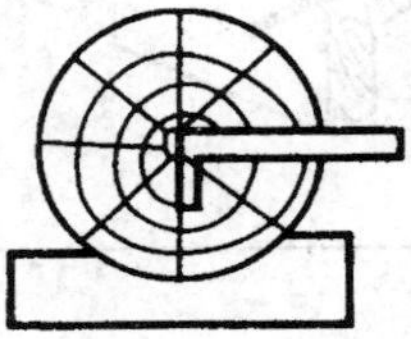 画水平线  吊厚度线画厚度线	一般要用较平直的原木，在端截面上用线锤吊中心线，用角尺画出水平线，在水平线上按板材厚度（加上锯缝宽），由截面中心向两边画平行线，然后连接相应的板材棱角点，用墨斗弹出纵长墨线，最后再锯出各块板材。 原木锯解板材时，应注意年轮分布情况，使一块板材中的年轮疏密一致，以免发生变形
偏心原木划分板材	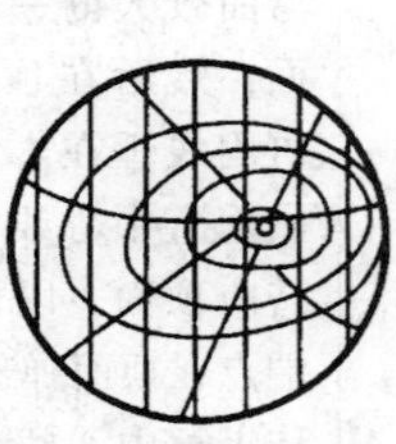 画线正确 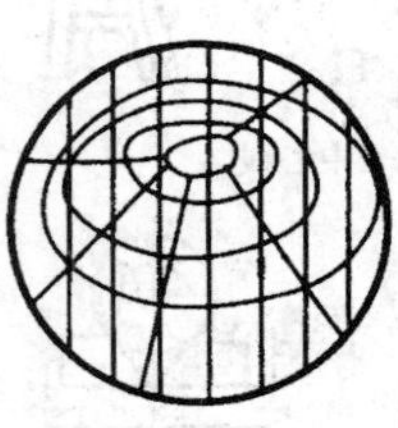 画线不正确	对于偏心的原木，需注意划分板材时与年轮分布之间的关系，尽量使板材中年轮疏密一致，以免发生变形。左图所示为画线时的正确与不正确的画线方法

4.3.2 毛料的刨削加工

毛料的刨削加工是将配料后的毛料经基准面加工和相对面加工而成为合乎规格尺寸要求的净料的加工过程。

经过配料，将锯材按照零件的规格尺寸和技术要求锯成了毛料，但有时毛料可能因为干燥不善而带有翘曲、扭曲等各种变形，再加上配料加工时基准都较粗，毛料的形状和尺寸总会有误差，表面也是粗糙不平的。为了确保后续工序的加工质量，以获得准确的尺寸、形状和光洁的表面，必须先在毛料上加工出正确的基准面，作为后续工序加工时的精基准。因此，毛料的加工一般是从基准面加工开始的。加工侧基准面（基准边）时，应使其与基准面相互垂直，通常应使用木工角尺随时检查，一般都需要重复几个过程，直至达到了精度的要求，方可以用铅笔标记出所选板材加工的基准面和边。

对于翘曲变形的工件，要先刨其凹面，将凹面的凸出端部分或边沿部分多刨几次，直到凹面基本平直，再全面刨削。如果必须先刨削凸面时，应当先刨最大凸出部位，并保持两端平衡，刨削进料速度均匀。

1. 基准面的加工

基准面包括平面（大面）、侧面（小面）和端面三个面。对于各件不同的零件，按照加工要求的不同，不一定都需要三个基准面，有的只需要将其中的一个或两个面作为基准面。精确加工后作为后续工序的定位基准。有的零件加工精度要求不高，也可以在加工基准面的同对加工其他表面。直线形毛料是将平面加工成基准面；曲线形毛料也可以用平面或曲面作为基准面。

平面和侧面的基准面可采用铣削方式加工，常在平刨或铣床上完成；端面的基准面通常用横截锯加工。

（1）在平刨床上加工。在平刨上加工基准面是目前家具制作中普遍采用的一种方法，它可以消除毛料的形状误差。为获得光洁平整的表面，应当将平刨的后工作台平面调整为与柱形刀头切削圆同一切线上，前、后工作台必须平行，两台面的高度差即为切削层的厚度，是一次进给的切削量。平刨加工基准面时，一次刨削的最佳切削层厚度为1.5～2.5mm，如果超过3mm，将会使工件出现崩裂和引起振动。

加工侧基准面（基准边）时，应当使其与基准面（平面）具有所要求的角度，这可以通过调整导尺与工作台面的夹角来达到。

平刨床通常都是手工进给的，加工中操作人员的手要通过高速旋转的刀轴，因此手指被切割的危险性很大，因此工作时必须严格遵守安全操作规程。在操作前，应当对被加工的零件进行查看，确定操作方法。在送料时，右手握住工件的尾部，左手按压工件中部，紧贴靠山向前推送。当右手距离刨口100mm时，即应抬起右手靠左手推送。在操作过程中应随着工件的移动，调换双手。对于被加工毛料而言，通常是将被选择的表面先粗定为基准，此时是粗基准。经过切削后，及时将压持力从前工作台转移到后工作台，此时基准面变为刚被加工的表面，且是精基准。将粗基准转换成精基准的关键是将压持力从前工作台转移到后工作台，以尽量地提高加工精度。

当遇到逆茬、节疤、纹理不顺、材质坚硬、刨刀不锋利时，则因刨刀冲击，会使工件产生振动，操作人员一定要特别注意，应当适当减慢进料速度或更换刨刀，尽可能顺纹刨削，防止发生危险。

在加工长400mm、厚30mm以下的短料时，要用推棍（木棒）推送刨削。厚度在20mm以下的薄板应用推板推送。长度在300mm以下的工件最好不要在平刨上加工，以免发生事故，如图4－3所示。

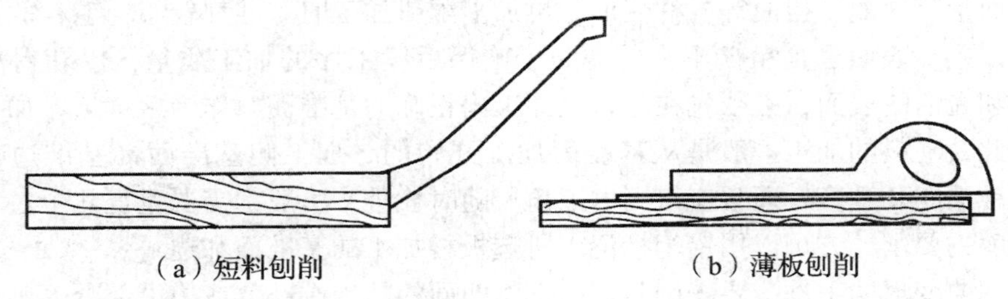

（a）短料刨削　　（b）薄板刨削

图4－3　短薄工件刨削

（2）在铣床上加工。用下轴铣床可以加工基准面、基准边及曲面。加工基准面时，将毛料靠紧导尺进行。加工曲面则需用夹具，夹具样模的边缘必须具有精确的形状和平整度，毛料固定在夹具上，样模边缘紧靠档环进行铣削就可以加工出所需要的基准面。基准面经刨削加工后，应当检查加工面的直线度、平整度和相邻面之间的角度。

侧基准面的加工也可以在铣床上完成，如果要求加工面与基准面呈一定角度，可以使铣刀具有倾斜的刃口，或通过刀轴或工作台面倾斜来实现。

对弯曲面工件的加工，应当根据弯曲工件形状设计曲面导板，把它平放在工作台上并固定，使刀头露出导板。调整曲面导板位置时，可以使切削量任意改变。靠模（带动工件的夹具）的曲面与工件曲面相符。在操作时，把弯曲工件夹固在靠模上，使靠模曲面紧贴着导板曲面滑动，通过刀头就可以加工出与靠模相同的曲面。

在铣床上加工时，在进料时右手握着工件后部向前推进，左手按压工件外侧及上面，使工件顺着台面紧贴导尺（或导板）前沿，左右手的施力方向和大小要随着铣削相应地改变，开始吃刀切削力很大，应用较大的力量将工件压住缓慢推进，以免工件被打回伤人。

铣削工件中途不要回退，因回退容易打坏工件，甚至发生安全事故。如果非要退出时，应当先做好准备，左手压住工件前头，右手将工件沿台面掀离刀头。

（3）用横截锯加工。有些实木零件需要作钻孔加工时，往往要以端面作为基准，而在配料时，所用截断锯的精度较低，所以，毛料经过刨削以后，通常还需要再截断（精截），也就是进行端基准面的加工，使它与其他表面具有所要求的相对位置与角度，使零件具有精确的长度。

端基准面的加工，可以在简易的推台锯、精密圆锯机、悬臂式万能圆锯机上加工。双端铣可以精确地加工零件的两个平行端面，而且端面与侧面垂直，不适合斜端面的加工。

宽毛料截端时，为使锯口位置精确和两端面具有要求的平行度，毛料应当用同一个边紧靠导尺定位。

2. 相对面的加工

为了满足所需要的零件规格尺寸和形状，在加工出基准面后，还需要对毛料的其余表面进行加工，使之平整光洁，与基准面之间具有正确的相对位置和准确的断面尺寸，从而加工成规格精料，这就是基准相对面的加工，又称规格尺寸加工。一般可以在压刨、铣床等设备上完成。

（1）在压刨上加工。在压刨上加工相对面可以得到精确的规格尺寸和较高的表面质量。压刨又分单面压刨和双面压刨。常见的是单面压刨，它只有一个上刀轴，一次只能刨光一个表面，因此要与平刨配合，先用平刨加工基准面，再在单面压刨上加工相对面，这种方法应用较为普遍。双面压刨有上下两个刀轴，具有平刨和单面压刨的两种机构，可以对工件进行上下两个相对面的刨削加工，因此不需要先加工基准面。

在压刨床开始操作前，应当按照工件所要求的尺寸精度和表面粗糙度仔细加以调整，并通过检验已刨削的零件，检查调整是否正确（包括工作台的调整、进料辊筒及张紧器的调整、进给速度的调整）。

压刨床由两人操作，一人送料，一人接料，二人均应站在机床的侧面，应当避免站在机床的正面，防止工件退回时被打伤。

1）应当根据工件纹理的形状顺纹进给。

2）在装有分段式沟纹进给滚筒的压刨床上，为了提高压刨床的生产效率，允许不同厚度的工件同时并排进给刨削。但在装有整体沟纹进给辊筒的压刨床上，通常只允许工件成对而且沿着工作台的两边进给，这样靠辊筒弹簧的压力就可以将工件压紧。如果两根工件都在工作台中间或靠一边进给，可能由于两根工件厚度不同而中断送料。无论何种形式的辊筒，工件均要按照与辊筒垂直的方向进给，以便获得光滑的刨削质量。

3）在压刨床上刨削带有斜度的工件时，要根据工件要求的斜度，作一带有相应斜度的模板，在进料时将工件放在模板上进给即可，如图 4 –4 所示。模板最少要做两个，以便替换使用。

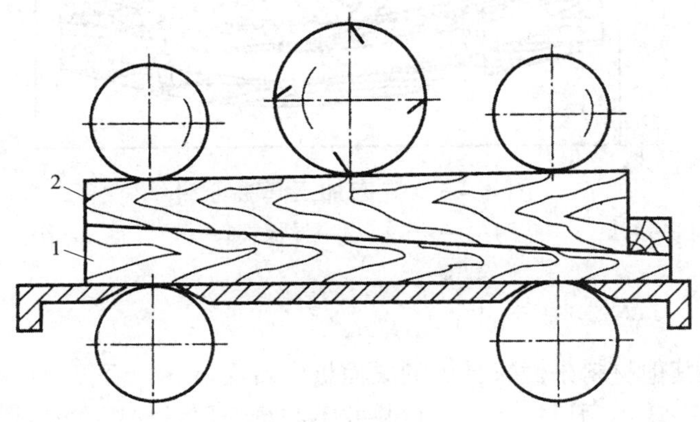

图 4 –4 斜形工件刨削法

1—模板；2—工件

4）工件的长度小于前后辊筒之间的距离时，禁止在压刨床上刨削。为了防止较短的工件在刨削过程中发生水平回转现象，应当在台面中间纵向加一挡板，挡板的厚度略小于工件的厚度。刨削较长的工件时，工件会悬在后工作台的外面，这样会加大辊筒和压紧装置的压力，甚至有被翘曲的危险。在刨削时在工件的后部就会出现缺损挖坑现象，造成次、废品。所以，刨削过长的工件时，应当在压刨床后工作台出料端增设一块与台面等宽、等高的附加木制台面，防止工件的端头因低落和翘曲而产生加工缺陷。

5）在刨削松木时，常有树脂黏结在台面和辊筒上，阻碍工件的进给。为了提高进给速度和加工质量，确保正常生产，在工作中应经常在台面上擦拭煤油进行润滑。黏结在辊筒上的树脂应及时剔除。

6）在工作的过程中，常有木屑塞入下辊筒与台面之间的缝隙，阻止工件前进。此时应当停机或降落台面用木棒或金属棒拔出，不要直接用手指拨弄，以免发生危险。

（2）在铣床上加工。在铣床上加工相对面时，应当根据零件的尺寸，调整样模和导尺之间的距离。可以采用夹具加工，此法安放稳固，操作安全。与基准面成一定角度的相对面加工，也可以在铣床上采用夹具进行。对弯曲面工件的加工，应当根据弯曲工件形状设计曲面导板，把它平放在工作台上并固定，使刀头露出导板。调整曲面导板位置时，可以使切削量任意改变，如图 4－5 所示。

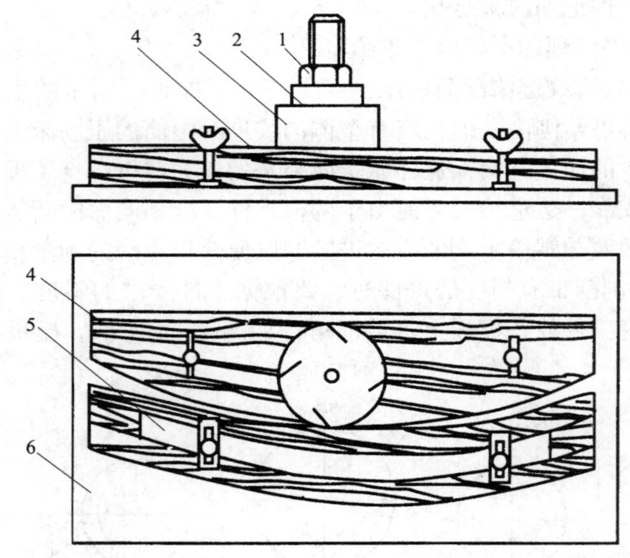

图 4－5 铣床加工弯曲工件

1—螺母；2—垫圈；3—刀头；4—导板；5—靠模；6—工作台

4.3.3 板缝拼接方法

用胶合板或是其他材料来做家具中的桌面板、台面板、柜面板、椅座面、嵌板等大幅面的板材时，要找一块不用拼接的整张材料并不困难。但是如用实木材料来做，要找一块整块的木料就很困难了。

因此要用木材做桌面板等大幅面的板材，只得将用多块窄的实木板通过一定的侧边拼接方法拼接成所需宽度的板材，即拼板。这样不仅可以减少变形开裂，而且增加了形状稳定性，同时扩大幅面尺度和提高木材利用率。

1. 拼板的接合方法

拼板的接合方法有平拼、企口拼、搭口拼、穿条拼、插入榫拼、螺钉拼（明螺钉拼、暗螺钉拼）、穿带拼、吊带拼等，见表4－11。

表4－11 实木拼板的拼接方法

方式	内容	结构简图	备注
平拼	平拼是一种较简单的方式，只需要将相接的两面刨平直，涂胶后将其胶接起来，加工简便。如果木材的干燥质量好，含水率符合使用条件，拼缝严密，可以获得较好的拼接质量，因此这种方法应用很广	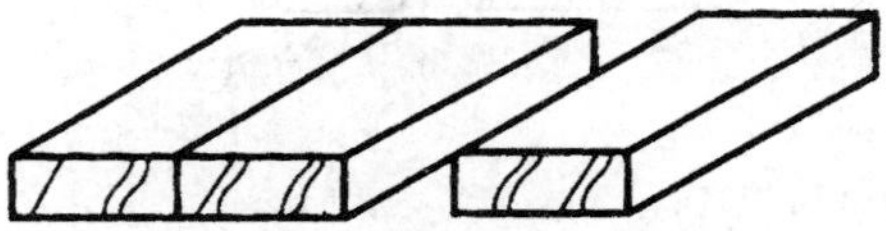	
企口拼	企口拼又称龙凤榫拼。为严密板缝，在榫顶和槽底间应留有1mm的空隙，榫边要倒棱角	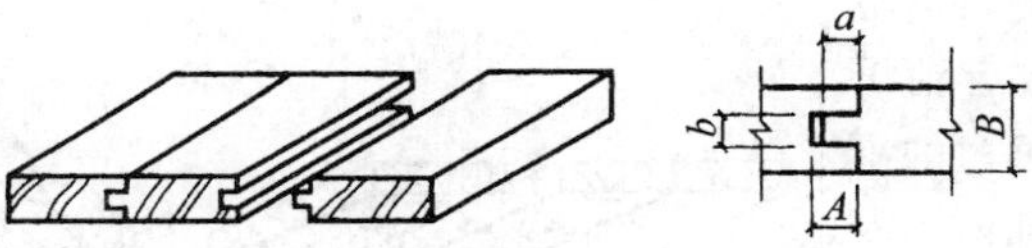	$b=B/3$ $a=1.5b$ $A=a+2\text{mm}$
搭口拼	搭口拼又称裁口拼、高低缝拼或是叠口拼，其裁口的深度和宽度通常为拼板厚度的1/2，此种拼板在收缩时，因是高低缝拼合，可以掩盖住缝隙而不会有透光缝，但其耗材则要比平口缝拼合时多8%左右		$b=B/2$ $a=1.5b$
穿条拼	穿条拼是先在每块板的侧面开槽，嵌条可以用干燥的小木条或胶合板条制成，加工较为简单	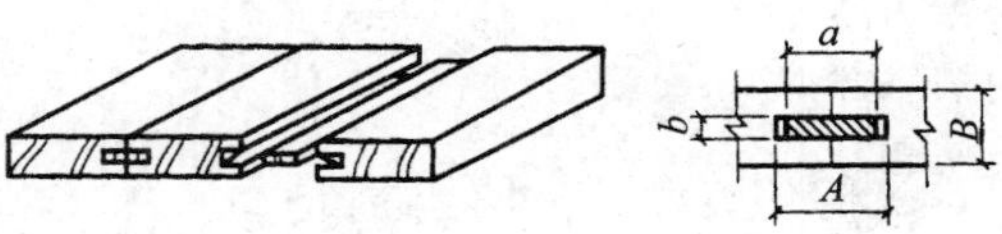	$b=B/3$ $a=(3\sim4)b$ $A=a+3\text{mm}$

续表 4-11

方式	内　容	结构简图	备　注
插入榫拼	插入榫拼比平拼多了圆榫或是方榫，其加工精度要求准确，每块板条上都得钻孔，而且钻孔不能有丝毫的差别，否则就会装不好或装不上。用插入榫拼接既需要较高的技术，又浪费时间，因此除了有特殊要求外，生产中很少应用	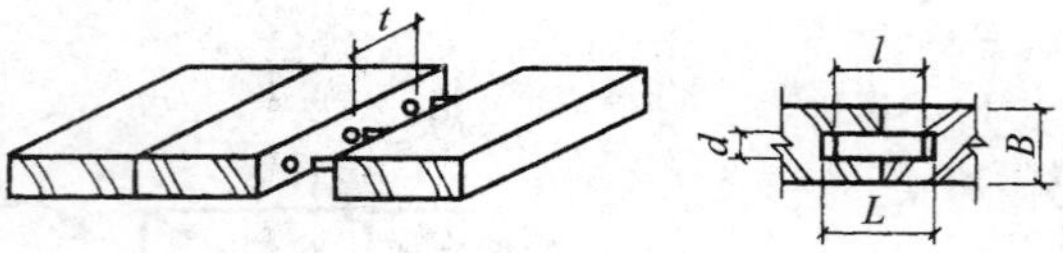	$d=(0.4\sim0.5)B$ $l=(3\sim4)d$ $L=l+3\text{mm}$ $t=150\sim250\text{mm}$
明螺钉拼	明螺钉拼先在板背面凿切出三角形斜口，使该三角口离板缝 15mm，然后钻出一个螺钉能通过的小孔，再向小孔内插入木螺钉，使其与相拼合的第二块板拧紧拉牢。须注意三角口内斜面的前端深度，不宜超过板厚的 3/5	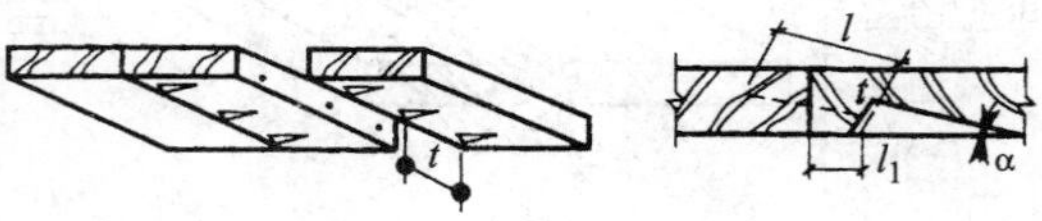	$l=32\sim38\text{mm}$ $l_1=15\text{mm}$ $\alpha=15°$ $t=150\sim250\text{mm}$
暗螺钉拼	暗螺钉拼又称挂螺钉拼。先在一块板侧面钻孔和开出槽口，在另一块板的侧面拧上木螺钉，拧入深度为 1/2 螺钉长度左右。在拼板时，将露出的螺钉头插入前一块拼板侧面已钻好的圆孔内，并使两块板的侧面紧贴，再向槽口方向敲击板端，使螺钉头卡在槽口内，从而达到紧密拼合的目的	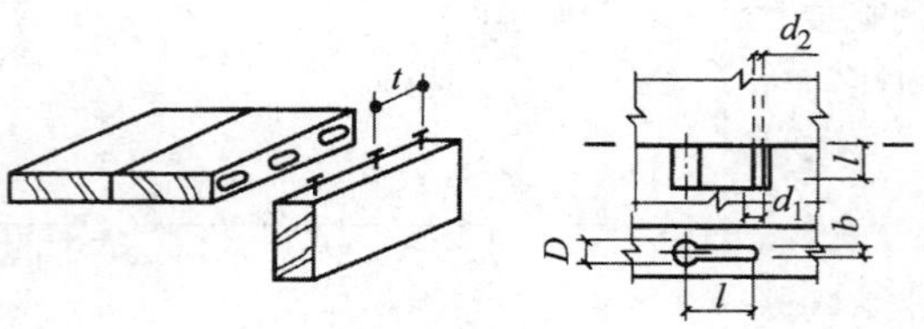	$D=d_1+2\text{mm}$ $b=d_2+1\text{mm}$ $l=15\text{mm}$ $t=150\sim250\text{mm}$ d_1—螺钉头直径 d_2—螺钉杆直径

续表 4－11

方式	内容	结构简图	备注
穿带拼	穿带拼和吊带拼在拼板的背面设置横贯的木条，可起到防止翘曲的作用，加工时不用施胶		$c=A/4$ $a=A$ $l=L/6$ L＝板长
吊带拼			$a=A$ $b=1.5A$

2. 拼板的操作要领

要确保拼板的质量，拼缝工序是非常重要的。由于拼板的接合方法较多，下面就主要介绍常用的用胶平口拼的方法。

（1）备料。在备料时，要严格挑选拼板木料，最好经过整角机的修整，目的是使所有的棱角都方正、尖锐，以达到加工的要求。将木料锯割整齐，使每一块木料的长度都比所需长度加上一定的加工余量。板材拼好后，还需要修边。木料的边角要方正、平直、有棱角。

实木拼板除了限制单块板的宽度之外，对板材的含水率也应有所限制。拼接的木材含水率应保持一致，否则会引起拼板的翘曲和收缩，通常要求配料时的木材含水率应当比使用地区或场所的平衡含水率低 2%～3%。因全国各地区气候温度条件不同，因此各地区拼板含水率也随之不同。如板材含水率过高，拼接后容易产生变形。

对同一拼板要选用纹理色泽相同的树种。要制作高级家具的表面材料，需选用纹理基本相同的单一材种，这样能够保证拼板的质量和美观。辨别木材的纹理，板材的大小面（即好坏面），应将圆木板的大面（好面），用在木家具的表面处，否则会降低木家具的美观和质量，见表 4－12。

表 4－12 胶拼板的边板宽度与大小头的差度（mm）

部件名称	长度范围	边板最窄允许宽度		一块板的大小头差度≤	
		普级	中高级	普级	中高级
面板	≤500	40	40	40	20
	＞500	50	50	60	30
	≥1000	50	50	80	40
望板	≤400	20	20	20	20
	＞400	30	30	30	30
抽屉面	—	20	20	20	20

拼好之后，在拼接的板面上横向画上两条不平行的直线，注明正反面，以此作为各个窄板的拼接次序，就可以进行拼缝刨削。

（2）拼缝刨削。用手工刨进行平拼是将窄板夹住在工作台的侧边台钳内，先用粗刨把粗糙的表面刨光，然后用拼缝刨把需拼接的面刨平至光洁，以能刨出一条长而完整的刨花为准，然后再刨和它相拼接的另一块窄板的拼缝面，方法同上。刨光以后将两相拼面重合放置，检查拼缝的严密情况。如果局部有缝隙透亮或上窄板能绕着下窄板的某一点转动，说明该处太高，都需要加以修整。此外，还应当检查两窄板的板面，应当使其处于同一平面内。

手工进行企口拼和穿条拼的加工应当使用边刨和槽刨。

机械拼缝平拼使用平刨，要求平刨的振动小，工作平稳，在操作时将互相拼接的两个面同时刨削，两手握紧板面均匀向前推进。送料速度不要过快，在刨削时要注意纹理方向，以提高刨削质量。若拼接面较粗糙，可以通过多次刨削来获得平整的表面。在粗刨时，送料速度可快些，最后一次精刨的速度应放慢，不至于使拼接面出现较大的波纹，影响拼接质量。

（3）胶拼。刨削以后，在两块相拼面上涂上白乳胶，然后左手扶住一块板的后端，右手将另一块板的涂胶面合上，并作前后搓动，将多余的胶液推挤出来，确保拼缝具有薄的胶层。然后再用同样方法拼上第二块窄板，依次进行拼成所需宽度的拼板。拼完后取下将其立放于易干燥的地方，并用夹具卡紧加压，并静置 12 ~ 15h，这样才能够确保胶缝的强度。注意卡紧的位置和用力要适当，防止卡得过紧或不均匀而使木板扭弯变形。

（4）检查。实木拼板看来比较简单，但要满足质量要求还比较难，要想把拼板的缝隙加工得平直、严密，还需要通过一段生产实践。尤其拼接较长较厚的实木板时，就更加困难，在拼接过程中，常出现稀缝或出现“<”形，这些都不符合要求。实木拼缝应当注意以下几点：

1）要将拼缝木板的小面首先刨削平直后再拼接，要求拼接面平直，板面平整。

2）在拼缝的全长内外面，均不得看出缝隙、即出现黑胶缝。

3）要确保所拼木板平直不串角和不出现“<”形状。

4.3.4 方材接长方法

方材长度方向的拼接常用的有对接、斜接和指接三种形式，见表 4 – 13。

表 4 – 13 方材接长方法

方法	内容及图示
对接	对接是将小料方材在端面采用平面胶合的方法。对接方法的接合面是端面，因为木材端面不易加工光洁，同时在端面上涂胶后，胶液渗入管孔较多，难以获得牢固的接合强度，一般只用于细木工板的芯板和受压胶合构件的中间层。所以，木材长度方向的胶接常采用斜面接合或齿榫接合。方材的对接方法只需将小方材在圆锯机上精截后胶合，但因为是木材端面接合，胶接强度很低。方材接长常用的胶种为尿醛树脂胶（UF）和聚醋酸乙烯酯乳液胶（即乳白胶 PVAC）等。方材端面涂胶后对接，采用端向加压，在压力下保持 4 ~ 8h，待胶固化后再进行后续加工

续表 4-13

方法	内容及图示
斜接	斜接是将小料方材端面加工成斜面后采用胶黏剂将其在长度方向胶合的方法。根据试验为了确保达到要求的接合强度，斜面接合的斜面长度应该等于方材厚度的10~15倍，这样木材损耗就较大，而且斜面长度太大也不易加工。因此，斜面接合通常采用斜面长度应该等于方材厚度的8~10倍，特殊情况也可以用15倍。为了增加接触面积，也可以采用阶梯斜面胶接合等形式 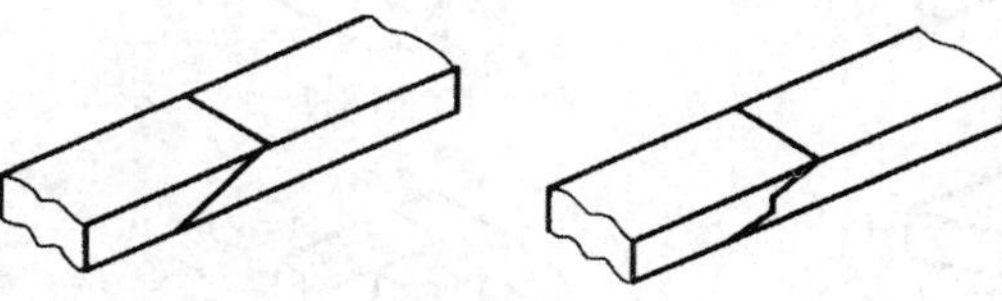 斜面接合可将小方材放在圆锯机上加工，此时，锯片须倾斜安装，或使工作台面倾斜。也可以采用楔形垫板，使方材倾斜放置来进行锯切。此外，也可以利用压刨或铣床进行加工，但需有专用的样模夹具。将加工好的方材斜面涂上胶，端向加压，在压力下保持4~8h，待胶固化后再进行后续加工
指接	指接是将小料方材端面加工成指形榫（或是齿形榫）后采用胶黏剂将其在长度方向胶合的方法。指形榫又可以分三角形和梯形两种形式。三角形指形榫不宜加工较长的榫，其指长为4~8mm，属于微型指形榫接合。在工厂生产中多用梯形榫，生产集成材，指长通常为指距的3~5倍。指形榫接合可以正面见指也可侧面见指。 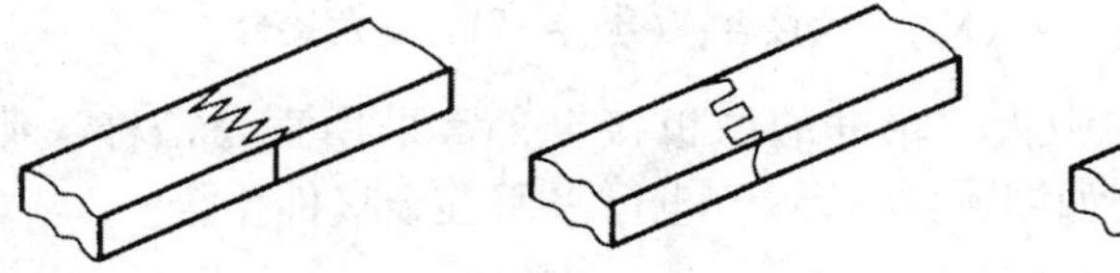 指形榫加工必须在指形榫开榫机或是下轴铣床上加工。为了确保小料方材的端部指形很好地接合，通常是先将方材在圆锯机上精截端头，然后再进行指形榫加工。在加工时，要注意指形榫的左右互相配合。 采用与指形榫相对应的齿辊进行涂胶后加压。普通指形榫（指长15~45mm）接长的端向压力：针叶材为2~3MPa、阔叶材为3~5MPa；微型指形榫（指长5~15mm）接长的端向压力：针叶材为4~8MPa、阔叶材为8~14MPa。指形榫接长后的胶接件应在室温下堆放1~3d，待胶固化后再进行后续加工

4.3.5 箱框接合方法

箱框是由四块以上的板件（一般大于100mm）按照一定的接合方式围合而成。箱框的角部接合有直角接合或斜角接合；可采用直角多榫接合、燕尾榫、插入榫、木螺钉等接合；也可采用五金连接件接合，如图4-6所示。

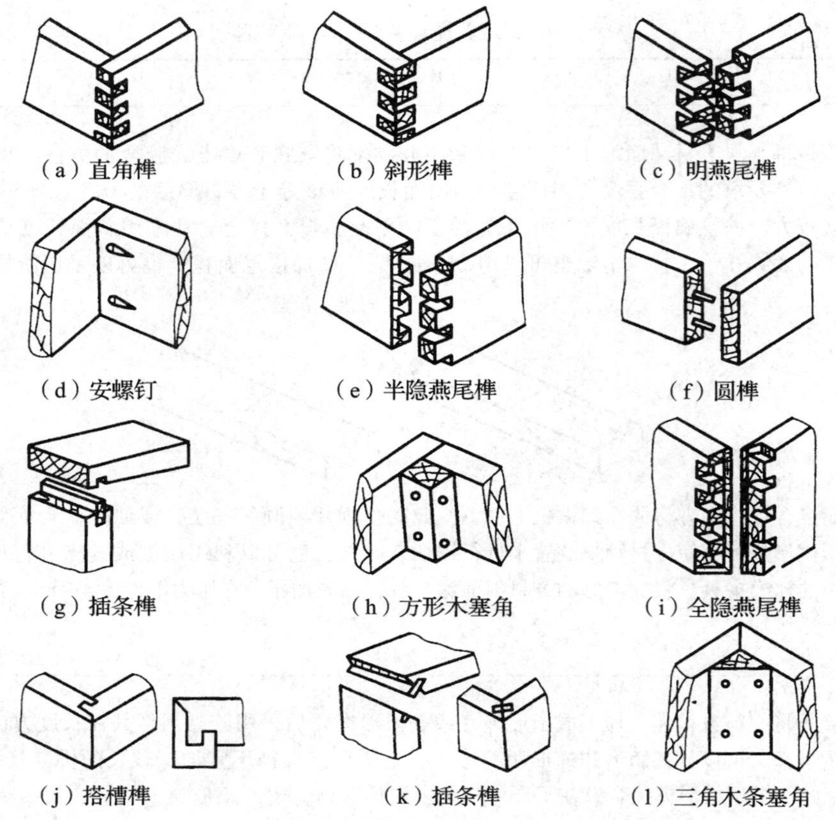

图 4-6 箱框结构种类与固定式接合方式

(a) ~ (h) 直角接合；(i) ~ (l) 斜角接合

箱框的中部可能还设有中板，箱框的中板接合，常采用直角槽榫、燕尾榫、直角多榫、插入榫等固定式接合，如图 4-7 所示，也可采用五金接件接合。

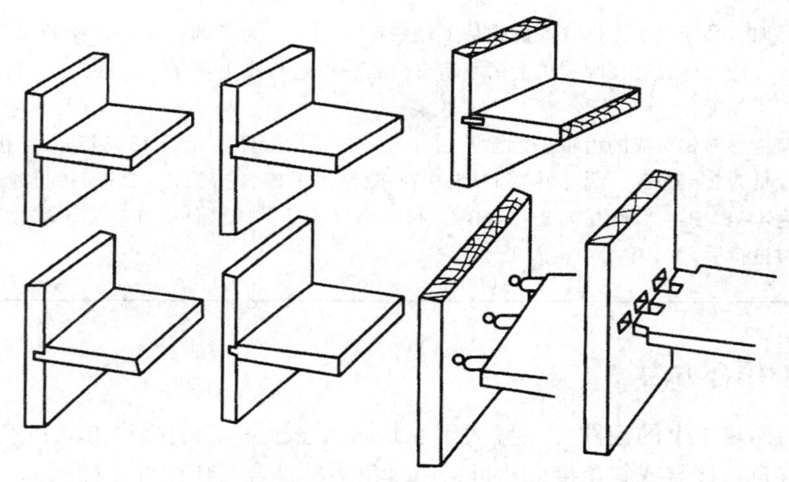

图 4-7 箱框的中板接合方式

1．直角榫结构

直角榫的接合比较简单，按照榫头多少可以分为单榫、双榫和多榫，接合方式可根据板幅的宽窄来确定。采用多少榫接合，板幅较宽的则榫就要多些，反之就少些。榫头的宽度是根据木板的厚度来决定的。板材较厚时，则榫就要宽些，在通常情况下，榫头的宽度不能大于板厚的两倍。手工加工直榫时，习惯做法都用直尺和角尺划线。直角榫可在铣床或直角箱榫机上采用切槽铣刀组合刀具进行，直角多榫也可在单轴或多轴燕尾榫开榫机上用圆柱形端铣刀加工。

2．燕尾榫结构

燕尾榫的斜角要求为8°～12°。如果是明燕尾榫榫中腰宽等于板厚，边榫中腰距边为2/3 榫中腰宽，榫距为2～2.5 榫中腰宽。对于半隐燕尾榫和全隐燕尾榫，留皮厚为1/4 板厚，榫中腰宽约为3/4 板厚，边榫中腰距边为2/3 榫中腰宽，榫距为2～2.5 榫中腰宽。全手工制造燕尾榫的顺序是首先做燕尾榫，榫做出后，再按照榫头的大小模来划燕尾槽，这样能够确保接合的严紧牢固，如图4－7 所示。燕尾榫可以在专用的燕尾榫开榫机上加工，也可以在铣床上加工。在铣床上加工时，要以工件的一边为基准，加工一次后将其翻转180°，仍以原来基准边作基准再次加工，采用不同直径的切槽铣刀来加工。

4.3.6　打眼方法

榫眼及各种圆孔大多是用于家具零、部件的接合部位，孔的位置精度及其尺寸精度对于整个家具的接合强度及质量都有很大的影响，因此榫眼和圆孔的加工也是整个加工过程中一个很重要的工序。榫眼的形状和尺寸必须和与之相配合的榫头相适应。按照榫眼的深度有贯通和不贯通两种。加工任何榫眼，均应按所画墨线进行操作。

1．直角榫眼

加工直角榫眼可以采用手工打眼的方法，使用的工具是凿子，选用凿子的宽度需和榫眼的宽度相一致。先将零件平放在工作凳上，人压坐或踏在工件上，在凿削的过程中，工件不能发生移动，以确保凿削质量和安全。

在操作时，将凿子垂直工件斜刃向外，先从榫眼的一端开始，在离开所划线3～5mm处下第一凿，将凿子垂直往下打，然后向前移动一段距离下第二凿，此凿应向后偏斜，使和第一凿口相会合，并把凿下的切屑剔出，依次加工直到接近榫眼的另一端时，再将凿子翻转过来，压住末端所画的线下凿，最后再将凿子压住开始端的线补凿一次，使沿着榫眼长度的两个孔壁平直。榫眼较深，应分层凿削，当达到所需深度之后，将孔壁和孔底修平整。

在凿透榫眼时，先将工件背面向上，按上法凿到榫眼的一半深度，然后将工件翻转，再从工件正面下凿，将另一半深度凿去直到打透。这样操作可以使工件正面和背面上的榫眼口均匀整齐，不会出现开裂和毛刺现象。

直角榫眼可以在打眼机上加工，使用的刀具是麻花钻芯外套一个方形钻套。钻芯用于钻出圆孔，钻套可将圆孔的四周切出方角。加工时可以按照所画的线来操作，也可以通过机床工作台下的挡块限制装置来控制孔的长度。

2．长圆榫眼

可以在各种钻床（立式或卧式、单轴或多轴）及立式上轴铣床上用钻头及端铣刀加工。加工时应当根据工件的加工部位等确定使用靠尺或模具加定位销来保证加工时的精确度。

3. 圆孔

零件上除了榫眼外，还有一些其他形状的孔，如插入木销和圆榫的圆孔及安装木螺钉的螺钉孔等。加工这些孔使用相应的螺丝钻、手电钻、弓摇钻以及木牵钻等工具。

钻直孔时，应当将钻杆和工件面保持垂直，钻斜孔需要按照一定要求的倾斜度，将钻头对准孔的中心下钻。孔径大和深度较深的透孔，可以先钻一半深度后退出钻头，然后再从另一面下钻直到钻透。也可以采用退出钻头，将孔中切屑清理后再从原孔下钻的方法。在材质较硬的木材上钻孔，应降低钻削速度。

用立式单轴钻床或卧式钻床钻圆孔，需要选用相应规格的钻头，对准孔的中心下钻。加工倾斜孔时，应当将工件安装在具有倾斜面的夹具上，或将工作台回转一定角度后再加工。

在钻孔时，要保证旋转的钻头正好钻到画了线的地方，不能跑偏。手边应备一、两个扎孔用的尖头工具。扎孔工具可以用大铁钉、打眼钉，也可用钉冲子。用榔头把大铁钉、打眼钉或是钉冲子敲几下，即可在木材上打出孔眼来，以防止钻孔时钻头跑偏。

钻的孔要垂直。钻床或带专用附件的手电钻是钻垂直孔最理想的工具。但是，如果没有这些工具，也可以按照下面三种方法试一试：第一种方法是用导钻器来导钻，导钻器在市面上可以买得到；第二种方法是用一个已经钻上垂直孔的废木块代替导钻器，效果也不错；第三种方法是在钻孔的地方放上一个组合角尺，只要使钻头与直尺保持平衡，就可以钻出垂直孔来。

钻头从木板的另一边钻出时，为了防止木材钻裂，可以在木材的底部垫上或夹上一块废木块；或是在快钻通时，轻轻地把钻头往上提出来，从木材的背面再钻一次。

划线钻孔有时会因钻头轴线和孔中心不一致，而产生加工误差，如使用定位挡块定基准，即能保证一批工件上孔的位置精度。如果配置在一条线上有几个相同直径的圆孔，则可以用样模夹具来定位。对于不是配置在一条直线上的几个孔，宜选用钻模进行加工，工件一次定位只需要改变钻模相对于钻头的位置，即可以依次加工出所有的孔。

在机床上加工榫眼和孔，应当根据工件材质控制进刀速度。加工硬材或有节疤的材料以及打深孔时，应当放慢速度，以免损坏刀具。在打眼机上安装刀具时，钻头和方形钻套之间应具有适当间隙，保证钻屑能顺利地从钻套的孔中排出，不致发生钻屑堵塞钻套，而使钻头发热和断裂现象。

4.3.7 开槽和裁口技术

家具因结构要求，常安装有嵌板、镜子和推拉门等，就需在相闭合的部件上开槽和裁口。

开槽要求的技术较高，尤其是用手工工具来开槽的时候。为了减少开槽的困难，最好把它开成宽而浅的槽。手工开槽应使用槽刨，在操作前，在槽刨上根据槽的宽度装上相应尺寸的刀片，槽与侧面的距离，通过调节在槽刨上的导向块来控制。在加工时，将导向块紧贴加工件的侧面向前推动刨槽。

裁口采用边刨，在操作时，需左手扶料，右手推刨。

以上两种工序均为向前推送进行加工，但在操作时，通常先从离前端15～20cm处开始向前刨，以后逐渐向后退，使每次刨削长度不至于太大，最后再将刨子从后端推到前端全长刨一次，使所刨的凹槽和裁口深浅、宽窄一致，并要求槽口平直不戗茬起毛。

用电动工具来开槽和裁口要相对容易些。在开槽和裁口时，按切割纤维方向有顺纤维方向切削和横纤维方向切削。顺纤维方向切削时，刀头上不需要装有切断纤维的割刀。为确保要求的尺寸精度，应当正确选择基准面和采用不同的刀具，并使导尺、刀具和工作台面之间保持正确的相对位置。立式木工铣床、带组合刀头的动力锯和四面刨是开槽和裁口的最好工具，只要将锯放到木料上，锯片或钻头即可将槽开好。也可以用带普通锯片的动力锯，将木料锯出两条锯口，再把中间的木片除去。利用木工铣床的立刀头，装上成型刀片，也可以裁口和开槽榫，其深度可由工作台上的导板控制。四面刨加工是在侧向刀头上面安装所需规格形状的刀片；即可加工出互相接合的槽榫和裁口。

5　木屋架与屋面木基层制作与安装

5.1　木屋架的制作与安装

5.1.1　屋架的组成与分类

1. 屋架的组成

屋架各部位的名称如图 5 –1 所示，屋架各部位名称解释见表 5 –1。

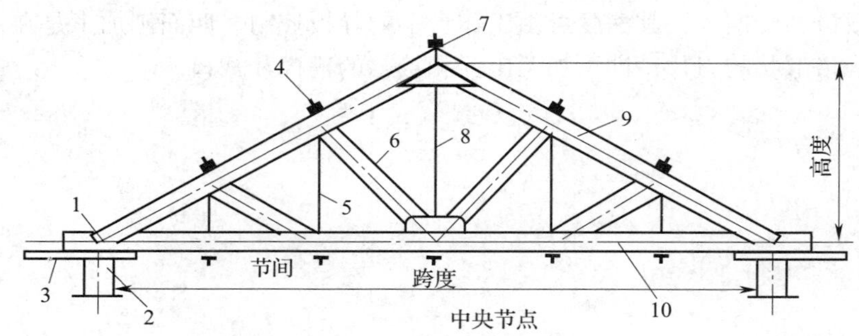

图 5 –1　屋架各部位名称

1—端节点；2—垫木；3—附木；4—中间节点；5—立杆；
6—斜杆；7—脊节点；8—中立杆；9—上弦杆（人字木）；10—下弦杆

表 5 –1　屋架的组成

类别	说　明
弦杆	组成屋架外形的杆称为弦杆，在上面的称为上弦杆（又称人字木），在下面的称为下弦杆（又称大柁）
腹杆	上下弦杆之间的叫腹杆，腹杆分斜杆和立杆，斜杆又称为斜撑，立杆又称为竖杆
脊节点	屋脊处的节点称之为脊节点，脊节点中心到下弦轴线的距离称为矢高，或叫屋脊的高度
高跨比	高度与跨度之比称为高跨比，主要由屋面防水材料的性质、当地气候条件及传统的建房习惯来决定。通常为 1/6、1/5、1/4. 5、1/4、1/3. 464
中央节点	屋架下弦中心与其他杆件连接处，称为下弦中央节点，其余各杆件的连接处均称为中间节点

2. 屋架的型式及分类

从外形上看，屋架可分为三角形、长方形、梯形、弧形、多边形等，见表 5 –2。目前，民用建筑房屋多数采用三角形屋架。

表 5－2 木屋架的形式及分类

形式	简图	结合方式	主要特征	总体尺寸	
				跨度（m）	h/L
三角形桁架	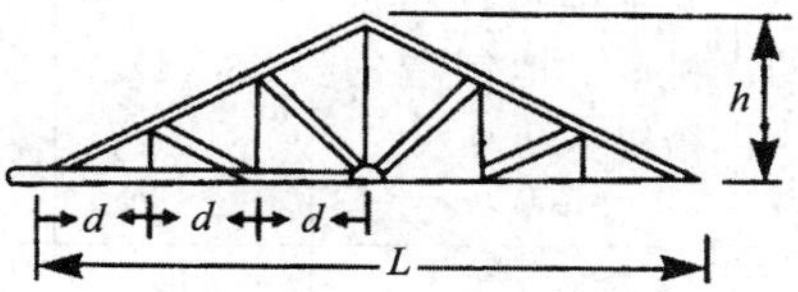	节点用榫接合的屋架	上、下弦斜杆用方木或原木，竖杆用圆钢。当下弦杆用圆钢或型钢时，即为钢木屋架	6～18	1/6～1/4
	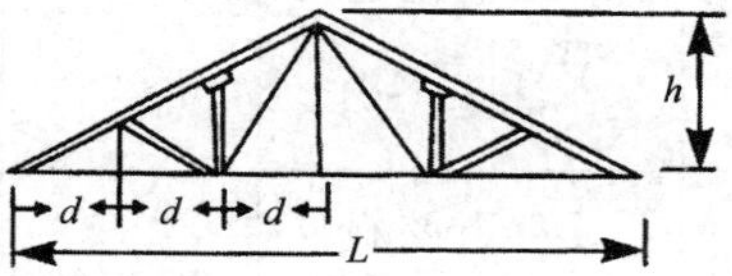	整截面上弦的钢木混合屋架	下弦杆及受拉腹杆采用钢材，其他与榫接屋架相同。工地制造	12～18	1/5～1/4
	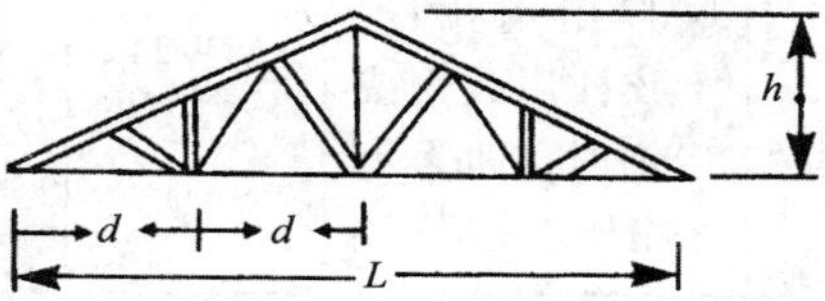	整截面上弦的钢木混合屋架	下弦杆及受拉腹杆采用钢材，其他与榫接屋架相同。工地制造	12～20	1/5～1/4
	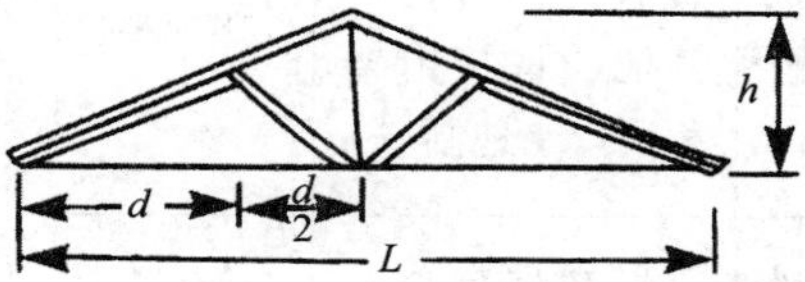	板销梁或胶合梁为上弦的钢木混合屋架	上弦杆用板销梁或胶合梁，下弦杆及手拉腹杆用钢材，受压腹杆用方木。工厂制造的桁架	12～18	1/5～1/4
	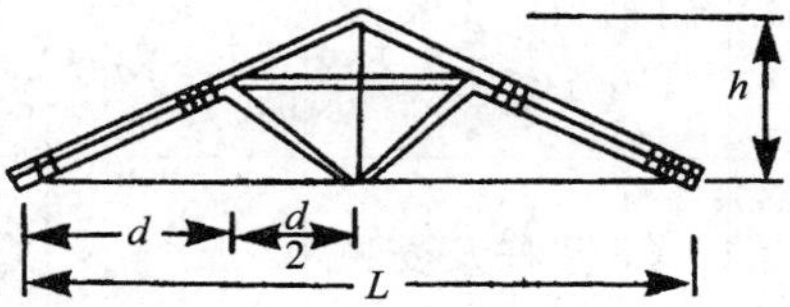	板销梁或胶合梁为上弦的钢木混合屋架	上弦杆用板销梁或胶合梁，下弦杆及受拉腹杆用钢材，受压腹杆用方木。工厂制造的桁架	12～18	1/5～1/4
	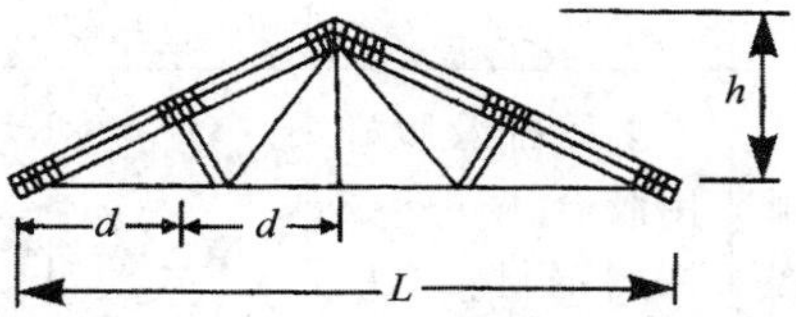	板销梁或胶合梁为上弦的钢木混合屋架	上弦杆用板销梁或胶合梁，下弦杆及受拉腹杆用钢材，受压腹杆用方木。工厂制造的桁架	12～18	1/5～1/4

续表 5－2

形式	简图	结合方式	主要特征	总体尺寸	
				跨度（m）	h/L
三角形桁架	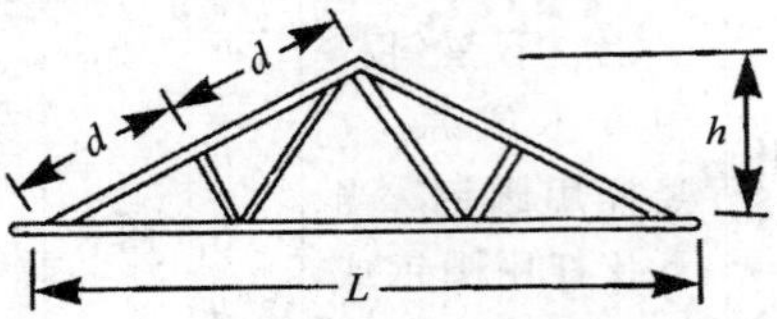	螺栓钢板连结的木桁架	全部构件用板材。工地制造的桁架	8～12	1/5～1/4
三角形桁架	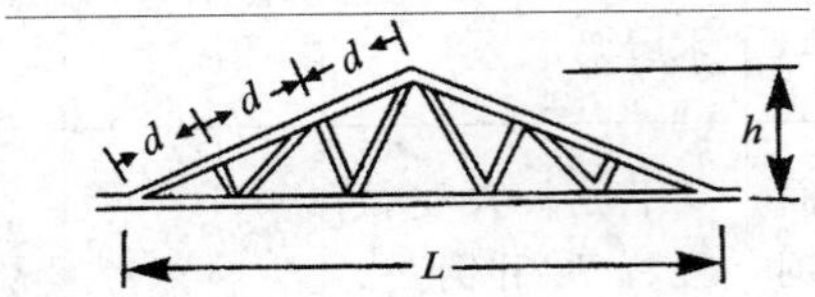	螺栓钢板连结的木桁架	全部构件用板材，工地制造的桁架	10～15	1/5～1/4
三角形桁架	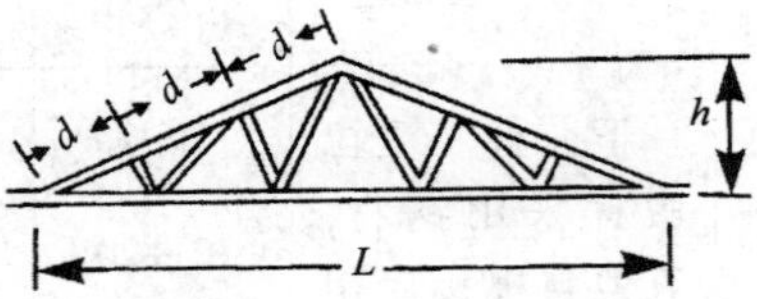	节点用榫接的木桁架	上、下弦斜杆用方木或原木，竖杆用钢拉杆，下弦杆用圆钢或型钢时，即为钢木桁架	15～24	钢 1/7 木 1/6
梯形桁架	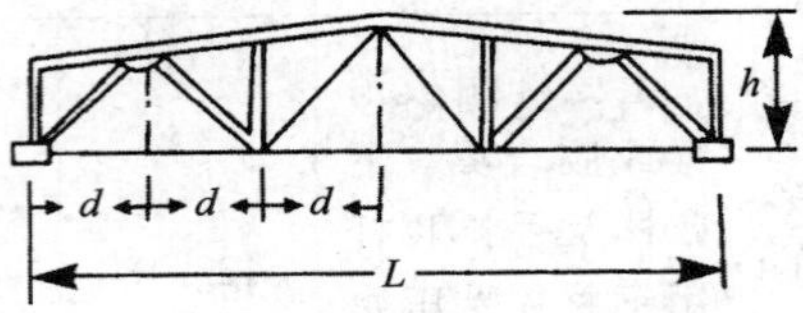	整截面上弦的钢木混合桁架	下弦杆及受拉腹杆采用钢材，其他与榫接桁架相同。工地制造	18～24	钢 1/7 木 1/6
梯形桁架	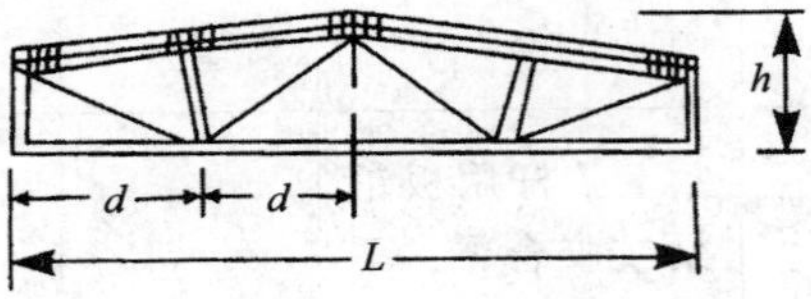	板销梁或胶合梁为上弦的钢木混合桁架	上弦杆用板销梁或接合梁，下弦杆及受拉腹杆用钢材，受压腹杆用方木	18～24	1/6
拱形架	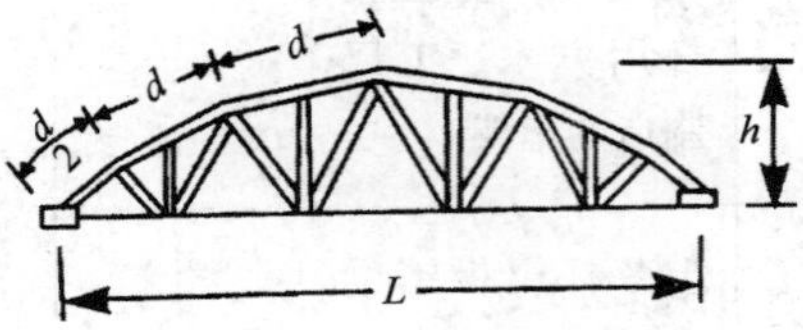	整截面上弦的钢木混合桁架	下弦杆及受拉腹杆采用钢材，其他与榫接桁架相同。工地制造	18～24	1/6
拱形架	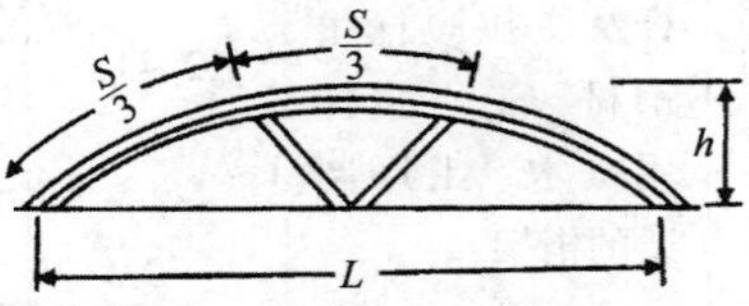	胶合弧形桁架	上弦杆及腹杆用胶合木，下弦杆用钢材。工厂制造	15～18	1/7～1/6

续表 5－2

形式	简　图	结合方式	主要特征	总体尺寸	
				跨度（m）	h/L
拱形架		胶合弧形桁架	上弦杆及腹杆用胶合木，下弦杆用钢材。工厂制造	15～18	1/7～1/6
		胶合弧形桁架	上弦杆及腹杆用胶合木，下弦杆用钢材。工厂制造	18～24	1/7～1/6

5.1.2　木屋架的制作

1. 放大样

为使屋架放样顺利，不出差错，首先要看懂和掌握设计图样的内容和要求。如屋架的跨度、高度，各弦杆的截面尺寸，节间长度，各节点的构造及齿深等。同时，根据屋架的跨度计算屋架的起拱值。

放大样时，应先画出一条水平线，在水平线的一端定出端节点中心，从此点开始在水平线上量取屋架跨度的一半，定出一点，通过此点作垂直线，此线即为中竖杆的中线。在中竖杆中线上，量取屋架下弦的起拱高度（起拱高度一般取屋架跨度的1/200）及屋架高度，定出脊点中心。将脊点中心与端节点中心连接起来，即为上弦中线。再从端节点中心开始，在水平线上量取各节点长度，并作相应的垂直线，这些垂直线即为各竖杆的中线。竖杆中线与上弦中线的相交点即为上弦中间节点中心。将端节点中心与起拱点连接起来，即为下弦轴线（用原木时，下弦轴线即为下弦中线；用方木时，下弦轴线是端节点处下弦净截面中线，不是下弦中线）。下弦轴线与各竖杆中线的相交点即为下弦中间节点中心。连接对应的上、下弦中间节点中心，即为斜杆中线，如图 5－2 所示。木屋架放大样的具体方法见表 5－3。

2. 出样板

上述大样经认真检查复核无误后，即可出样板。样板必须由木纹平直、不易变形和含水率不超过 18% 的木材制作而成。

（1）按各弦杆的宽度将各块样板刨光、刨直。

（2）将各样板放在大样上，将各弦杆齿、槽、孔等形状和位置画在样板上，并在样板上弹出中心线。

（3）按线锯割、刨光。每一弦杆要配一块样板。

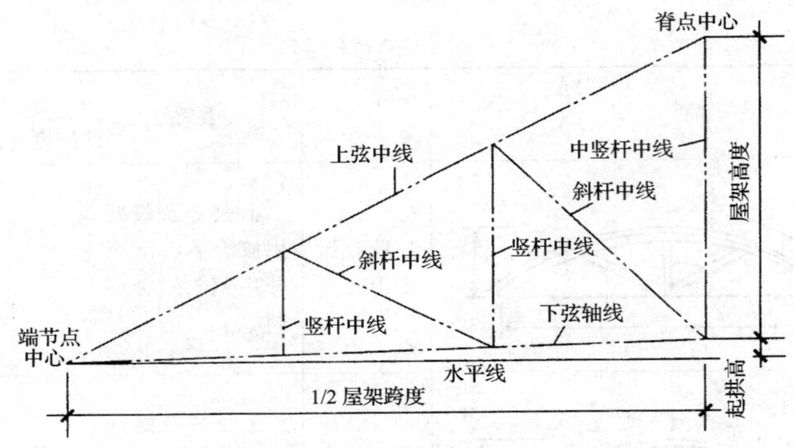

图 5－2 屋架各杆件中线

表 5－3 木屋架放大样的具体方法

<table>
<tr><th>项目</th><th>内容及图示</th></tr>
<tr><td>弹杆件轴线</td><td>先弹出一条水平线，截取 1/2 跨度长为 CB，作 AB 垂直于 CB，量取屋架高 AD + DB（拱高），弹 CD 线为下弦轴线。在 CD 线上分出节间长度作垂线弹出竖杆轴线和斜杆轴线
A 节间长度 屋架高度 拱高 D C B 水平线 1/2 跨度</td></tr>
<tr><td>弹杆件边线</td><td>按上弦杆、斜腹杆和竖钢拉杆分中，分别弹出各杆边线。再按下弦断面高减去端节点槽齿深 h_c 后的净截面高分中得到下弦上下边线
$\frac{h+h_c}{2}$ $\frac{h-h_c}{2}$ h h_c $h-h_c$</td></tr>
<tr><td>画下弦
中央节点</td><td>画垫木齿深及高度、长度线，并在左右角上割角，使其垂直斜腹杆，并与其同宽</td></tr>
</table>

续表 5-3

项目	内容及图示
画出各节点	先在上、下弦上画出中间腹杆节点的齿槽深线，然后作垂直斜腹杆的承压面线，且使承压面在轴线两边各为1/2，即 $ab=1/2$ 承压面长 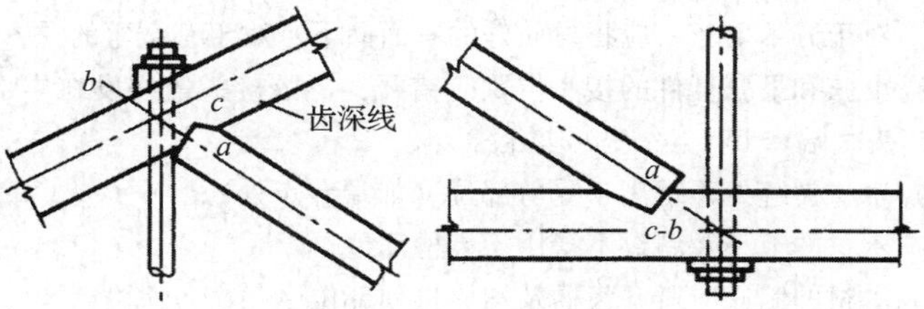
画出檐头大样	按檩条摆放方法、檩条断面及上面椽条、草泥、瓦的厚度，弹出平行上弦的斜线，并按照设计要求的出檐长度及形式，画出檐头大样 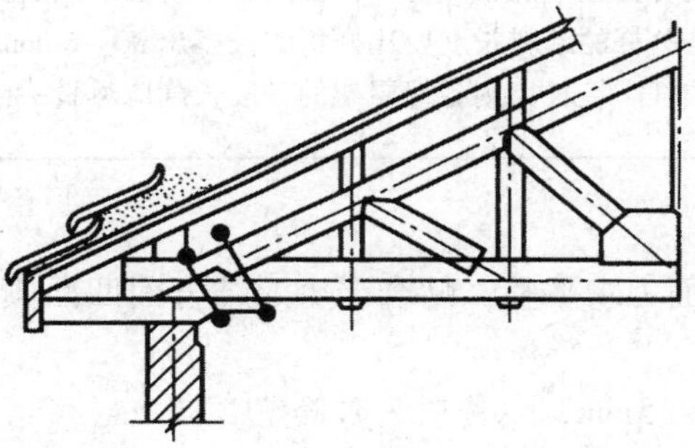

(4) 全部样板配好以后，需放在大样上拼起来，检查样板与大样图是否相符。

(5) 样板对大样的允许偏差不应大于 ±1mm。

(6) 样板在使用过程中要注意防潮、防晒，且妥善保管。

3. 选料

根据屋架各弦杆受力性质的不同，应选用不同等级的木材进行配制。

(1) 当上弦杆在不计自重且檩条搁置在节点上时，上弦杆为受压构件，可选用Ⅲ等材。

(2) 当檩条搁置在节点之间时，上弦杆为压弯构件，可选用Ⅱ等材。

(3) 斜杆是受压构件，可选用Ⅲ等材，竖杆是受拉构件，应选用Ⅰ等材。

(4) 下弦杆在不计自重且无吊顶的情况下，是受拉构件，如有吊顶或计自重，则下弦杆是拉弯构件。下弦杆不论是受拉还是拉弯构件，均应选用Ⅰ等材。

4. 配料与画线

配料时，要综合考虑木材的质量、长短、阔窄等情况，做到合理安排、避让缺陷。配料与画线的具体操作方法见表 5-4。

表 5-4 配料与画线的具体操作方法

项目	内容
配料	（1）木材如有弯曲，用于下弦时，凸面应向上；用于上弦时，凸面应向下。 （2）应把好的木材用于下弦，并将材质好的一端放在下弦端节点。用原木作下弦时，应将弯背向上。 （3）对于方木上弦，应将材质好的一面向下；对于有微弯的原木上弦，应将弯背向下。 （4）上弦和下弦杆件的接头位置应错开，下弦接头最好设在中部。如用原木时，大头应放在端节头一端。 （5）木材裂缝处不得用于受剪部位（如端节点处）。 （6）木材的节子及斜纹不得用于齿槽部位。 （7）木材的髓心应避开齿槽及螺栓排列部位
画线	（1）采用样板画线时，对于方木杆件，应先弹出杆件轴线；对于原木杆件，应先砍平找正后端头，再弹十字线及四面中心线。 （2）将已套好样板上的轴线与杆件上的轴线对准，然后按样板画出长度、齿及齿槽等。 （3）上弦、斜杆的断料长度要比样板实长多出 30~50mm。 （4）如果弦杆需接长，则各榀屋架的各段长度应尽量一致，以免混淆，造成接错

5. 加工制作

（1）齿槽结合面力求平整，贴合严密。结合面凹凸倾斜应不大于 1mm。弦杆接头处要锯齐、锯平。

（2）榫肩应长出 5mm，以备拼装时修整。

（3）上、下弦杆之间在支座节点处（非承压面）宜留有空隙，一般约为 10mm；腹杆与上下弦杆结合处（非承压面）也宜留有 10mm 的空隙。

（4）作榫断肩需留半线，不得走锯、过线。作双齿时，第一槽齿应留一线锯割，第二槽齿留半线锯割。

（5）钻螺栓孔的钻头要直，其直径应比螺栓直径大 10mm。每钻入 50~60mm 后，需提出钻头，加以清理，眼内不得留有木渣。

（6）在钻孔时，先将所要结合的杆件按正确位置叠合起来，并进行临时固定，然后用钻子一气钻透，以提高结合的紧密性。

（7）受剪螺栓（例如连接受拉木构件接头的螺栓）的孔径不应比螺栓直径大出 1mm；系紧螺栓（例如系紧受压木构件接头的螺栓）的孔径可比螺栓直径大 2mm。

（8）按样板制作的各弦杆，其长度的允许偏差应在 ±2mm 范围之内。

5.1.3 木屋架的安装

1. 拼装

（1）在下弦杆端部底面，钉上附木。根据屋架跨度，在其两端头和中央位置分别放置垫木。

（2）将下弦杆放在垫木上，在两端端节点中心上拉通长麻线。然后调整中央位置垫木下的木楔（对拔榫），并用尺量取起拱高度，直到起拱高度符合要求为止。最后用钉将木楔固定，并注意不要钉死。

（3）安装两根上弦杆。将脊节点的位置对准，两侧用临时支撑固定。然后画出脊节点钢板的螺栓孔位置。钻孔后，用钢板、螺栓将脊节点固定。

（4）把各竖杆串装进去，初步拧紧螺帽。

（5）将斜杆逐根装进去，齿槽互相抵紧，经检查无误后，再把竖杆两端的螺帽进一步拧紧。

（6）在中间节点处两面钉上扒钉（端节点如无保险螺栓、脊节点如无连接螺栓，也应钉扒钉），扒钉装钉要保证弦、腹杆连接牢固，且不开裂。对于易裂的木材，钉扒钉时，应预先钻孔，孔径取钉径的0.8～0.9倍，孔深应不小于钉入深度的0.6倍。

（7）受压接头的承压面应与构件的轴线垂直锯平，不应采用斜塔接头，如图5－3所示。

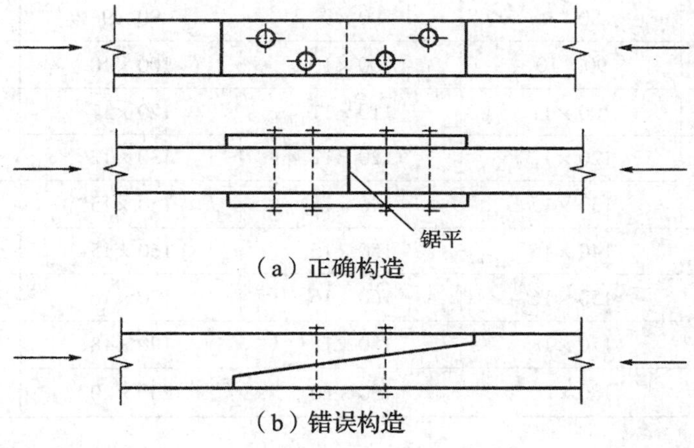

（a）正确构造

（b）错误构造

图5－3 受压接头的构造

（8）在端节点处钻保险螺栓孔，保险螺栓孔应垂直于上弦轴线。钻孔之前，应先用曲尺在屋架侧面画出孔的位置线，作为钻孔时的引导，确保孔位准确。钻孔之后，即穿入保险螺栓并拧紧螺帽。

受拉、受剪和系紧螺栓的垫板尺寸应符合设计要求，不得用两块或多块垫板来达到设计要求的厚度。各竖钢杆装配完毕以后，螺杆伸出螺帽的长度不应小于螺栓直径的0.8倍，不得将螺帽与螺杆焊接在一起或砸坏螺栓端头的丝扣。中竖杆直径不小于20mm的拉杆，必须戴双螺帽以防其退扣。

（9）圆钢拉杆应平直，用双帮条焊连接，不应采用搭接焊。帮条直径应不小于拉杆直径的0.75倍，帮条在接头一侧的长度宜为拉杆直径的4倍。当采用闪光对焊时，对焊接头应经冷拉检验。

（10）钉连接施工应符合下列规定：

1）钉的直径、长度和排列间距应符合设计要求。

2）当钉的直径大于6mm或当采用易劈裂的树种木材时，均应预先钻孔，孔径取钉径的0.8~0.9倍，深度应不小于钉入深度的0.6倍。

3）扒钉直径宜取6~10mm。

（11）受拉螺栓、圆钢拉杆的钢垫板尺寸应符合设计规定，如设计无规定，可参见表5-5。

表5-5 受拉螺栓、圆钢拉杆的钢垫板尺寸

螺栓直径（mm）	正方形垫板尺寸（mm）			
	木材容许横纹承压应力（MPa）			
	3.8	3.4	3.0	2.8
12	60×6	60×6	60×6	60×6
14	70×7	70×7	70×7	70×7
16	80×8	80×8	80×8	80×8
18	80×9	90×9	90×9	90×9
20	90×10	100×10	100×10	110×10
22	100×11	110×11	120×11	120×11
25	120×12	120×12	130×12	130×12
28	130×15	140×15	150×15	150×15
30	140×15	150×15	160×15	160×15
32	150×16	160×16	170×16	170×16
36	170×18	180×18	190×18	190×18
38	180×20	190×20	200×20	200×20

（12）在拼装过程中，如有不符合要求的地方，应随时调整或修改。

（13）在加工厂加工试拼的桁架时，应在各杆件上用油漆或墨编号，以便拆卸后运至工地，在正式安装时不致搞错。在工地直接拼装的桁架，应在支点处用垫木垫起，垂直竖立，并用临时支撑支住，不宜平放在地面上。

2. 安装

屋架安装的基本内容见表5-6。

表5-6 屋架安装的基本内容

项　目	内容及图示
安装作业条件	（1）安装及组合桁架所用的钢材及焊条应符合设计要求，其材质也应符合设计要求。 （2）承重的墙体或柱应验收合格，有锚固的部位必须锚固牢靠，强度达到吊装需要数值。 （3）木结构制作、装配完毕以后，应根据设计要求进行进场检查，验收合格后方准吊装

续表 5－6

项目	内容及图示
吊装准备	（1）墙顶上如垫有木垫块，则应用焦油沥青涂刷其表面进行防腐。 （2）清除保险螺栓上的脏物，检查其位置是否准确，如有弯曲要进行校直。 （3）将已拼好的屋架进行吊装就位。 （4）放线。在墙上测出标高，然后找平，并弹出中心线位置。 （5）检查吊装用的一切机具、绳、钩，必须合格后方可使用。 （6）根据结构的形式和跨度，合理地确定吊点，并按翻转和提升时的受力情况进行加固。对木屋架吊点，吊索要兜住屋架下弦，避免单绑在上弦节点上。为保证吊装过程中的侧向刚度和稳定性，应在上弦两侧绑上水平撑杆。当屋架跨度超过 15m 时，还需在下弦两侧加设横撑。起吊前必须用木杆将上弦水平加固，以保证其在垂直平面内的刚度。 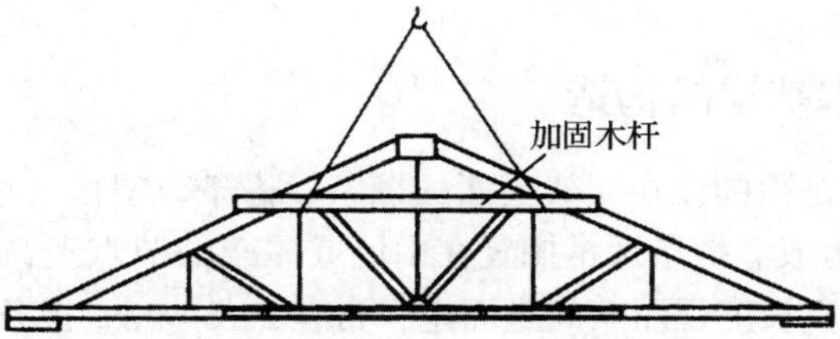 加固木杆 （7）对跨度大于 15m 且采用圆钢下弦的钢木屋架，应采取措施防止其就位后对墙、柱产生推力。 （8）修整运输过程中造成的缺陷，并拧紧所有螺栓（包括圆钢拉杆）的螺帽
吊装与校正	（1）开始应试吊，即当屋架吊离地面 300mm 后，应停吊进行结构、吊装机具、缆风绳、地锚坑等的检查，没有问题方可继续施工。 （2）第一榀屋架吊上以后，应立即对中、找直、找平，用事前绑在上弦杆上的两侧拉绳调整屋架，垂直合格后，用临时拉杆（或支撑）将其固定，待第二榀屋架吊上后，找直、找平合格，立即装钉上脊檩，作为水平连系杆件，并装上剪刀撑，接着再继续吊装。支撑与屋架应用螺栓连接，不得采用钉连接或抵承连接。 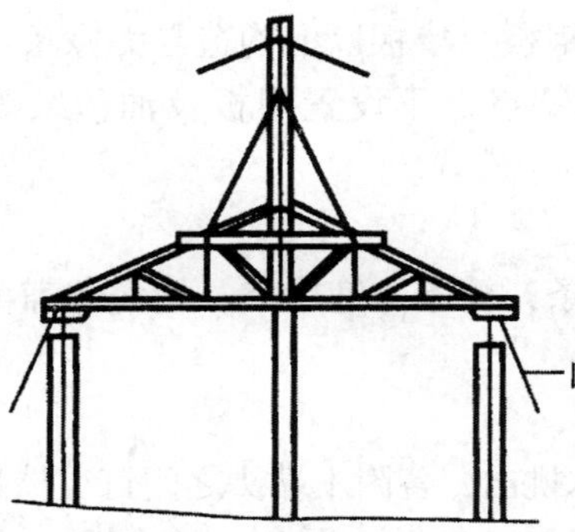 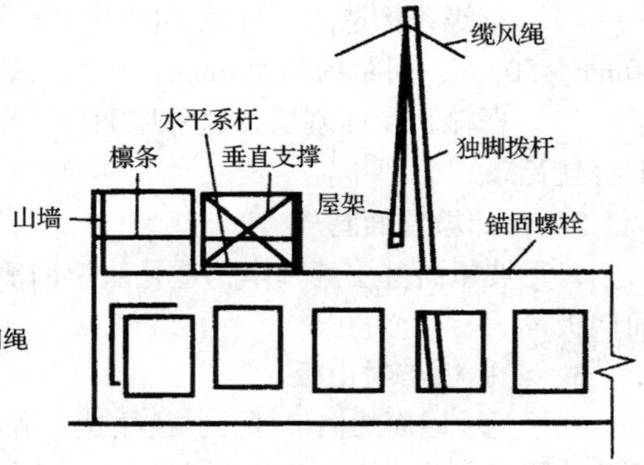 回绳 缆风绳 水平系杆 檩条 垂直支撑 独脚拔杆 山墙 屋架 锚固螺栓

续表 5－6

项　目	内容及图示
吊装与校正	（3）所有屋架的铁件、垫木以及屋架和砖石砌体、混凝土的接触处，均需在吊装之前涂刷防腐剂；有虫害（指白蚁、长蠹虫、粉蠹虫及家天牛等）地区还应进行防虫处理。 （4）屋架的支座节点、下弦及梁的端部不应封闭在墙保温层或其他通风不良处，构件的周边（除支撑面外）及端部均应留出不小于 50mm 的空隙。构件与烟囱、壁炉的防火间距应符合设计要求，支撑在防火墙上时，不应穿过防火墙，应将端面隔断。 （5）屋架吊装校正完毕后，应将锚固螺栓上的螺帽拧紧

5.2 屋面木基层的构造与安装

5.2.1 屋面木基层的构造

屋面木基层是由铺设在屋架上面的檩条、椽条、望板（屋面板）、油毡、压毡条（顺水条）、挂瓦条等组成。檩条通常搁置在山墙或屋架的节点上，可以采用圆木或方木制作，以圆木较为经济。其长度视屋架间距而定，常在 2.6～4m。椽条通常设置在檩条之上，是垂直于檩条方向架设的。木椽条截面常为 40mm×60mm 或 40mm×50mm，椽条之间距通常为 360～400mm。望板可钉于椽条上，檩条间距小于 800mm 时，也可以直接在檩条上钉望板，望板可以采用杉木或松木制作，厚度为 15～25mm，板的长度应搭过三根檩条或椽条。

1. 平瓦坡屋面基层

根据使用标准与所选用材料及构造，平瓦坡屋面基层分为无椽条构造和有椽条构造及楞摊瓦屋面基层构造。

（1）无椽条构造。这种构造方式是在屋架或砖墙上设置檩条，通常檩条间距小于 800mm，在檩条上可直接铺钉望板，望板上铺油毡，油毡上钉顺水条，其断面为 6mm×24mm，间距为 400～500mm。在顺水条上钉挂瓦条，其断面为 20mm×25mm，间距为 280～310mm。

（2）有椽条构造。当檩条的间距大于 800mm 时，通常在檩条上加设椽条，其断面为 40mm×50mm，间距约为 400mm，在其上铺望板，望板以上构造与无椽条构造做法相同。

（3）楞摊瓦屋面基层。这种屋面构造的特点是不设置望板及油毡纸等，而是在椽条上钉挂瓦条。

2. 青瓦坡屋面基层

青瓦坡屋面基层的基本构造是屋架铺檩条，檩条上铺椽条，椽条上铺苇箔、荆笆或屋面望板等。

3. 封檐板与封山板

在平瓦坡屋面的檐口部分，往往是将附木挑出，各附木端头之间钉上檐口檩条，在檐口檩条外侧钉有通长的封檐板，封檐板可以用宽 20～25cm、厚 2cm 的木板，如图 5－4 所示。

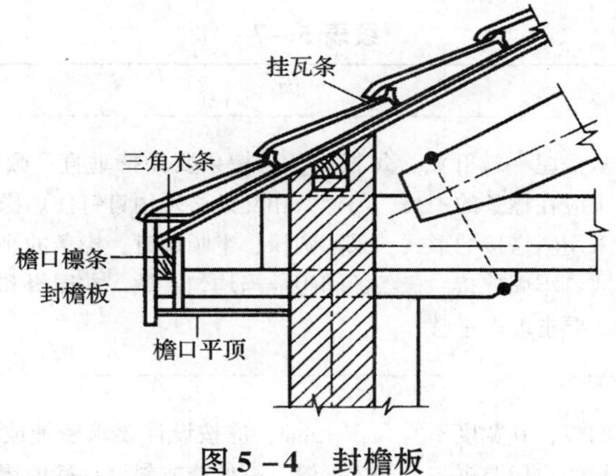

图 5－4 封檐板

青瓦坡屋面的檐口部分，通常是将檩条伸出，在檩条端头处也可钉通长的封檐板。在房屋端部，有些是将檩条端挑出山墙，为了美观，可以在檩条端头外钉通长的封山板，如图 5－5 所示。

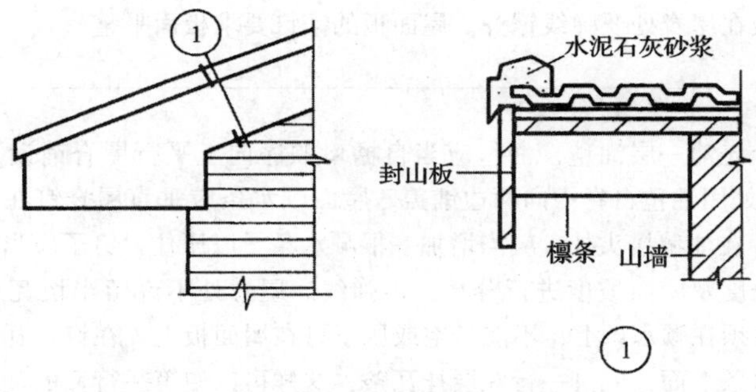

图 5－5 封山板

5.2.2 屋面木基层的安装

屋面木基层的安装要求见表 5－7。

表 5－7 屋面木基层的安装要求

名称	内容
檩条	檩条的选择，必须符合承重木结构的材质标准。简支檩条一般在上弦上搭接相接，搭接长度应不小于上弦截面宽度，在配料时要考虑檩条搭接长度。圆木檩条应大头接小头。料挑选好后，进行找平、找直，加工开榫，分类堆放。装钉檩条应当从檐口处开始，平行向屋脊进行。檩条与屋架交接处，需用三角柁木托住。每个柁木至少用两个 100mm 的长钉钉牢在上弦上。檩柁高度不得小于檩条高度的 2/3。 安好后的檩条，所有上表面应当在同一平面上，如设计有特殊的要求者，应当按照设计要求画出曲度。檩条距离烟囱不得小于 300mm，在必要时可以做拐子，防火墙上的檩条不得通长通过。檩条搭在砖墙上时，应当在砖墙上预先铺设木垫块或混凝土垫块，在山墙部分应刷防腐剂

续表 5－7

名称	内 容
椽条	椽条安装应从房屋一端开始，每根椽条与檩条要保持垂直。椽条应当连续通过两跨檩距，椽条的接头应在檩条的中央，与檩条相交处必须用钉钉住。椽条端头在檩条上应当相互错开，不得采用斜搭接的形式。采用圆椽、半圆椽时，椽条的小头应当朝向屋脊。在屋脊处应用螺栓或钉牢固连接。椽条的间距应当均匀一致。在屋脊和檐口处应弹线锯齐。椽条铺钉好之后，要求坡面平整
屋面板	屋面板采用的板，其宽度不宜大于 15cm，应按设计要求密铺或稀铺。如果是密铺屋面板，则每块木板的边棱要锯齐，开成平缝、高低缝或斜缝；稀铺屋面板，则木板的边棱不必锯齐。板间空隙应不大于板宽的 1/2，也不大于 7.5cm。屋面板要与檩条相互垂直，其接头应当在檩条中央，接头不得全部钉在一根檩条上，每段接头长度不超过 1.5m，各段接头应当相互错开。钉屋面板的钉子应为板厚的 2 倍，每块板在檩条上至少钉 2 个钉子。屋面板应从屋脊两侧对称铺钉，全部屋面板铺完后，应当顺檐口弹线，待钉完三角条后锯齐，屋面板在屋脊处要弹线锯齐。屋面板的铺钉要求板面平整
顺水条和挂瓦条	屋面板上先铺一层油毡，油毡应当自檐口顺序向上平行屋脊铺设，上下左右搭接至少 7cm。屋脊处用油毡自脊中向两边铺盖。屋面顺水条应垂直屋脊钉在油毡上，通常间距为 40～50cm。在油毡接头处，应当增加一根顺水条予以压住，钉子应当钉在板上。挂瓦条应根据瓦的长度及屋面坡度进行分档，再弹线。屋脊处不许留半块瓦。挂瓦条要求钉得整齐，接头必须在顺水条上，不能悬空或压下钉在屋面板上。在钉挂瓦条时，檐口的三角木应钉在顺水条上面，或钉一行双层挂瓦条，这样可以使第一行瓦的瓦头不致下垂，保持与其他瓦倾角一致
封檐板与封山板	封檐板和封山板应使用干燥、质地松软的木板，板面应平直光洁。厚度为 2.2～2.8cm，宽度超过 30cm，应在背面穿带。小于 30cm 时，在背面铲出凹槽，以防扭翘。接头应做成楔形企口榫，下端留出 30mm，以免露榫。钉封檐板时，在两头的挑檐木上确定位置，拉上通线再钉板，钉子长度应当大于板厚的 2 倍，钉帽要砸扁并钉入板内 3mm。封山板钉于檩条端头，板的上边与挂瓦条顶面相平。其接头应在檩条截面上。板的斜度要与屋坡度一致，板面通直。封檐板要求钉得呈水平，板面通直

6　木门窗的制作与安装

6.1　木门窗的制作

6.1.1　木门窗的分类

1. 木门的形式与分类

（1）按门扇的制作不同，木门可分为镶板门、胶合板门、拼板门、玻璃门等，其特点及适用范围见表 6－1。为了满足使用上的特殊需要，还有纱门、保温门、隔声门、防火门、防 X 射线门等。

表 6－1　几种常用木门的特点及适用范围

类型	图　示	特　点	适 用 范 围
镶板门		镶板门构造简单，一般加工条件可以制作；门芯板通常用木板，也可以用纤维板、木屑板或其他板材代替；玻璃数量可根据需要确定	适用内门及外门
胶合板门		胶合板门外形简洁美观，门扇自重小，节约木材；保温隔声性能较好；对制作工艺要求较高；复面材料通常为胶合板，也可以采用纤维板	适用于内门。在潮湿环境内，须采用防水胶合板
拼板门		一般拼板门构造简单，坚固耐用，门扇自重大，用木材较多；双层拼板门保温隔声性能较好	一般用于外门

续表 6－1

类型	图　示	特　点	适用范围
玻璃门		玻璃门外形简洁美观，对木材及制作要求较高；须采用 5～6mm 厚的玻璃，造价较高	适用于公共建筑的入口大门或是大型房间的内门

（2）按启闭方式的不同，木门可以分为平开门、弹簧门、推拉门、转门、折叠门、卷帘门等，其特点及适用范围见表 6－2。

表 6－2　各种启闭方式门的特点及适用范围

类型	图　示	特点及适用范围
平开门		单开门制作简便、开关灵活、五金件简单；洞口尺寸不宜过大。有单扇和双扇门，此种门使用普遍，凡居住和公共建筑的内、外门均可采用；作为安全疏散用的门通常应当朝外开
弹簧门		弹簧门开关方式同平开门，唯因装有弹簧铰链能自动关闭，适用于有自关要求的场所、出入频繁的地方如百货商店、医院、影剧院等；门扇尺寸及重量必须与弹簧型号相适应，加工制作简便
推拉门		推拉门开关时所占空间少，门可以隐藏于夹墙内或悬于墙外；门扇制作简便，但五金件较复杂，安装要求较高，适应各种大小洞口

续表 6-2

类型	图　示	特点及适用范围
转门		转门用于人流不集中出入的公共建筑，加工制作复杂，造价高
折叠门		折叠门适用于各种大小洞口，特别是宽度很大的洞口，五金件较复杂，安装要求高
卷帘门		卷帘门适用于各种大小洞口，特别是高度大、不经常开关的洞口。加工制作复杂，造价高

2. 木窗的形式与分类

按使用要求的不同，木窗可以分为玻璃窗、百叶窗、纱窗等几种类型；按开关方式又可分为平窗、中悬窗、立转窗及其他窗，见表 6-3。

表 6-3　木窗的类型及特点

类　型	图　示	特点及适用范围
平开窗	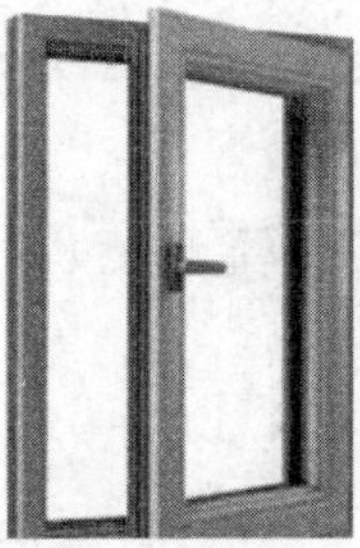	平开窗侧边装上铰链（或称合页），沿水平方向开关的窗，有单扇、双扇、多扇及向内开、向外开之分。其构造简单，开关灵活，制作、安装、维修均较方便，为一般建筑中使用最为普遍的一种类型

续表 6－3

类型		图示	特点及适用范围
悬窗	上悬窗		上悬窗在窗扇上边装铰链，窗扇向上翻启，外开，防雨性好，但受开启角度限制，通风效果较差
	中悬窗		中悬窗在窗扇侧近装水平转轴，窗扇沿轴转动。其构造简单，通风效果好，用于高侧窗较为普遍
	下悬窗		下悬窗在窗扇下边装铰链，窗扇向下翻启。下悬窗占室内空间，多用于特殊要求的房间或室内高窗
立转窗			立转窗在窗扇上、下边装垂直转轴，窗扇沿轴旋转，引风效果好，防雨性差，多用于低侧窗或三窗扇的中间窗扇（便于擦窗）
推拉窗	水平推拉窗		在窗扇上下边装有导轨，窗扇沿水平方向移动

续表 6 - 3

类型		图示	特点及适用范围
推拉窗	垂直推拉窗		在窗扇左右两侧边装上导轨，窗扇垂直方向移动，不占室内空间，窗扇受力状态好，适宜安装较大的玻璃，通风可以随意调节，但面积受限制，五金件及安装较复杂
固定窗			固定窗玻璃直接安在窗框内，构造简单，只起采光作用，密闭性好

6.1.2 木门窗的构造

1. 木门窗框的节点构造

木门窗框的节点构造见表 6 - 4。

表 6 - 4 木门窗框的节点构造

结构部位	图示	说明
框子冒头与框子梃割角榫头	框子冒头 框子梃	采用单榫，榫肩部位割45°斜角。拼合严密后，外表美观，适用于高级的门窗框
框子冒头与框子梃双夹榫结合		在冒头上打双眼，梃子上开双夹榫，两榫厚度相等，榫长差一裁口深度。两侧榫肩高差一裁口深度。这种结合紧密、牢固，应用较广泛

续表 6-4

结构部位	图示	说明
框子冒头与框子梃双夹榫开口结合	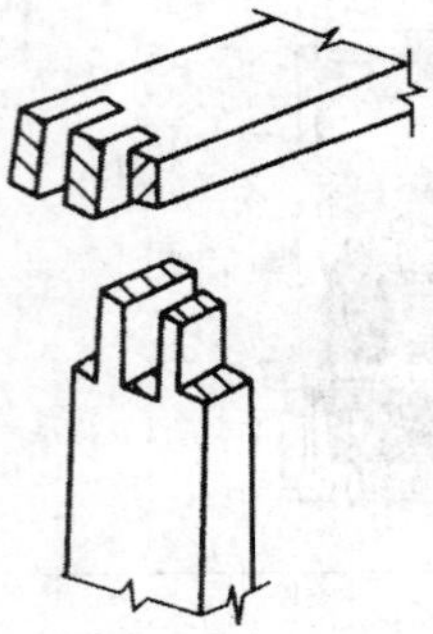	一般在冒头两端做榫槽，梃子上端开榫头，拼装时在冒头榫头处稍斜钉入两根圆钉，使冒头和梃子结合更密实。这种无走头的框子一般用于后塞口门窗
框子梃与中贯档结合	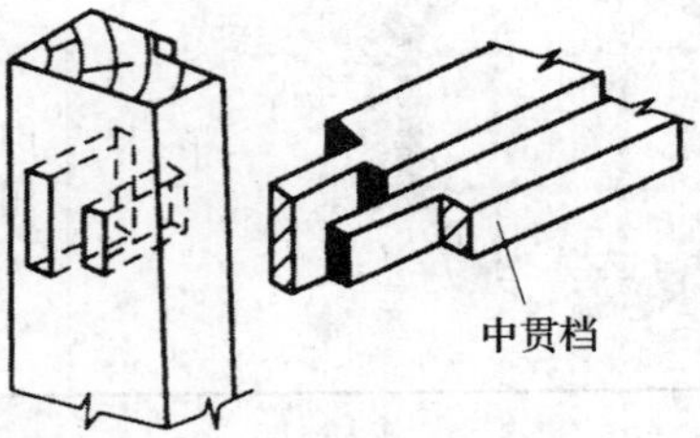 中贯档	框子边梃与中贯档一般采用双夹榫结合，在边梃上打眼，在中贯档两端开榫，榫厚相同，榫高差两个裁口厚度，两侧榫肩高差一个裁口深度

2. 木门扇的节点构造

木门扇的节点构造见表 6-5。

表 6-5 木门扇的节点构造

结构部位	图示	说明
下冒头与门梃结合	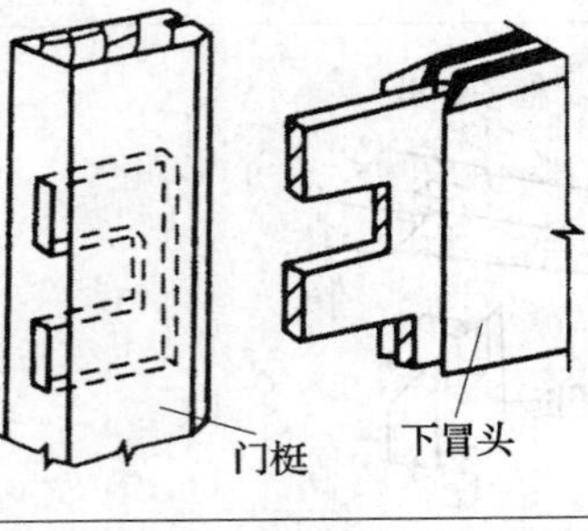 门梃 下冒头	门扇下冒头与门梃结合一般采用双榫，下冒头上做双榫，榫根要叠合。门梃上开双眼，并留出榫根凹槽，加胶楔背结实
上冒头与门梃结合	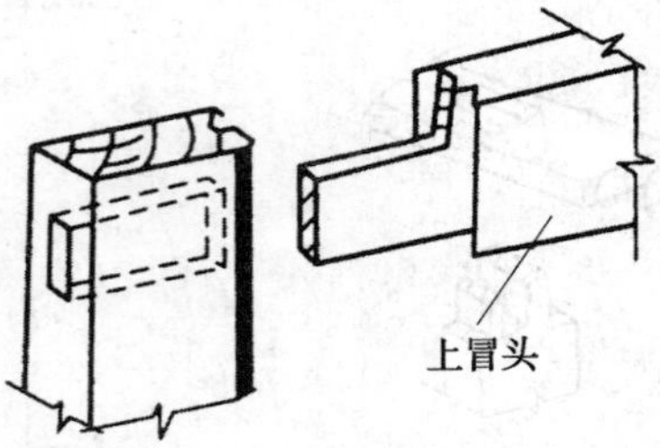 上冒头	一般采用单榫结合。在上冒头两端做单榫，榫根要叠合，嵌入梃上的槽口中，榫肩做成带斜度的插肩

续表 6－5

结构部位	图示	说明
中冒头与门梃结合	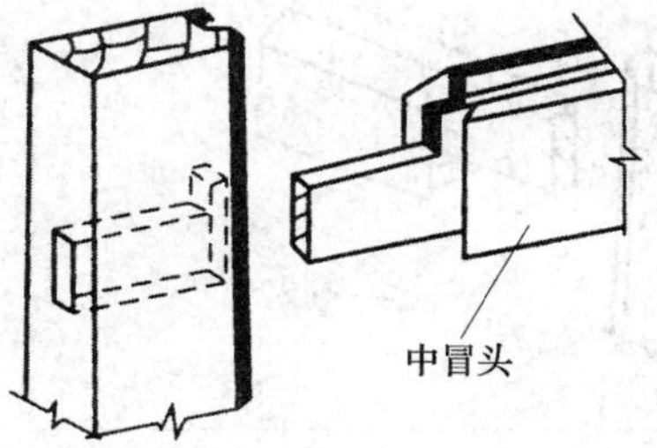 中冒头	在中冒头上下两侧起槽，以备装门心板或裁口装玻璃，两端做单榫，两侧做插肩，榫根做叠合
棂子与门梃结合	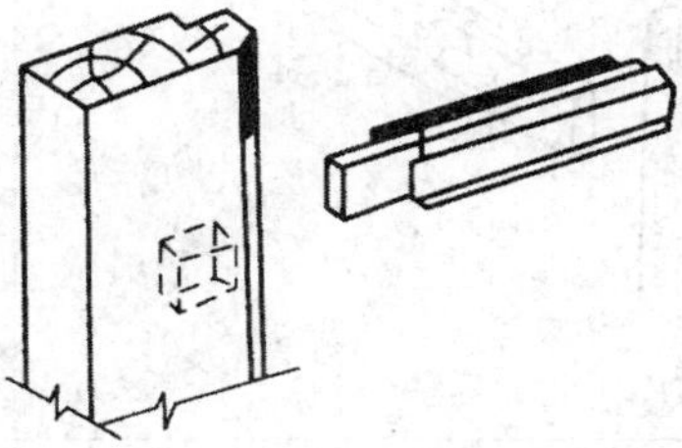	用于镶半截玻璃的门扇。棂子一侧倒棱，一侧裁口装玻璃，棂子两头做单榫，一侧做插肩。这种榫一般做半榫，在梃上开不透的半眼，眼深比榫长多 2～3mm
棂子与棂子的十字结合	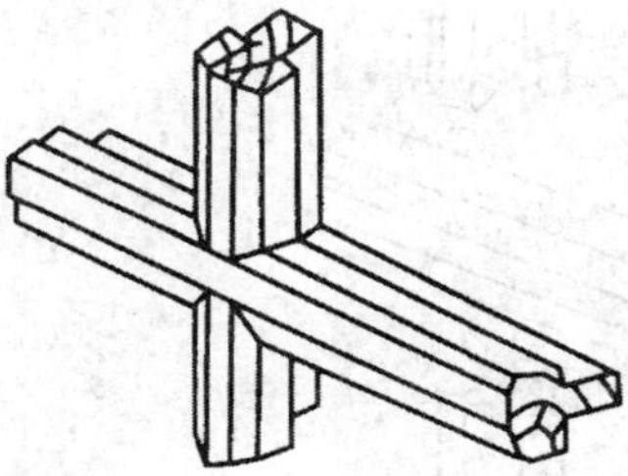	用于镶 4 块玻璃的门扇，一般在横棂子上的上、下两面各凿半眼，竖棂子结合端开半榫，榫肩做插肩，使结合严密、美观

3. 木窗扇的节点构造

木窗扇的节点构造见表 6－6。

表 6－6 木窗扇的节点构造

结构部位	图示	说明
上冒头与窗梃结合	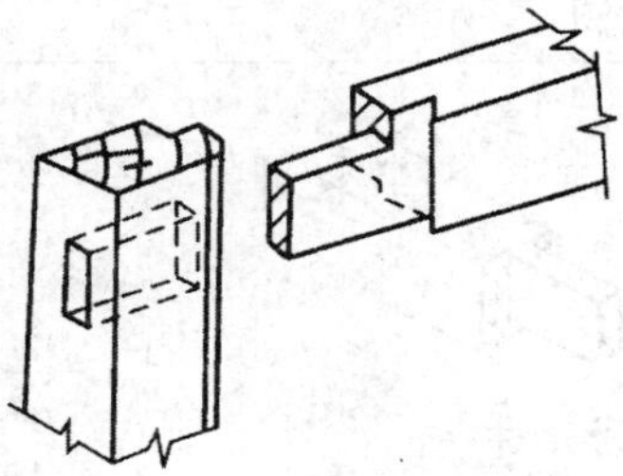	上冒头两端开单榫，榫的一侧为平肩，一侧为插肩，榫根叠合，梃上凿透眼，眼上端要留一定的余头，以便加楔背紧

续表 6-6

结构部位	图示	说明
下冒头与窗梃结合	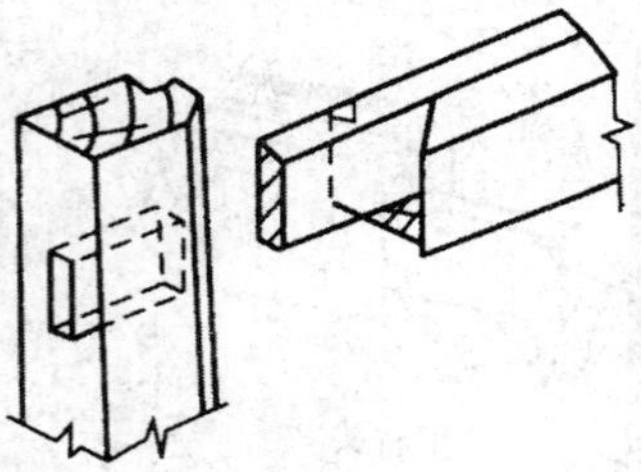	做法同上，但榫根叠合应在下方
棂子与窗梃结合	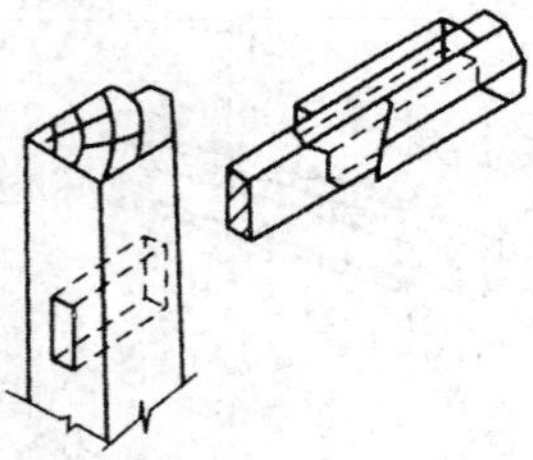	窗棂子两端做单榫，棂子上、下两面一侧倒棱，一侧裁口，榫肩一侧为平肩，一侧为插肩
窗棂子十字交叉结合	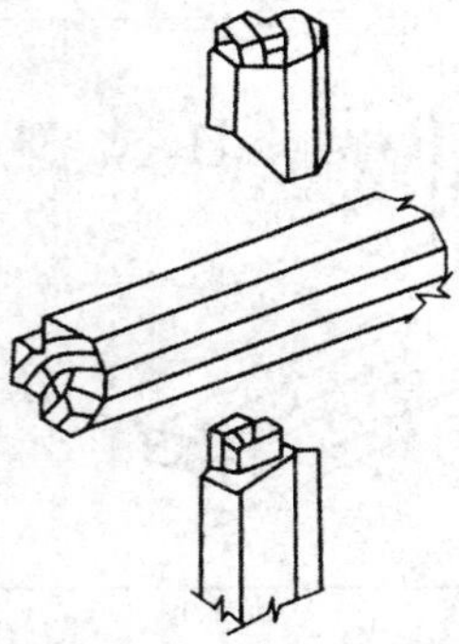	做法同门扇棂子与棂子十字交叉结合

4. 榫头的构造尺寸

榫头的构造尺寸见表6-7。

表6-7 榫头的构造尺寸

名称	图示	说明
单榫	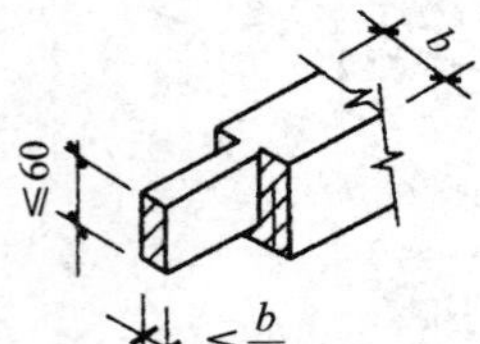 b ≤60 $\leq \frac{b}{3}$	榫的厚度一般应小于或等于材料宽度 b 的 1/3；榫的高度一般应小于60mm

续表 6－7

名 称	图 示	说 明
双榫	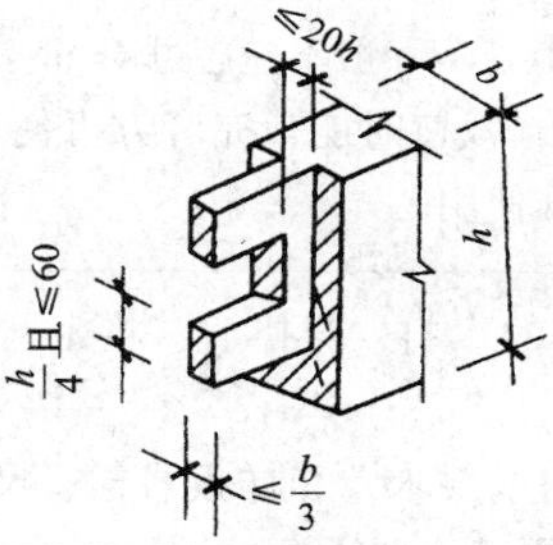 $\leqslant 20h$　b　h　$\frac{h}{4}$且$\leqslant 60$　$\leqslant \frac{b}{3}$	当材料高度较大时一般应采用双榫。榫的厚度应小于或等于材料宽度 b 的 1/3，榫根叠合高度一般为 20mm，每个榫的高度为材料高度 h 的 1/4，且应小于或等于 60mm
双夹榫	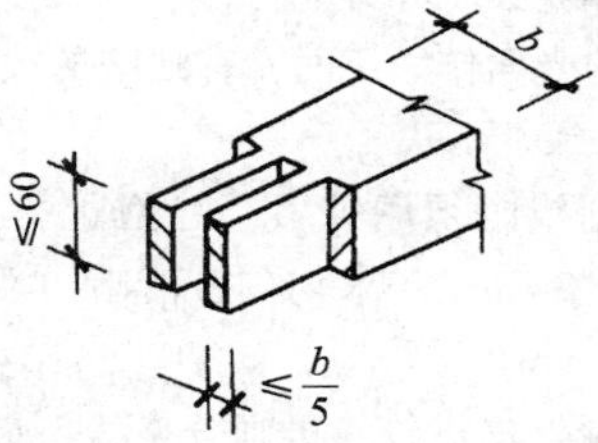 b　$\leqslant 60$　$\leqslant \frac{b}{5}$	当材料较宽时应采用双夹榫。每个榫的厚度应等于或小于材料宽度 b 的 1/5，榫的高度应小于或等于 60mm

6.1.3 普通木门窗的制作

木门窗生产操作程序：配料→截料→刨料→划线→凿眼、开榫→裁口→整理线角→堆放→拼装→磨光（刨光），见表 6－8。

表 6－8 木门窗生产操作程序

项 目	内 容
配料与截料	（1）配料、截料要特别注意精打细算，配套下料，合理搭配，不得大材小用、长材短用、优材劣用。 （2）要合理的确定加工余量。宽度和厚度的加工余量，一面刨光者留 3mm，两面刨光者留 5mm，如长度在 50cm 以下的构件，加工余量可留 3～4mm。 长度方向的加工余量如下表。 <table><tr><th>构件名称</th><th>加工余量</th></tr><tr><td>门框立梃</td><td>按图纸规格放长 7cm</td></tr><tr><td>门窗框冒头</td><td>按图纸规格放长 22cm，无走头时放长 4cm</td></tr><tr><td>门窗框中冒头</td><td>按图纸规格放长 1cm</td></tr><tr><td>窗框中竖梃</td><td>按图纸规格放长 1cm</td></tr><tr><td>门窗扇边梃</td><td>按图纸规格放长 4cm</td></tr><tr><td>门窗扇冒头</td><td>按图纸规格放长 1cm</td></tr><tr><td>玻璃棂子</td><td>按图纸规格放长 1cm</td></tr><tr><td>门扇中冒头</td><td>在 5 根以上者，有 1 根可考虑做半榫</td></tr><tr><td>门心板</td><td>按冒头及扇梃内净距长、宽各放长 5cm</td></tr></table>

续表 6-8

项目	内容
配料与截料	(3) 门窗框料有顺弯时，其弯度一般不应超过4mm，有扭弯者一般不准使用。 (4) 青皮、倒棱如在正面，裁口时能裁完者方可使用。如在背面超过木料厚的1/6和长的1/5，一般不准使用
划线	(1) 划线前应检查已刨好的木料，合格后，将木料放到划线机或划线架上，准备划线。 (2) 划线时要仔细看清图纸要求，和样板式样、尺寸、规格必须完全一致，并先做样品，经审查合格后再正式划线。 (3) 划线时应挑选木料的光面作为正面，有缺陷的放到背面，画出的榫、眼、厚、薄、宽、窄尺寸必须一致。 (4) 用划线刀或线勒子划线时须用钝刃，避免划线过深，影响质量和美观。画好的线，最粗不宜超过0.3mm，务求均匀、清晰。不用的线立即废除，避免混乱。 (5) 划线的顺序一般先画外皮横线，再画分格线，最后画顺线。同时用方尺画两端头线、冒头线、棂子线等。 (6) 门窗框无特殊要求时，可用平肩平插。框子梃宽超过80mm时要画双夹榫，门扇梃厚度超过60mm时要画双头榫，60mm以内画单榫。冒头料宽度大于180mm时，一般应画上下双榫。榫眼厚度一般为料厚的1/3~1/4，中冒头大面宽度大于100mm者，榫头必须大进小出。门窗棂子榫头厚度为料厚的1/3。半榫眼深度一般不大于料断面的1/3，冒头拉肩应与榫吻合。 (7) 门窗框边梃的宽度超过120mm时，背面应起凹槽，以防卷曲
打眼、拉肩、开榫	(1) 打眼用的凿刃应和榫的厚薄一致，凿出的眼，顺木纹两侧要平直，不得错岔。 (2) 打通眼时，先打背面，后打正面。凿眼时，眼的一边线应凿半线，留半线。手工凿眼时，眼内两端中部宜稍微突出，以便拼装时加楔打紧。半眼深度应一致，并比半榫深2~3mm。 (3) 拉肩、开榫要留半个墨线，拉出的肩和榫要平、正、直、方、光，不得变形。 (4) 开出的榫要与眼的宽、窄、厚、薄一致，并在加楔处锯出楔子口。半榫的长度要比眼的深度短2mm。拉肩不得伤榫
裁口、起线	(1) 裁口刨、起线刨的刨底应平直，刨刃盖要严密，刨口不宜过大，刨刃要锋利。 (2) 起线刨使用时宜加导板，以使线条平直，操作时应将线条一次刨完。 (3) 裁口遇有节疤时，不准用斧砍，要用凿剔平然后刨光；阴角处不整齐时要用单线刨修整。 (4) 裁口、起线必须方正、平直、光滑，线条清秀，深浅一致，不得戗槎、起刺或凸凹不平

续表 6－8

项　目	内　容
拼装	（1）拼装前对部件应进行检查。要求部件方正、平直，线脚整齐分明，表面光滑，尺寸、规格、式样符合设计要求，并用细刨将遗留墨线刨去刨光。 （2）拼装时，下面用木楞垫平，放好各部件，榫眼对正，用斧轻轻敲击打入。 （3）所有榫头均需涂胶加楔。楔宽和榫宽相同，一般门窗框每个榫加两个楔，木楔打入前也应黏胶鳔。 （4）紧榫时应用木垫板，并注意随紧随找平，随规方。 （5）普通双扇门窗，刨光后应平放，刻刮错口（打叠）刨平后，成对做记号。 （6）门窗框靠墙面应刷防腐油或沥青。 （7）拼装好的成品，应在明显处编写号码，用木楞将四角垫起，离地面 20～30cm，水平放置，并加以覆盖

6.1.4　木门门套制作

木门门套制作流程见表 6－9。

表 6－9　木门门套制作流程

步　骤	图　示
根据设计图纸检查门的规格、开启方向、相关配件等。用卷尺量门洞的高与宽。门的标准高宽尺寸是 200cm × 80cm；卫生间的门高宽是 200cm × 70cm。尺寸如有出入要及时纠正。测量位置线，确定门框的位置，用墨斗弹拉出垂直线，一侧门洞两条垂直线	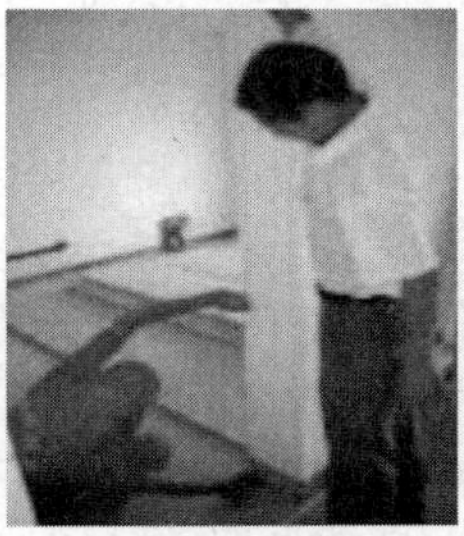
在垂直线上用冲击钻打眼，孔眼与孔眼之间的距离约为 30cm，一侧门两排共 10 个孔眼。冲击钻的钻头应为 12mm，所钻孔眼深度约为 6cm	
将小木楔用铁锤逐个钉入孔眼，以便固定门框板。小木楔的体积大小为 5cm × 1.5cm × 1.5cm，以落叶松制作的为好，因为落叶松的木质结构紧，不容易松动	

续表 6－9

步骤	图示
开料制作门框。左右做两侧门框龙骨的木工板尺寸为 200cm × 3cm × 8cm，门框顶龙骨的木工板尺寸为 80cm × 3cm × 8cm。将高密度九厘板涂胶黏在龙骨上，再用气枪钉固定。将制作好的三条门框按门的形状连接起来，并且用大钉子在接合处固定。用刨子将连接好的门框表面修平整，修整边角，棱角分明	
将门框放到门洞上，按墙面的水平线为准，门框下拿木头或者砖头垫起，调节门框的高度。下面预留 5cm 埋在地板的龙骨中。在门框的上面钉一个钉子，把线垂挂上，通过线垂来调整门框的垂直，一边衡量一边用麻花钉将门框固定在门洞上	
制作门脸的线条。门脸可以是现成买的，也可以是施工人员按照图纸做出来的。制作完成后，就把门脸固定到门框上去，这样门套就基本完成了	
把门放到门套上比划好，确定合页在门套上的具体位置，再按合页的厚度切出口径，也切出锁套的口径。将门安装到门套上，合页用螺丝刀将螺丝钉拧紧。注意门与门套的间隙不得大于 1.5mm，以顺畅开关门为准	

6.1.5 塑料压花门的制作

塑料压花门的制作方法见表 6－10。

表 6－10 塑料压花门的制作方法

项目	图 示	内 容
模压板的制作	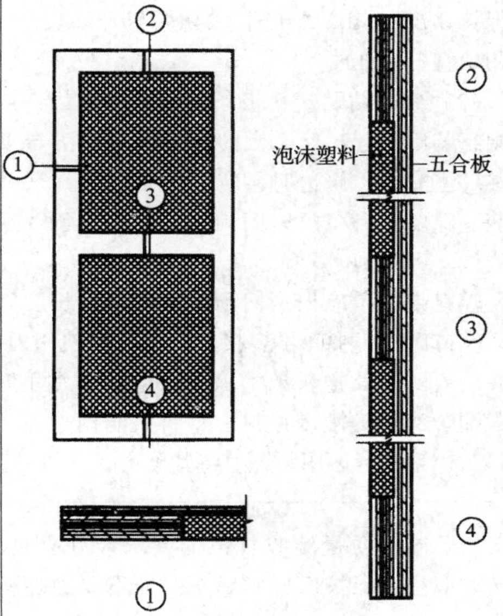 ② ① ③ ④ 泡沫塑料 五合板 ② ③ ④ ① 塑料压花门的模压板	塑料压花板一般花纹外凸，只有四周和中部有100～150mm的平面板带，因此用一般的平板压板不仅会把花纹压坏，而且胶黏也不牢固。 为了既能将塑料压花板尽量与木骨架贴紧黏牢，又不致压坏花纹图案，就要设计制作一种特殊的模压板垫在压板与门扇之间。塑料压花门的模压板由底层胶合板、挖孔胶合板和泡沫塑料（海绵）胶合而成。 底层胶合板为五合板或七合板，它是模压板的基础。其幅面略大于压花门扇尺寸。 挖孔板的孔型应符合压花板图形，与图案对应部位应挖空。挖孔板用多层胶合板胶合而成，其厚度应等于花纹板花纹的凸出量。 泡沫塑料按挖孔板的挖孔尺寸裁剪，其自由厚度（无压力情况下）应等于挖孔板的总厚度。 模压板的制作程序：锯配底板和挖孔板→底板划线→涂胶→粘贴挖孔板→裁剪和粘贴泡沫塑料—停放24h待胶固化后即可使用。粘贴用胶一般为聚醋酸乙烯酯乳胶
压花门扇胶合	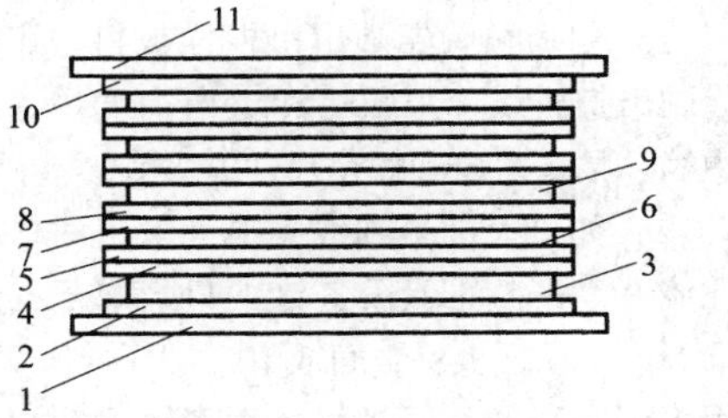 11 10 9 8 7 6 5 4 3 2 1 门扇与模压板的放置顺序 1—压机底板；2、4、5、7、8、10—模压板；3、6、9—压花门扇；11—压机上压板	塑料压花门的胶合一般采用冷压胶合法。先将木骨架与覆面花纹板组合在一起，再放到冷压设备中压合。 （1）组坯。塑料压花门两面粘贴压花板。可在骨架上或压花板的内表面涂胶后组坯。 如在骨架上涂胶，则应将骨架放在平台上，涂胶后扣上一块压花板，摆正后四角以钉牵住。翻转180°，在骨架另一面涂胶，扣上另一块压花板，摆正后四角以钉牵牢。 如采用板面施胶的方法，则应将骨架放在平台上，在花纹板里面刷胶后翻扣在骨架上，摆正后四角以钉牵牢。翻转180°放好，再将另一块刷好胶的花纹板翻扣到骨架上，摆正后四角以钉牵牢。 （2）胶合。塑料压花门冷压胶合时，门扇与模压板的放置顺序如图所示。具体为：压机底板→模板（泡沫朝上）→门扇坯→模压板（泡沫朝下）→模压板（泡沫朝上）→门扇坯→模压板（泡沫朝下）→模压板（泡沫朝上）→…→门扇坯→模压板（泡沫朝下）→压机上压板。

续表 6－10

项目	图示	内容
压花门扇胶合		按照上述顺序放好以后，将上下压板闭合加压，保持0.5～1MPa的压力，24h后卸压取板，模板与门扇宜分开堆放。 （3）修边粘贴塑料板条。塑料压花门一般为框扇组装后一起出厂。因此门扇和合页五金安装均在厂里完成。修边时，应根据门框内口尺寸及安装缝隙要求，在门扇四周划线，按线刨光，边刨边试。 塑料封边条应根据门扇厚度剪裁，长度宜等于门宽或门高，中间不要接头。胶合时使用万能胶。在门扇四边及塑料条上涂胶，待胶不黏手时，两人配合从一头慢慢将封边塑料条与门边贴合。塑料封边条贴好后用装饰刀将其修齐
框扇组合	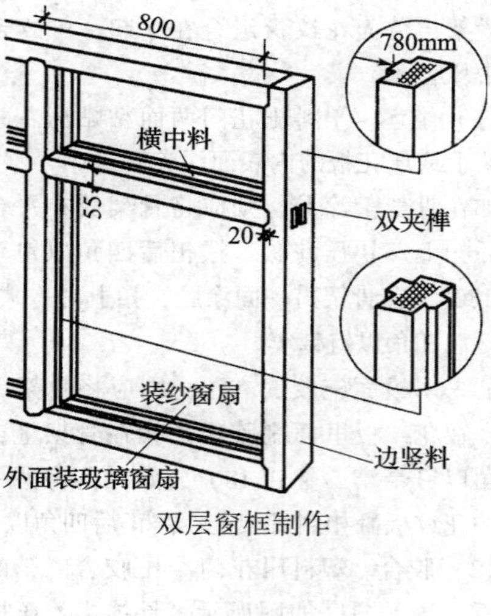 800 780mm 横中料 55 20 双夹榫 装纱窗扇 边竖料 外面装玻璃窗扇 双层窗框制作	按照施工质量验收规范的要求装好合页五金。装时应注意保护门扇塑料花纹，不要破坏板面及封边条。 成品门要加保护装置，以防搬运时碰伤门扇表面。 双层窗框在制作时要知道双层窗框料的宽度，就先要知道玻璃窗扇的厚度尺寸、中腰档尺寸，还有纱窗扇的厚度尺寸，框料宽度为95mm左右，厚度不少于50mm，具体尺寸还要根据材料的大小而定。 （1）划线时应先画出一根样板料。在样板料上先画出扫脚线、中腰档和窗扇高度尺寸，还有横中档、腰头窗扇和榫位尺寸。 （2）如果大批量划线，则可采用两根方料斜搭在墙上，在料的下段各钉1只螳螂子，然后在上下各放1根样板，中间放10多根白料，经搭放后，用丁字尺照样画下来，经划线后再凿眼、锯榫、割角和裁口。 （3）纱窗框一般使用双夹榫，并使用14mm凿子。裁口深度为10mm。 （4）横中料在画割角线时，如果窗框净宽度为800mm，则应在780mm的位置上搭角。向外另放20mm作为角的全长。如果横中料的厚度为55mm，则在画竖料眼子线时，搭角在外线，眼子在里线

6.1.6　百叶窗的制作

制作百叶窗时，如果采用传统的做法打百叶眼子，则花费工时很多，且质量不易保证，此时可用两个圆孔来代替，百叶板的端头做两个与孔对应的榫，再装上去。这样做既不影响结构，又提高了工效，而且还保证了质量，降低了对用材的要求。具体做法见表6－11。

表6－11　百叶窗的制作方法

项　目	图　示	内　容
百叶梃子的划线	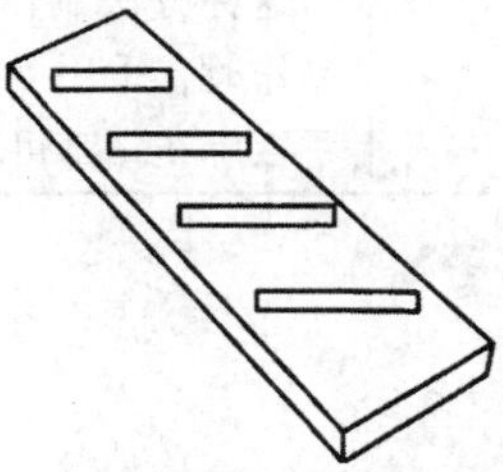 （a）百叶眼的习惯画法 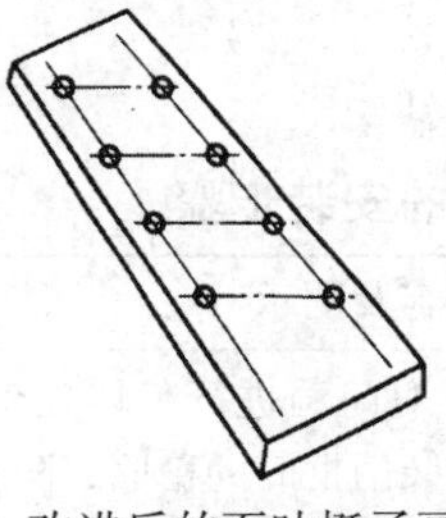 （b）改进后的百叶梃子画法	以前，百叶梃子的眼子墨线一般都需画4根线，围成1个长方形，如左图（a）所示，由于百叶眼和梃子的纵横向一般为45°，所以划线上墨就显得麻烦。而现在变成定孔心的位置。先画出百叶眼宽度方向的中线，这是一条与梃子纵向成45°的线，百叶眼的中线画好以后，再画一条与梃子边平行且距离为12～15mm的长线，这根线与每根眼子中心线的交点就是孔心。这根线的定法是以孔的半径加上孔周到梃子边应有的宽度，如左图（b）所示。一般1个百叶眼只钻两个孔即可
钻孔	—	把画好墨线的百叶梃子用铳子在每个孔心位置铳个小弹坑。铳了弹坑之后，钻孔一般就不会偏心了。当百叶厚度为10mm时，采用10mm或12mm的钻头，孔深一般在15～20mm之间，每个工时可钻几千个百叶眼
百叶板制作	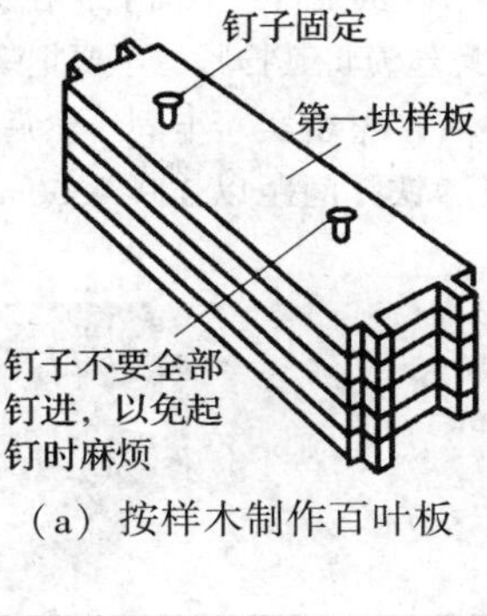 钉子固定 第一块样板 钉子不要全部钉进，以免起钉时麻烦 （a）按样木制作百叶板	由于百叶眼已被两个孔所代替，所以百叶板的做法也必须符合孔的要求，即在百叶两端分别做出与孔对应的两个榫，以便装牢百叶板。制作时，应先画出一块百叶板的样子，定出板的宽窄、长短和榫的大小位置（一般榫宽与板厚一致，榫头是个正方形）。把刨压好的百叶板按照要求的长短、宽窄截好以后，用钉子把数块百叶板拼齐整后钉好，按样板锯榫、拉肩、凿夹，就成了可供安装的百叶板了，

续表 6-11

项　目	图　示	内　容
百叶板制作	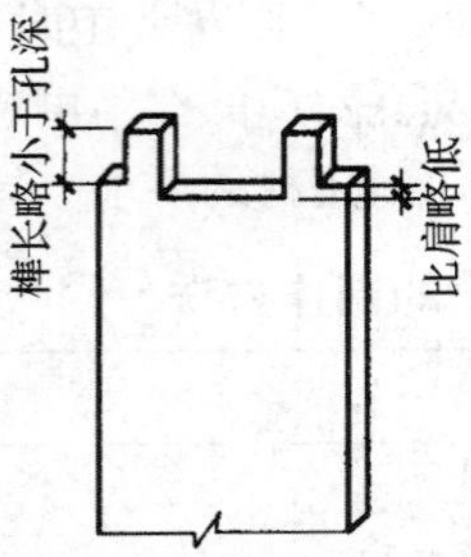 榫长略小于孔深 比肩略低 (b) 百叶板榫长及比肩要求	如左图（a）所示。但是要注意榫长应略小于孔深，中间凿去部分应略比肩低，如左图（b）所示，这样才能避免不严实的情况发生。另外，榫是方的，孔是圆的，一般不要把榫棱打去，可以直接把方榫打到孔里去，这样嵌进去的百叶板就不会松动了。 这种方法制作简便、省工，成品美观。制作时，采用手电钻、手摇钻或台钻甚至手扳麻花钻都可以

6.2 木门窗的安装

6.2.1 木门的安装

木门的安装步骤见表 6-12。

表 6-12　木门的安装步骤

步骤	内容及图示
测量、裁切	根据墙面为门预留出的原始构造的大小对门洞进行裁切处理。先对墙面基层不平整的地方用平铲和石灰铲平和抹平，以保证安装门框时的稳固，防止歪斜 
组装门套	先将门套和立板找出，对好接合口，采口要在同一平面上，在接口处涂上胶水，在接口后面的引孔上打上 80mm 木牙螺丝，用螺丝刀将其拧紧，不要把螺丝直接打入门套内，检查采口之间的尺寸是否正确，接合处是否平整密实、牢固，然后在门套立板背面装上铁片；装铁片时，要用 25mm 的自攻螺丝，铁片间距以 300～350mm 为宜，铁片距地面以 200mm 为宜 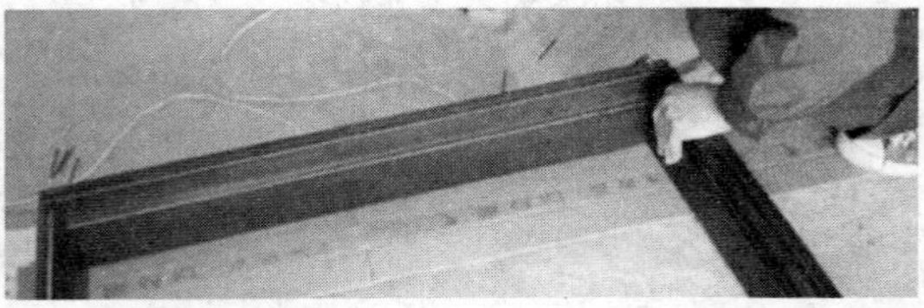

续表 6－12

步骤	内容及图示
安装门套	将组装牢固的门套整体放进门洞内，用小木条将门套四周大致固定好，门套两面要与墙体在同一平面上，然后检查门套整体与地面是否垂直，门套顶板与两立板的两个角是否直角，门套立板有无弯曲，把铁片扭转两端，使之包住墙体根据铁片上预留孔的位置，用电锤在墙体上钻 8mm 孔，用小木条将其塞紧，再用 80mm 木螺丝将铁片固定在墙体上；然后用小木条将门套与墙体间的缝隙填充塞紧，重新检查门套与门是否相符，再打入发泡胶 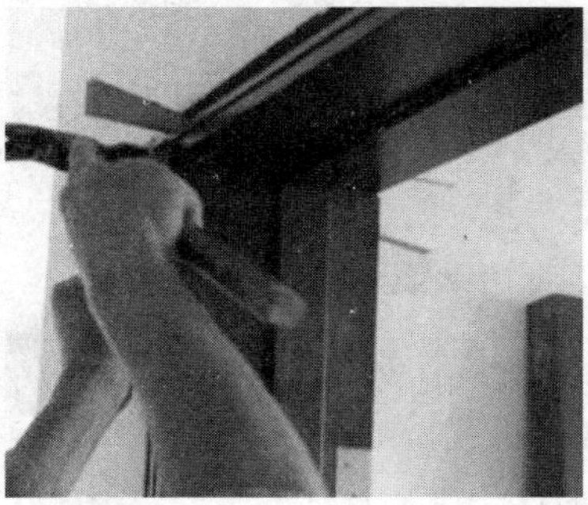 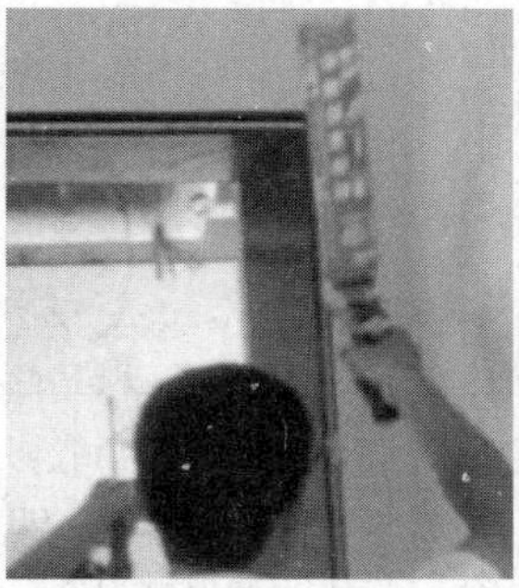
安装门扇	先开合页槽，合页槽与门扇两端的距离以门扇高度的 1/10 为宜，较重的门要装 3 个合页，合页槽的深度以合页的单片厚度为宜。安装合页，要用与合页配套的螺钉，螺钉要用螺丝刀拧紧，不能直接用榔头将螺钉打入。门扇上的合页固定好后，门套上的合页要先只拧上一颗螺钉，然后关门检查门的左右和上面的缝隙是否一致，开启是否灵活，确认无误后，再将其他的螺钉拧紧 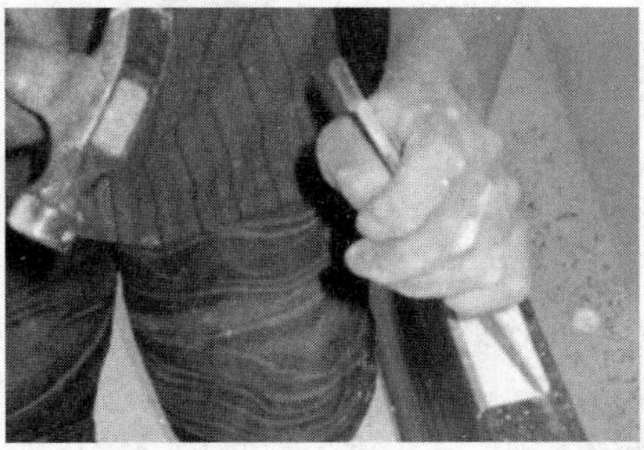 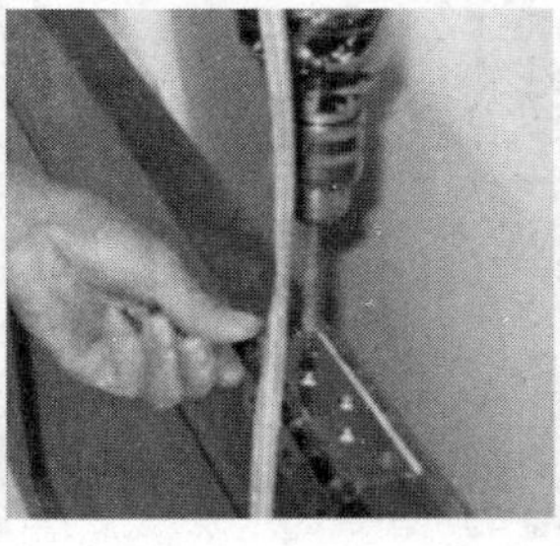 

续表 6－12

步骤	内容及图示
安装门锁	根据提供的锁型安装到相应的位置，锁位距地面高度为 900～1000mm。装完要检查门扇、门锁开关是否灵活，留缝是否灵活，留缝是否符合规范 
安装门套线	将带直角边的门套线切成45°角，用木工刨修整，直角边插入门套槽内，并用地板胶将门套线与门套板黏牢，90°碰尖处斜角一致、平整、且合缝严密。门套线合缝处用胶黏牢，在门套线两端顶碰角部钉一小颗直钉将其固定 
安装门吸	打孔，打膨胀螺栓，装门吸。用老虎钳拧紧，让膨胀头撑开固定 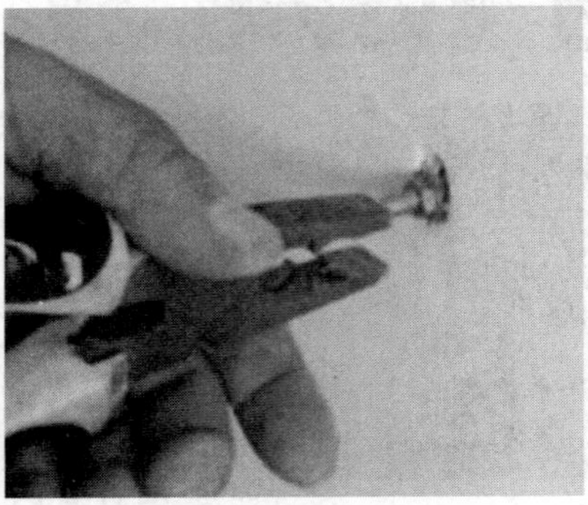 

6.2.2 木窗的安装

1. 施工准备

（1）木窗已供应到现场并经检查核对，其他材料、施工机具均已准备就绪。

（2）窗框和扇安装前应检查有无串角、翘扭、弯曲和劈裂，如有以上情况应修理或更换。

（3）窗框、扇进场以后，框的靠墙、靠地的一面应刷防腐涂料，其他各面应刷清油一道。刷油后分类码放平整，底层应垫平、垫高，每层框间的衬木板条宜通风，且防止日晒雨淋。

（4）窗扇安装应在室内抹灰施工之前进行。

2. 窗框立口安装

立窗口的方法主要分为先立口和后立口两种。先立口就是当墙体砌到窗台下平时开始立口。

先立口大致分为两步：第一步，要按照图样规定的尺寸在墙上放线，确定窗口的位置，放完线后要认真对照图样进行复核；第二步是窗口的就位和校正。

立窗口时，可用水平尺，也可用线坠。短水平尺有时容易产生误差。使用线坠则比较准确。使用时宜把线坠挂在靠尺上。这里所说的靠尺，就是由两个十字形连在一起的尺子，这种尺使用起来既方便又准确。不论使用哪一种方法立口，均应校正两个方向：先校正口的正面，后校正口的侧面。不得先校侧面，后校正面。因为口校正后需要固定，先校正正面。口下端就可以先找平固定；如果遇到不平时，可在口的下端用楔调整。这样，在校正侧面时，下端就不会再动了。反过来，如果先校正侧面，上端就必须先固定；而在校正正面时，上端也要随之窜动。这时，侧面还得重新校正一次。

立完口以后，常用的固定窗口的简单方法是在口上压上几块砖。在口的侧面校正后，固定口上端的一种简单方法就是在口的上端与地面斜支撑钉连。一般宽度在 1m 以内的口，可以设一道支撑。宽度超过 1m 的口，要设两道支撑。

在有些设计图上，单面清水外墙的窗框立在中线上，在施工时不应该立在正中。这是因为木砖加灰缝的尺寸是 140 ~ 150mm，而窗框料厚度仅为 70 ~ 90mm，小于木砖。如果立在正中，框外清水墙的条砖与木砖之间，就会露出一个大立缝或露出木砖，如图 6 – 1（a）所示。如果向外偏一些，盖住立缝，木砖就会露在框的里侧，室内抹灰时就可以盖住木砖，墙内外侧就比较美观，如图 6 – 1（b）。这样做，室内窗台会宽一些，更加实用。

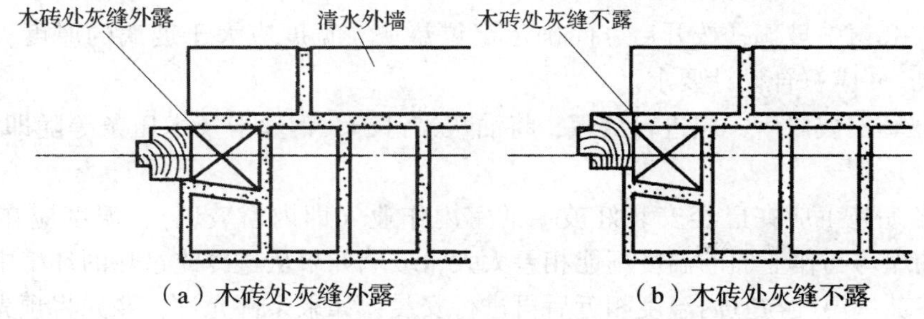

（a）木砖处灰缝外露　（b）木砖处灰缝不露

图 6 – 1　灰缝与木砖的位置

3. 窗扇安装

（1）根据设计图样要求确定开启方向，以开启方向的右手作为盖扇（人站在室内）。

（2）一般窗扇分为单扇和双扇两种。单扇应将窗扇靠在窗框上，在窗扇上画出相应的尺寸线，修刨后先塞入框内校对，如不合适再画线进行第二次修刨，直到合适为止。双扇窗应根据窗的宽窄确定对口缝的深浅，然后修正四周，塞入框内校正时，不合适的再进行二次修刨，直到合适为止。

（3）首先要把随身用的工具准备好，钉好楞，木楞要求稳、轻，搬动方便，楞上钉上两根托扇用的木方，以便操作。

（4）安窗扇前应先把窗扇长出的边头锯掉，然后一边在窗口上比试，一边修刨窗扇。刨好后将扇靠在口的一角，上缝和立缝要求均匀一致。

（5）用小木楔将窗扇按要求的缝宽塞在窗口上，缝宽一般为上缝 2mm，下缝 2. 5mm，立缝 2mm 左右。

4. 窗玻璃安装

（1）窗玻璃的安装顺序，一般应先安外窗，后安内窗，按先西北后东南的顺序安装；如果因工期要求或劳动力允许，也可同时进行安装。

（2）玻璃安装前应清理裁口。先在玻璃底面与裁口之间，沿裁口的全长均匀涂抹 1 ~ 3mm 厚的底油灰，然后把玻璃推铺平整、压实，再收净底油灰。

（3）木窗玻璃推平、压实以后，四边分别钉上钉子，钉子的间距为 150 ~ 200mm，每边不少于 2 个钉子，钉完后用手轻敲玻璃，响声坚实，就说明玻璃安装平实；如果响声啪啦啪啦，则说明油灰不严，要重新取下玻璃，铺实底油灰以后，再推压挤平，然后用油灰填实，将灰边压平压光，并不得将玻璃压得过紧。

（4）木窗固定扇（死扇）的玻璃安装，应先用扁铲将木压条撬出，同时退出压条上小钉，并将裁口处抹上底油灰，把玻璃推铺平整，然后嵌好四边木压条将钉子钉牢，底灰修好、刮净。

（5）安装斜天窗的玻璃，如设计无要求，则应采用夹丝玻璃，并应从顺流方向盖叠安装。盖叠安装的搭接长度应视天窗的坡度而定，当坡度为 1/4 或大于 1/4 时，不小于 30m；坡度小于 1/4 时，不小于 50mm，盖叠处应用钢丝卡固定，并在缝隙中用密封膏嵌填密实；如果用平板或浮法玻璃时，要在玻璃下面加设一层镀锌铅丝网。

（6）窗安装彩色玻璃和压花，应按照设计图案仔细裁割，拼缝必须吻合，不允许出现错位、松动和斜曲等缺陷。

（7）安装窗中玻璃，按开启方向确定定位垫块，宽度应大于玻璃的厚度，长度不宜小于 25mm，并应符合设计要求。

（8）玻璃安装以后，应进行清理，将油灰、钉子、钢丝卡及木压条等随即清理干净，关好门窗。

（9）冬期施工应在已经安装好玻璃的室内作业（即内窗玻璃），温度应在 0℃ 以上；存放玻璃的库房与作业面的温度不能相差太大，玻璃如果从过冷或过热的环境中运入操作地点，应待玻璃温度与室内温度相近后再进行安装；如果条件允许，要先将预先裁割好的玻璃提前运入作业地点。

6.2.3　木门窗五金安装

木门窗的五金安装方法见表6－13。

表6－13　木门窗的五金安装方法

项目	内容及图示
合页的安装	（1）合页距上下窗边应为窗扇高度的1/10，如为1.2m长的扇，可制作12cm长的样板，在口及扇上同时画出一条位置线，这样做比用尺子量快且准。 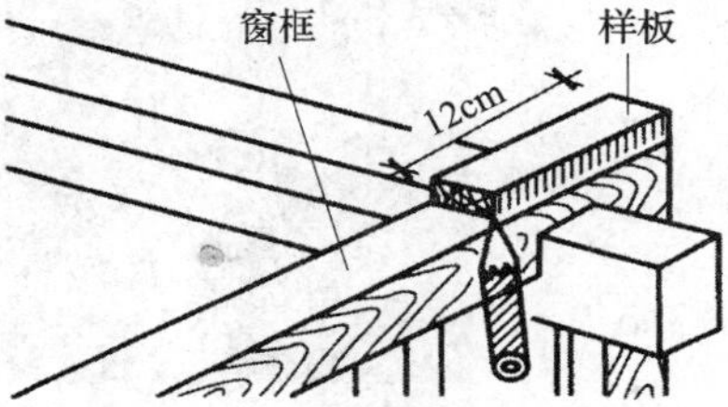 做样板划线 （2）把合页打开，翻成90°，合页的上边对准位置线（如果装下边的合页，则将合页下边对准位置线）。左手按住合页，右手拿小锤，前后打两下（力量不要太大，以防合页变形）。拿开合页以后，窗边上就会清晰地印出合页轮廓的痕迹，即为要凿的合页窝的位置。这个办法比用铅笔画要快且准。  划痕 （3）用扁铲凿合页窝时，关键是掌握好位置和深度。一般较大的合页要深一些，较小的合页则浅一些，但最浅也要大于合页的厚度。为了保证开关灵活和缝子均匀，窗口上合页窝的里边比外边（靠合页轴一侧）应适当深一些（约为0.8mm）。 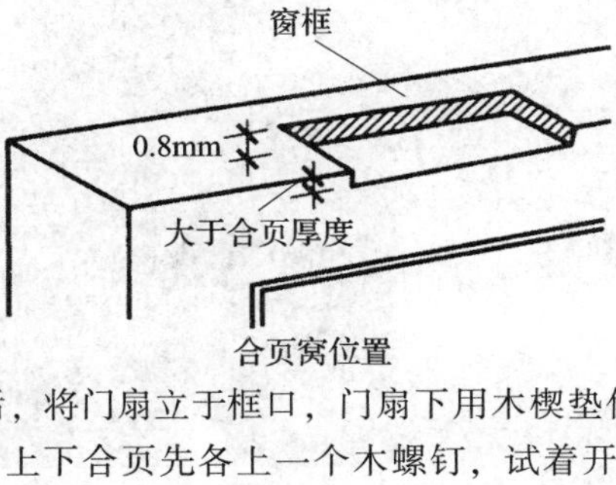 合页窝位置 （4）扇上合页上好以后，将门扇立于框口，门扇下用木楔垫住，将门边调直，将合页片放入框上的合页槽内，上下合页先各上一个木螺钉，试着开关门扇，检查四周缝隙，一切都合适后，打开门扇，将其他木螺钉上紧。 （5）门窗扇装好以后，要进行试开，不能产生自开和自关现象，以开到哪里可停到哪里为宜

续表 6－13

项目	内容及图示
门锁的安装	门锁的种类很多，不同类型的锁，其安装方法也各不相同。这里以执手锁为例介绍门锁的安装方法。 （1）根据人体工学，锁把手的位置在距离地面 100cm 左右，比较符合人手臂动作的习惯，使用时舒适度较好。  （2）高度确定好了之后，用角尺划线，角尺可以保证门的里外两边的线都在同一高度。里外的线高度若不在同一水平线上，锁装好后，看上去就是斜的，既不美观，时间长了还容易坏。 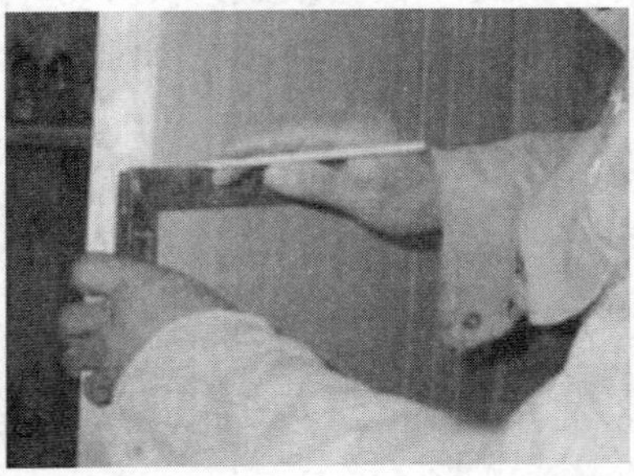 （3）锁的包装内有一张安装图纸，上面详细地标明了安装时各个孔距的大小尺寸，可以根据图纸在门上划好孔距，然后用手枪钻钻孔。  （4）锁孔都开好后，就开始安装了，固定里外执手的螺丝一般都在门内侧。拧螺丝的时候要注意里外执手是否呈水平状态，螺丝不可以松动。

续表 6-13

<table>
<tr><th>项目</th><th>内容及图示</th></tr>
<tr><td>门锁的安装</td><td> （5）锁体已经装好了，家庭房门锁，标配钥匙一般都是三把。装好后要检验的内容有：钥匙左右转动，看是否正常，锁舌是否灵活，轻轻摇动执手，看其是否松动，执手盖板一定要遮住锁孔，否则就不是合格的。锁舌的盖板装在槽内，保持和门一样平即可。 

（6）装锁扣。根据壳板划线，用凿子凿孔，中间要深一些，因为放进去一个小盒子，门关上的时候，锁舌伸在这个盒子里。  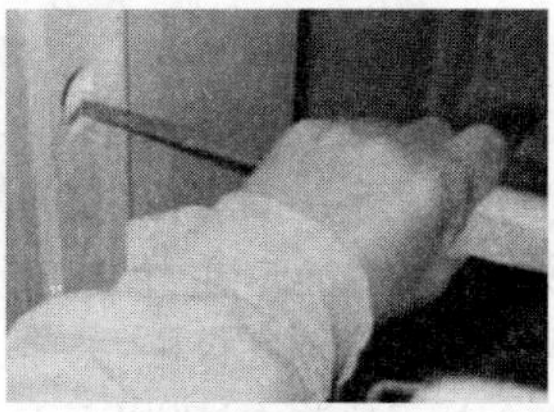

（7）装好锁扣后，锁壳面板与门框平，靠外一侧稍有弯度，这样便于关门时锁舌的伸缩。 

（8）锁全部装好后，还要检验一下，关门的时候，锁舌是否在锁壳的小盒子内，确保已经锁上</td></tr>
</table>

续表 6－13

项目	内容及图示
木门窗铁角的安装	木门窗扇靠榫卯结合而成，榫头处是门窗扇最容易损坏的部位，榫卯结合如果不牢固，榫头干缩后体积减小时，容易从榫孔中松脱拔出。所以，门窗扇要安装 L 形和 T 形铁角，用来加固榫头处。现以 L 形铁角为例说明其安装方法。 （1）嵌铁角之前，要用凿子按铁角尺寸剔槽，以铁角安装后与门窗扇木材面平齐为合适。剔槽过深时会出现凹坑，剔槽过浅又会出现铁角外凸，都程度不同地影响了外观质量。 （2）铁角嵌在门窗扇的外面还是内面，应根据门窗扇的开启方向决定。门窗扇开启时，用手给它一个水平推力，使榫头处受到力的作用。猛开门时，门扇碰到墙角，或开窗后忘记挂风钩，刮风时门窗扇碰墙角都会使门窗扇的榫头受到张力。外开门窗扇时，榫头内面受拉力，榫头外面受压力；内开门窗扇时，榫头外面受拉力，榫头内面受压力。安装铁角就是帮助榫头承受拉力，以达到加固的目的。所以，铁角安装位置应与门窗扇的开启方向相反。 （3）安装时，铁角的背面要刷防锈漆，螺钉要用螺丝刀拧入，不得用锤砸。安好后打腻子，用砂纸磨平磨光，与木材面一样刷三遍漆，使外表看不出铁角 背面刷防锈漆　螺钉拧入　刮腻子　刷漆
拉手的安装	门窗扇的拉手一般应在装入框中之前装好，否则装起来就比较麻烦。 门窗拉手的位置应在中线以下，拉手至门扇边不应少于 40mm，窗扇拉手一般在扇梃的中间。弓形拉手和底板拉手一般为竖向安装，管子拉手可平装或斜装。当门上装有弹子门锁时，拉手应装在锁位上面。 同一楼层、同一规格门窗上拉手的安装位置应一致，高低相同。如里外都有拉手时，应上下错开一点，以免木螺钉相碰。 装拉手时，先在扇上划出拉手位置线，把拉手平贴在门扇上逐一上紧木螺钉。上木螺钉时，宜先上对角两个，再上其他螺钉
插销的安装	插销有多种类型，这里仅介绍普通明插销的安装方法。 明插销的安装有横装和竖装两种形式。竖装装在扇梃上，横装装在中冒头上。竖装时，先把插销底板靠在门窗梃的顶部或底部，用木螺钉固定，使插棍未伸出时不冒出来。然后关上门（或窗）扇，伸出插棍，试好插销鼻的位置，推开门（或窗）扇，把插销鼻在框冒上打一印痕，凿出凹槽，再把插销鼻插入固定。如为内开门（或窗）扇，则可直接用木螺钉把插销鼻固定到框冒内侧。横装方法与竖装相同，只是将插销转过 90°即可

续表 6－13

项目	内容及图示
风钩的安装	风钩应装在窗框下冒头上，羊眼圈装在窗扇下冒头上。窗扇装上风钩以后，开启角度宜为 90°～130°；扇开启后距墙不小于 10mm。左右扇风钩应对称，上下各层窗开启后应整齐一致。 装风钩时，应先将扇开启，把风钩试一下，将风钩鼻上在窗框下冒头上，再将羊眼圈套在风钩上；确定位置后，把羊眼圈上到扇下冒头上

7 木模板的制作与安装

7.1 木模板配置

配制模板之前应先熟悉图纸，把较为复杂的混凝土结构分解成形体简单的构件。按照构件的形体特征和它在整个结构及建筑构件中的位置，考虑采用经济合理的支模方式，经施工技术人员进行模板设计、绘制模板图来确定模板的配制方案。模板配置方案确定以后，应在模板配置加工场地进行模板部件的加工制作。制作完成经过清点，再运入现场进行模板组装。模板配制、组装时均要满足以下几点要求：

（1）木模板及支撑系统不得选用脆性、弯曲或受潮容易变形的木材及板材。

（2）侧模板的厚度一般为 25 ~30mm；梁底模板的厚度一般为 30 ~40mm。

（3）拼制模板的木板宽度不宜大于 150mm；梁和拱的底板，如采用整块木板，则宽度不限。

（4）直接接触混凝土的木模板表面应刨光，并涂刷隔离层；模板拼接处应刨平直，拼缝严密，防止漏浆。

（5）钉子长度应为木板厚度的 1.5 ~2.5 倍，每块木板与木楞（木方子）的相叠处至少应有 2 个钉子。第二块板的钉子要转向第一块模板方向斜钉，使拼缝严密。

（6）配制好的模板应在反面标明构件名称、编号，并说明规格，分别堆放保管，以免运入现场后错用。

7.2 现浇模板工程

7.2.1 基础模板

钢筋混凝土基础有独立基础和条形基础两种。不同的基础形式其安装方法有所不同，见表 7 –1。

7.2.2 柱模板

矩形柱的模板由四面侧板、柱箍、支撑组成。构造作法有两种：一种是两叠板为长条板用木档纵向拼制，另两面用短板横向逐块钉上，两头要伸出纵板边，以便拆除。每隔 2m 左右留一个浇筑洞口，待混凝土浇至其下口时再钉上。柱模板底部开有清扫洞口，柱底部一般设方盘用于固定。竖向侧板一般厚 25mm，横向侧板厚 25 ~30mm。另一种是柱子四周侧模都采用竖向侧板，如图 7 –1 所示。

柱顶与梁交接处要留出缺口，缺口尺寸即为梁的高及宽（梁高以扣除平板厚度计算），并在缺口两侧及口底钉上衬口档，如图 7 –2 所示，衬口档离缺口边的距离即为梁侧板及底板厚度。

表 7－1 基础模板的安装

<table>
<tr><th colspan="2">基础模板</th><th>构 造</th><th>安 装</th></tr>
<tr><td rowspan="2">独立基础</td><td>矩形基础</td><td>矩形基础模板由四块模板拼成的边模和四周支撑体系组成，筏板基础的四周可用此方案支模
 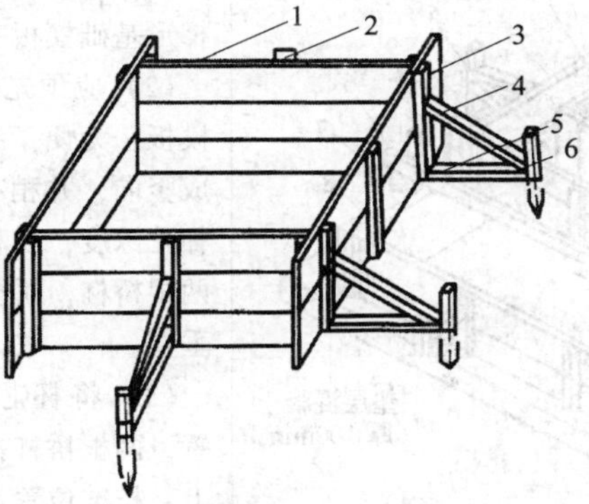
1—侧板；2、3—木楞（木方子）；
4—斜撑；5—水平撑；6—木桩</td><td>（1）首先校验基础垫层标高，弹出基础的纵横中心线和边线。
（2）立拼四块侧板。先将同一基础同宽度两端平齐的侧板按线放好临时固定，再将另一对侧板从两边靠上用钉临时牵住，校直校方侧板后再将四块侧板钉牢。
（3）钉四周水平撑、斜撑和木桩，将模板位置和形状固定，在四块侧板内表面弹出基础上表面标高线</td></tr>
<tr><td>阶梯形基础</td><td>阶梯形基础模板由上下两层矩形模板、两阶模板连接定位的桥杠和固定木组成
 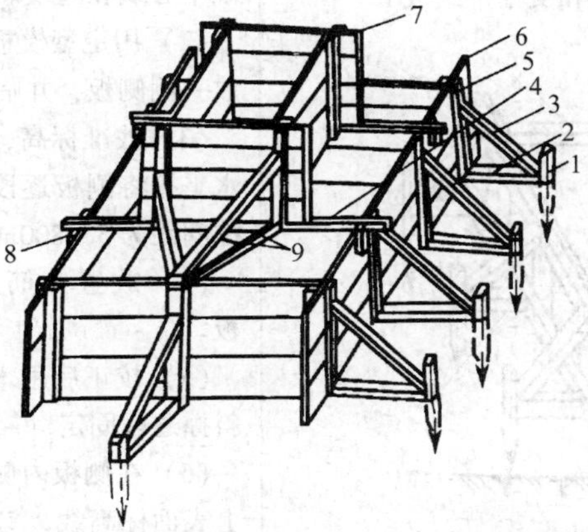
1—木桩；2—水平撑；3—斜撑；4—桥杠；
5—木楞；6—下层侧板；7—上阶侧板；
8—桥杠固定木；9—阶模板撑固件</td><td>（1）先安装下层矩形基础模板。
（2）在工作台或平地上将上面基础模板校方校直后钉牢。
（3）其中一对侧板的最下面一块板作为桥杠，它的长度应大于下层模板的宽度。
（4）把上阶基础模板整体抬到下层基础模板上，校正位置后用四根方木分别将桥杠四端同下阶模板侧板固定在一起。
（5）最后在上下阶模板之间加钉水平撑和斜撑，使上下阶基础模板组合成一个整体</td></tr>
</table>

续表 7－1

基础模板		构　造	安　装
独立基础	杯形基础	杯形基础模板由上下两阶模板、杯芯及连接固定杆组成。用于独立柱的基础支模 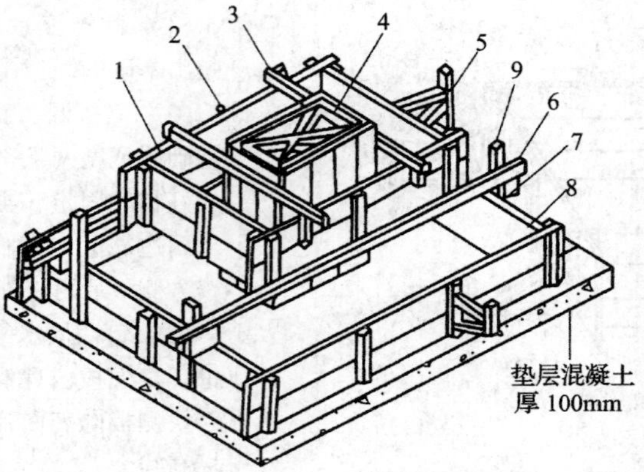 垫层混凝土厚100mm 1—上阶侧板；2—木楞；3、6—桥杠； 4—杯芯模板；5—上阶模板撑固件；7—托木； 8—下层模板侧板；9—桥杠固定木杯形基础模板的安装	（1）上、下层模板的安装与阶梯形基础模板基本相同。 （2）应预先根据图纸作好杯芯模板；为便于抽出，杯芯侧板作成竖向，并稍有一定锥度。根据杯孔深度，在杯芯外面平行地钉两根桥杠，桥杠应与杯芯中心线垂直。 （3）将杯芯模板放在杯口位置，两根桥杠搁在上阶模板侧板上，校准位置后用四根短方木将桥杠两端与上阶模板侧板固定
条形基础	矩形条形基础	矩形条形基础模板由两侧侧板和支撑件组成 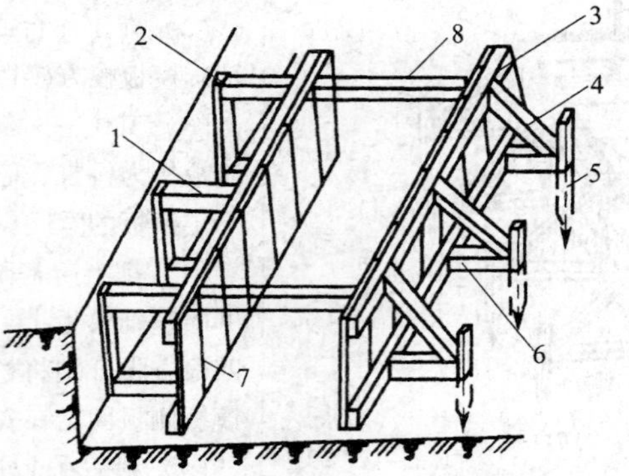 1—平撑；2—垂直垫木；3—木楞；4—斜撑； 5—木桩；6—水平撑；7—侧板；8—搭头木	（1）清理基础平面，弹条形基础中心线和边线。 （2）用定型模板按基础边线组放一侧侧板，并临时固定。 （3）找准标高，用垂直垫木和水平撑将侧板逐段固定，水平支撑间距为5～800mm。 （4）放置钢筋后立另一侧侧板。 （5）校正后用木桩、水平撑和斜撑逐段固定。 （6）在侧板内侧弹出条形基础上表面标高线，钉搭头木将两侧板间距离固定，搭头木厚为3mm，宽40mm，长度大于基础宽度200mm

续表 7－1

基础模板		构造	安装
条形基础	带地梁条形基础	带地梁条形基础模板的下层基础部分由两侧侧板和支撑件组成；上层地梁部分由侧板、桥杠、斜撑和吊木组成 1—水平撑；2—斜撑；3—地梁模板斜撑；4—垫板；5—桥杠；6—木楔；7—地梁模板侧板；8—木棱；9—吊木	（1）下层条形基础部分的模板安装同矩形条形基础模板。 （2）将地梁侧板分段在平台或地面上同桥杠固定在一起。装钉方法是，先在桥杠上根据梁宽和侧板厚度划线，沿线在桥杠上钉挂吊木上端，使吊木基本垂直于桥杠，将侧板上边紧贴桥杠钉在桥杠的吊木上。 （3）吊木间距按设计尺寸，将一段段钉好的地梁模板放入基槽内，桥杠两端放在铺有垫板的基槽上，并垫上木楔，以便调整侧板的标高。 （4）调整好地梁的边线和标高，再将侧板与桥杠用斜撑固定。将垫板同基槽固定，桥杠同木楔和垫板固定在一起，防止地梁模板侧板错位。 （5）各段地梁模板对接后用木条封闭，防止漏浆

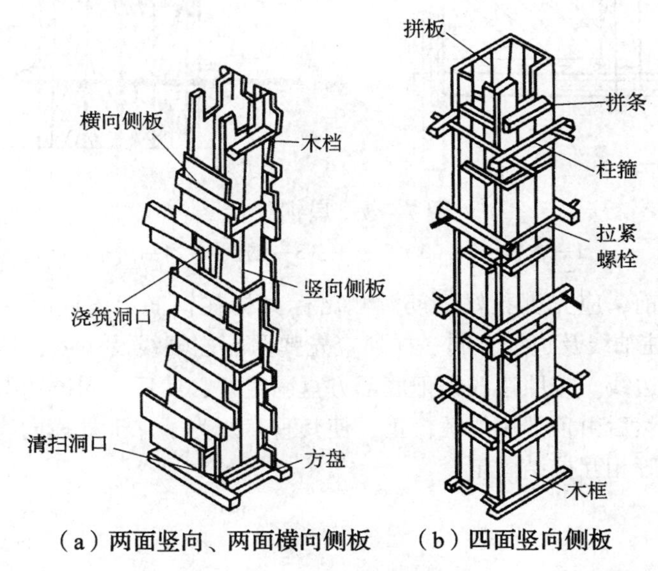

（a）两面竖向、两面横向侧板　（b）四面竖向侧板

图 7－1　矩形柱木模板

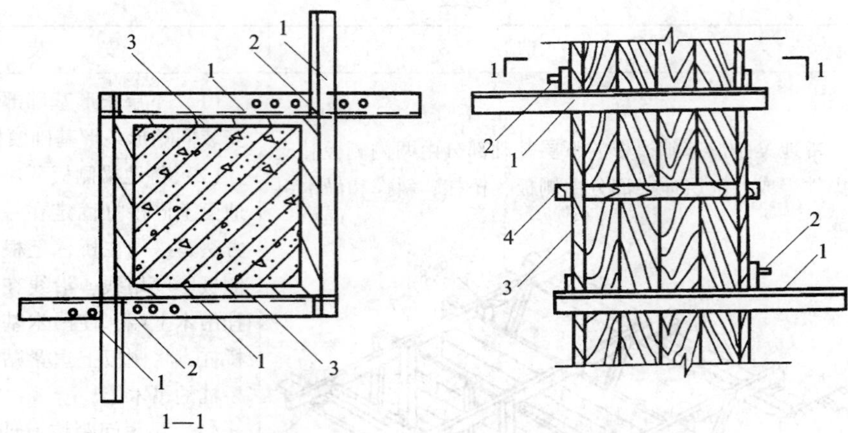

图 7－2 角钢柱箍

1—∟60×4；2—直径为 12mm 弯角螺栓；3—木模；4—拼条

为承受混凝土侧压力，侧板外要设柱箍，柱箍的间距与混凝土侧压力大小、拼接厚度有关，一般不超过 1000mm。由于侧压力上小下大因而柱箍下部较密。设柱箍时，横向板外面要设竖向木档。柱箍可采用木制、钢木制或钢制，如图 7－1～图 7－3 所示。

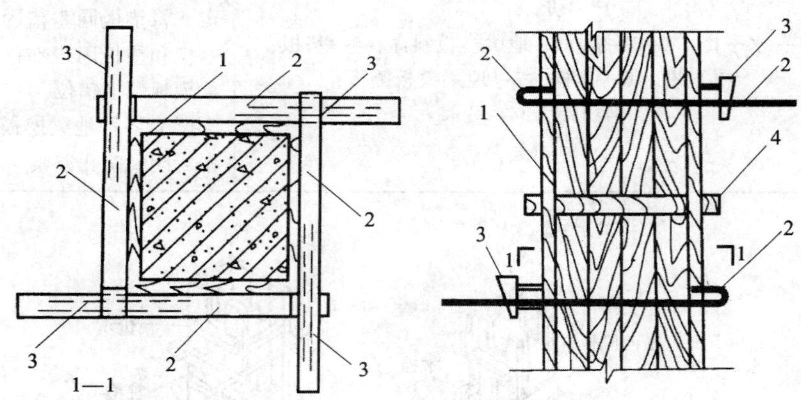

图 7－3 扁钢柱箍

1—木模；2—60×5 扁钢；3—钢板楔；4—拼条

在安装柱模板前，应先绑扎好钢筋。测出标高标在钢筋上，同时在已浇筑的基础面（或楼面）上弹出柱轴线及边线。同一柱列应先弹两端柱轴线及边线，然后拉通线弹出中间部分柱的轴线及边线。按照边线先把底部方盘固定好，然后再对准边线安装柱模板，并用临时斜撑固定，然后由顶部用线锤校正，使其垂直。为了保证柱模的稳定，柱模之间要用水平撑、剪刀撑等相互拉结固定。

7.2.3 墙模板

墙模板主要由侧板、立板、横挡、斜撑等组成，如图 7－4 所示。

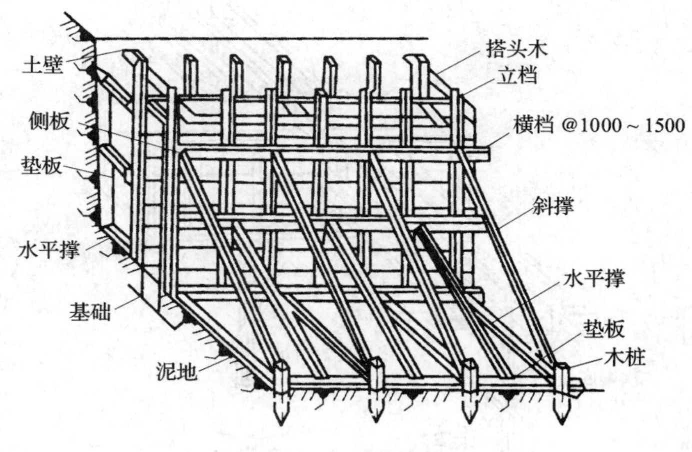

图 7-4 墙模板

侧板采用长条板横拼，预先与立档钉成大块板，高度一般不超过 1.2m。横档钉在立档外侧，从底部始每隔 1~1.5m 一道。在横档与木桩之间支斜撑和平撑，如木桩间距大于斜撑间距时，应沿木桩设通长的落地横档，斜撑与水平撑紧顶在落地横档上。当坑壁较近时，可在坑壁上立垫板，在横档与垫板之间用水平撑支撑。

墙模板安装时，根据边线先立一侧板，临时用支撑撑住，用线锤校正模板的垂直度，然后钉横档，再用斜撑和水平撑固定。大块侧模组拼时，上下竖向拼缝要互相错开，先立两端，后立中间部分。待钢筋绑扎后，按同样方法安装另一侧模板。

为了保证墙体的厚度正确，在两侧模板之间可用小方木撑头（小方木长度等于墙厚）。防水混凝土墙要加有止水板的撑头。小方木要随浇筑混凝土逐个取出。

为了防止浇筑混凝土的墙身鼓胀，可用 8~10 号铁丝或直径 12~16mm 螺栓拉结两侧模板，间距不大于 1m。螺栓要纵横排列，并在混凝土凝结前经常转动，以便在凝结后取出；或者在螺栓外面套塑料管，拆模时只将螺栓取出即可。如墙板不高，厚度不大，亦可在两侧模板上钉上搭头木。

7.2.4 梁模板

梁模板主要由底板、侧板、夹木、托木、梁箍和支撑等组成。底板一般用厚 40~50mm 长条板，侧板用厚 25mm 的长条板，加木档拼制，或用整块板。在梁底板下每隔一定间距（一般为 800~1200mm）用顶撑（琵琶撑）支设。夹木设在梁模两侧下方。将梁侧板与底板夹紧并钉牢在顶撑上。次梁模板还应根据支设楼板模板的搁栅的标高，在两侧板外面钉上托木（横档）。在主梁与次梁交接处应在主梁侧板上留缺口，并钉上衬口档，次梁的侧板和底板钉在衬口档上，如图 7-5 所示。

对于支撑梁模的顶撑，其立柱一般为 100mm × 100mm 的方木或直径 120mm 的原木，帽木用断面 50mm × 50mm ~ 100mm × 100mm 的方木，长度根据梁高确定，斜撑用断面 50mm × 75mm 的方木。顶撑亦可用钢制的，如图 7-6 所示。为了确保梁模板支设的坚实，应在夯实的地面上立柱底垫厚不小于 40mm、宽度不小于 200mm 的通长垫板，用木楔调整标高。

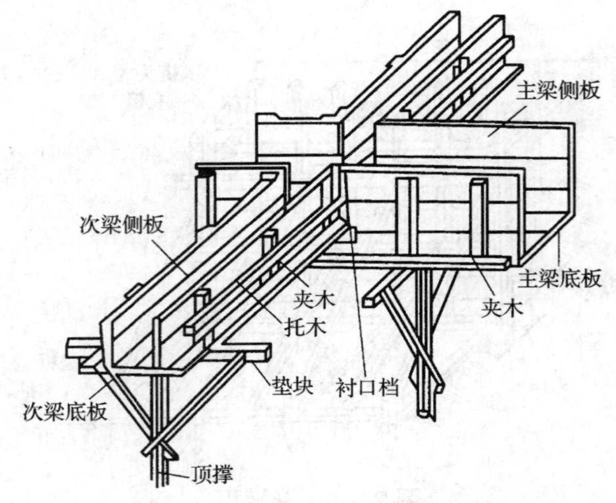

图 7 - 5 梁模板

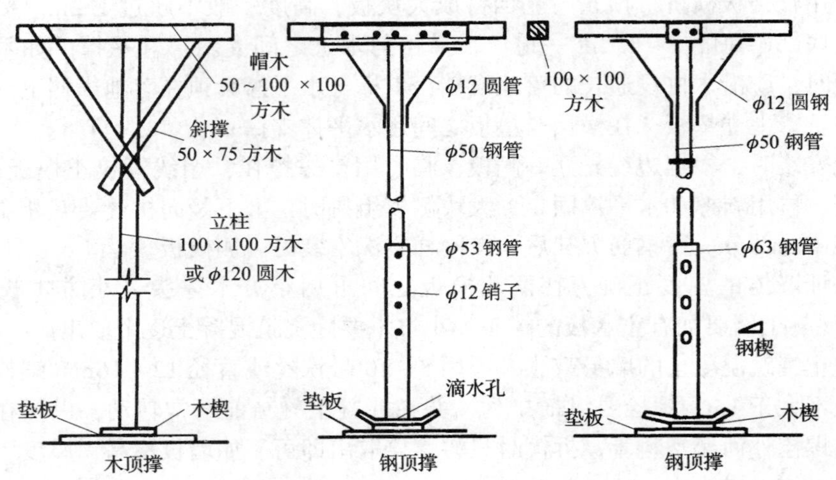

图 7 - 6 顶撑

图 7 - 7 有斜撑的梁模

当梁的高度较大时，应在侧板外面另加斜撑，如图 7 - 7 所示。斜撑上端钉在托木上，下端钉在帽木上。独立梁的侧板上口用搭头木相互卡住。

当梁高在 700mm 以上时，常用铁丝穿过横档对拉，或用螺栓将两侧模板拉紧。防止模板下口向外爆裂及中部鼓胀。

梁模板的安装顺序如下：

（1）沿梁模板下方地面上铺垫板，在柱模缺口处钉衬口木档，把底板搁置在衬口木档上。

（2）立起靠近柱或墙的顶撑，再将梁的长度等分，立中间部分顶撑，顶撑底下打入木楔。

（3）把侧模板放上，两头钉在衬口档上，在侧

板底外侧钉夹木等。

（4）有主次梁模板时，要待主梁模板安装并校正后才能进行次梁模板安装。梁模板安装后要拉中线，并复核各梁中心位置是否对正。

（5）底模板安装后应检查并调整标高。

（6）各顶撑之间要设水平撑或剪力撑，以保持顶撑的稳固。

7.2.5 板模板

板模板一般用厚20～25mm的木板拼成，或采用定型木模块，铺在搁栅上。搁栅两头支撑在托木上，搁栅一般用断面为50mm×100mm的方木，间距为400～500mm。当搁栅跨度较大时，应在搁栅中间立牵杠撑，并设通长的牵杠，以减小搁栅的跨度。牵杠撑要求和木顶撑一样。板模板应垂直于搁栅方向铺钉。定型模块的规格尺寸要符合搁栅的间距，或适当调整搁栅间距来适应定型模块的规格，如图7－8所示。

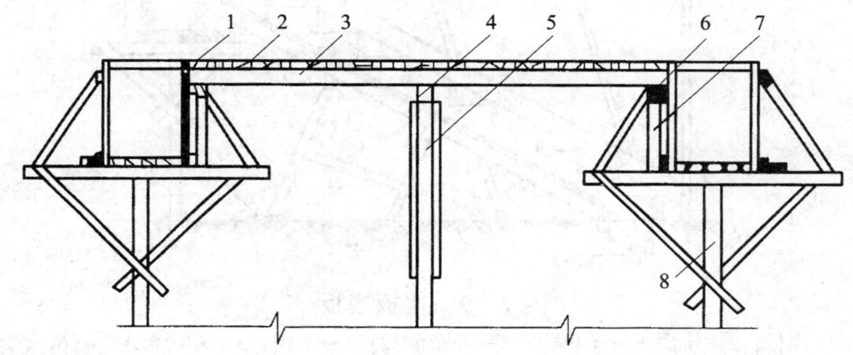

图7－8 板模板

1—梁模侧板；2—板模板底板；3—搁栅；4、6—牵杠；5—牵杠撑；7—托木；8—木顶撑

板模板的安装程序如下：

（1）在梁模板的侧板上钉上牵杠，使牵杠上表面处于水平面内，并符合标高要求。在牵杠下面立托木，使牵杠受力经托木传至梁模下的木顶撑上。

（2）将搁栅均匀分布垂直于牵杠，放在梁模侧的牵杠上。

（3）在搁栅下按设计间距顶立中间牵杠。牵杠由牵杠撑顶撑，牵杠撑下垫上垫板，以木楔调整搁栅高度，使搁栅上平面处于同一水平面内。

（4）搁栅高度调好后，将搁栅与牵杠、牵杠撑与牵杠及垫板木楔用钉固定牢固。在牵杠撑之间以及牵杠撑与梁模木顶撑间，以水平撑和剪刀撑相互牵搭牢固。

（5）在搁栅上，垂直于搁栅平铺板模底板。底板边缝应平直拼严，板两端及接头处钉钉子，中间尽量少钉钉子，以便于拆模。相邻两块底板接头应错开，板接头应在搁栅上。

（6）放置预埋件和预留洞模板。

（7）模板装完后，清扫干净，以利下道工序顺利进行。

7.2.6 楼梯模板

现浇混凝土楼梯有梁式和板式两种结构形式，其支模方法基本相同。楼梯段模板是由底模、搁栅、牵杠、牵杠撑、外帮板、踏步侧板、反三角木等组成，如图 7－9 所示。

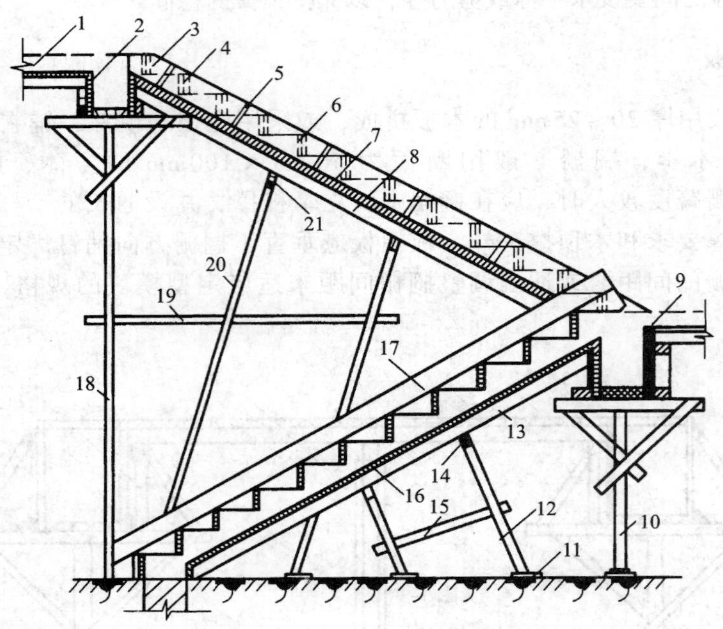

图 7－9 楼板模板

1—楼面平台模板；2—楼面平台梁模板；3—外帮侧板；4—木档；5—外帮板木档；6—踏步侧板；7、16—楼梯底板；8、13—搁栅；9—休息平台梁及平台板模板；10、18—木顶撑；11—垫板；12、20—牵杠撑；14、21—牵杠；15、19—拉撑；17—反三角

下阶楼梯底板下的搁栅，下端固定在梯基模板侧板的托木上，上端固定在休息平台梁模板侧板的托木上，中部由牵杠和牵杠撑支顶；上阶楼梯模板底板下的搁栅端放在楼层平台梁模板侧板的托木上，下端固定在休息平台梁模板侧板的托木上，中间以牵杠和牵杠撑顶撑。外帮板立在底板上，以夹木和斜撑固定。外帮板内侧钉有固定踏步侧板的木档。

反三角由若干块三角木块连续钉在方木上制成。三角木的直角边长等于踏步的高和宽，每一梯段至少要配一块反三角，反三角靠墙放立，两端分别固定在梯基模板和平台梁模板侧板上。

踏步侧板一端钉在外帮板的木档上，另一端钉在反三角的直角边上。

楼梯模板的安装程序如下：

1. 先砌墙后浇楼梯时楼梯模板的安装

（1）立平台梁、平台板的模板及梯基侧板。在平台梁和梯基侧板上钉托木，将搁栅支于托木上，搁栅的间距为 400～500mm，断面为 50mm×100mm。搁栅下立牵扛及牵杠撑。牵杠断面为 50mm×150mm，牵杠撑间距为 1～1.2m，其下通常要垫板。牵杠应与搁栅相垂直，牵杠撑之间应用拉杆相互拉结。

（2）在搁栅上铺梯段底板，底板厚为25～30mm，底板纵向应与搁栅相垂直。在底板上划梯段宽度线，依线立外帮板，外帮板可用夹木或斜撑固定。

（3）在靠墙的一面立反三角木，反三角木的两端与平台梁和梯基的侧板钉牢。

（4）在反三角木与外帮板之间逐块钉踏步侧板。踏步侧板一头钉在外帮板的木档上，另一头钉在反三角木的侧面上。如果梯段较宽，应在梯段中间再加设反三角木。

2. 先浇楼梯后砌墙时楼梯模板的安装

当先浇楼梯后砌墙时，则梯段两侧都应设外帮板，梯段中间加设反三角木，其他与先砌墙体做法相同。

7.2.7　圈梁模板

圈梁模板由横担、侧板、夹木、斜撑和搭头木等部件组装而成，如图7－10所示。

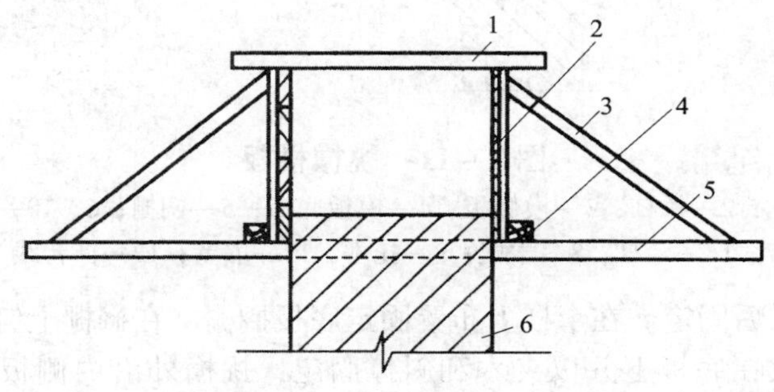

图7－10　圈梁模板

1—搭头木；2—侧板；3—斜撑；4—夹木；5—横担；6—砖墙

圈梁的重量主要由墙体支撑，侧板只承受混凝土浇捣时的侧向压力。侧板的支撑和固定靠穿入墙体预留洞内的横担、夹木和斜撑来实现。为防止浇捣混凝土时侧板被胀开，侧板上口以搭头木或顶棍予以牵固。

圈梁模板的安装程序如下：

（1）将50～100mm截面的木横担穿入梁底一皮砖处的预留洞中，两端露出墙体的长度一致，找平后用木楔将其与墙体固定。

（2）立侧板。侧板下边担在横担上，内侧面紧贴墙壁，调直后用夹木和斜撑将其固定。斜撑上端钉在侧板的木挡上，下端钉在横担上。

（3）每隔1000mm左右在圈梁模板上口钉一根搭头木或顶棍，以防止模板上口被胀开。

（4）在侧板内侧面弹出圈梁上表面高度控制线。

（5）在圈梁的交接处作好模板的搭接。

7.2.8　挑檐模板

挑檐是同屋顶圈梁连接一体的，因此挑檐模板是同圈梁模板一起进行安装的，它由托木、牵杠、搁栅、底板、侧板、桥杠、吊木、斜撑等部件组成，如图7－11所示。

托木穿入挑檐下一皮砖的预留墙洞内，以木楔固定，用斜撑撑平后作为圈梁和挑檐模板的支撑体。圈梁模板以夹木和斜撑固定。内侧板高于外侧板。在托木上垂直地放两根牵

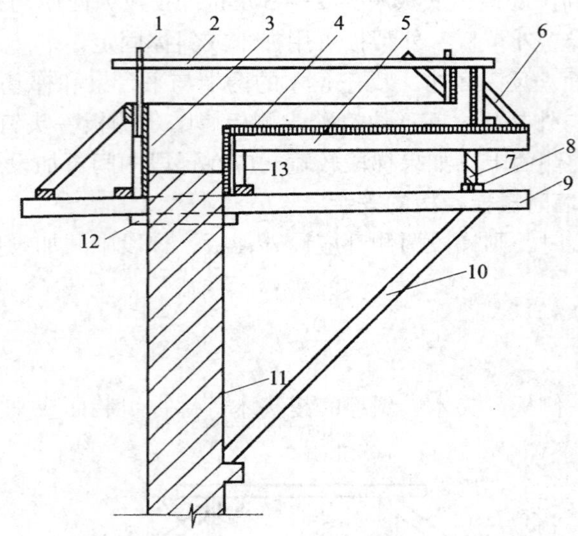

图 7－11　挑檐楼板

1—撑木；2—桥杠；3—模侧板；4—模板底板；5—搁栅；6、10—斜撑；7、13—牵杠；8—木楔；9—托木；11—墙壁；12—窗台线

杠，牵杠以木楔调平后固定。在牵杠上布置固定底板搁栅，在搁栅上钉挑檐模板底板。挑檐的外侧板垂直立放在底板上并以夹木和斜撑固定；挑檐外沿内侧板，以桥杠和吊木吊立。桥杠以撑木固定在圈梁模板的内侧板上，另一端固定在挑檐的外侧板上。

挑檐模板的安装程序如下：

（1）在预留墙洞内穿入托木，以斜撑撑平后，用木楔固定在墙上。托木间距为1000mm。

（2）立圈梁模板，并用夹木和斜撑固定。

（3）在毛木上固定牵杠，牵杠以木楔调平。

（4）搁栅垂直地钉于牵杠上。在搁栅上钉挑檐模板底板。

（5）立挑檐模板外侧板，并以斜撑夹木固定。

（6）在圈梁模板内侧板上钉撑木。桥杠一端钉在挑檐模板外侧板上，另一侧钉在撑木上。

（7）在桥杠上钉吊木并以斜撑撑垂直，在吊木上固定挑檐外沿内侧模板。

7.2.9　阳台模板

阳台一般为悬臂梁板结构，它由挑梁和平板组成。具体由搁栅、牵杠、牵杠撑、底板、侧板、桥杠、吊木、斜撑等部分组成，如图 7－12 所示。

挑梁阳台模板的搁栅沿墙的方向平行放置在垂直于墙的牵杠上。牵杠由牵杠撑支顶，牵杠撑之间以平撑和剪刀撑相互牵牢。底板平铺在搁栅上，板缝挤紧钉牢。阳台挑梁模板的外侧板以夹木和斜撑固定在搁栅上。阳台外沿侧板以夹于牵杠的外端。阳台挑梁模板的内侧板以桥杠、吊木和斜撑固定桥杠，钉在挑梁模板外侧板上。阳台外沿内侧板以吊木固定在桥杠上。

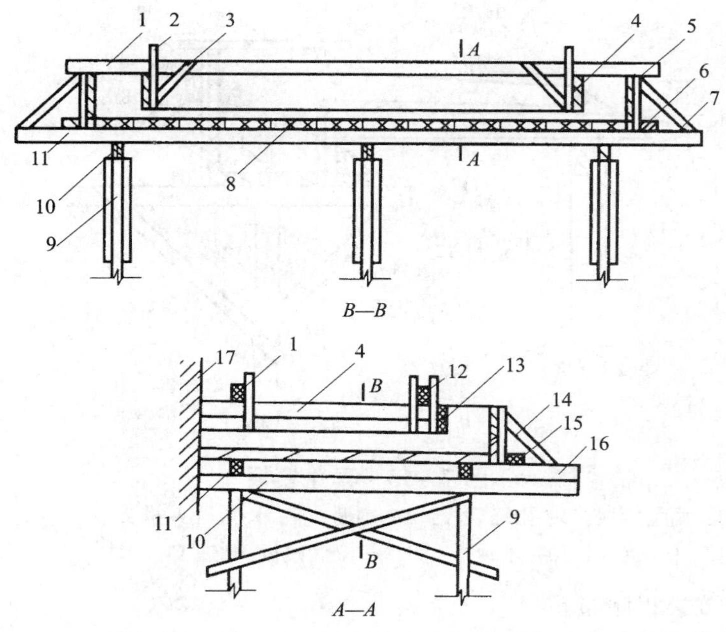

图 7 – 12　阳台模板

1—桥杠；2、12—吊木；3、7、14—斜撑；4、13—内侧板；5—外侧板；6、15—夹木；8—底板；9—牵杠撑；10—牵杠；11—搁栅；16—垫木；17—墙

挑梁阳台模板的安装程序如下：

（1）在垂直于外墙的方向安装牵杠，以牵杠撑支顶，并用水平撑和剪刀撑牵搭支稳。

（2）在牵杠上沿外墙方向布置固定搁栅。以木楔调整牵杠高度，使搁栅上表面处于同一水平面内。

（3）垂直于搁栅铺阳台模板底板，板缝挤严，用圆钉固定在搁橱上。

（4）装钉阳台左右外侧板，使侧板紧夹底板，以夹木斜撑固定在搁橱上。

（5）将桥杠木担在左右外侧板上，以吊木和斜撑将左右挑梁模板内侧板吊牢。

（6）以吊木将阳台外沿内侧模板吊钉在桥杠上，并用钉将其与挑梁左右内筒板固定。

（7）在牵杠外端加钉同搁栅断面一样的垫木，在垫木上用夹木和斜撑将阳台外沿外侧板固定。

7.2.10　雨篷模板

雨篷包括过梁和雨篷板两个部分。模板的构造和安装方法与梁模板有些相似。雨篷模板由过梁板底板和侧板、木顶撑、牵杠、牵杠撑、搁栅、雨篷、模板底板和侧板、搭头木等部分组成，如图 7 – 13 所示。

过梁模板以木顶撑、夹木和斜撑支撑固定。过梁的外侧板上端以搭头木将木条吊定。在过梁外侧板旁钉牵杠木，外侧牵杠以牵杠撑支顶，并用水平撑和剪刀撑互相牵牢。在牵杠上布置固定搁栅，搁栅垂直于梁。在搁栅上钉铺雨篷模板底板，雨篷侧板立在底板上以三角木固定。

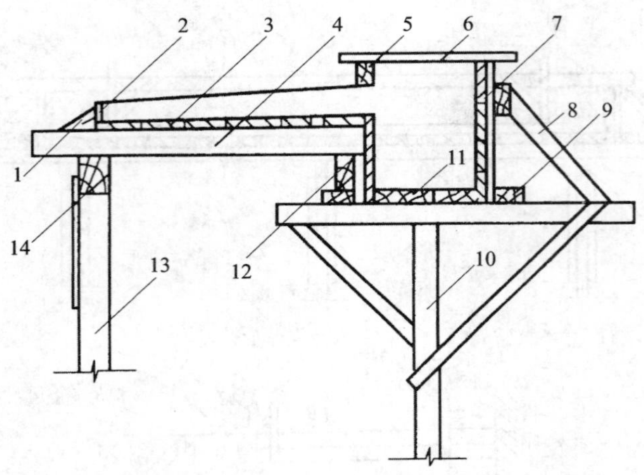

图 7－13 雨篷模板

1—三角木；2—雨篷侧板；3—雨篷底板；4—搁栅；5—木条；6—搭头木；7—过梁内侧模板；8—斜撑；9—夹木；10—木顶撑；11—过梁底模板；12、14—牵杠；13—牵杠撑

雨篷模板的安装程序如下：

(1) 立过梁模板下的木顶撑，并按以前介绍过的方法固定梁的模板。

(2) 在梁模内侧板上钉搭头木，搭头木另一端钉木条，用以将梁端突出部分成型，木条两端钉于雨篷侧板上。

(3) 在梁模外侧板装钉牵杠，另一牵杠用牵杠撑顶撑。用水平撑和剪刀撑将牵杠撑相互搭连。

(4) 在牵杠上布置固定搁栅。使搁栅上表面处于同一水平面。

(5) 在搁栅上平铺雨篷模板底板，板缝挤严后用钉固定。

(6) 在底板上用三角木固定雨篷侧板。

7.3 预制模板工程

7.3.1 预制柱模板

预制柱模板支模方法及构造见表 7－2。

表 7－2 预制柱模板支模方法及构造

截面特征	支模方法	构造简图	说明
矩形或方形截面	砖胎模	1　2　3 1—砖砌侧模；2—培土夯实； 3—抹泥浆 15mm，罩白灰 2mm	用黏土砖和培土作为侧模，铺砖或夯填土作底模，模内抹水泥砂浆或用白灰罩面，以确保构件表面平整

续表 7-2

截面特征	支模方法	构造简图	说明
矩形或方形截面	简单装拆式模板	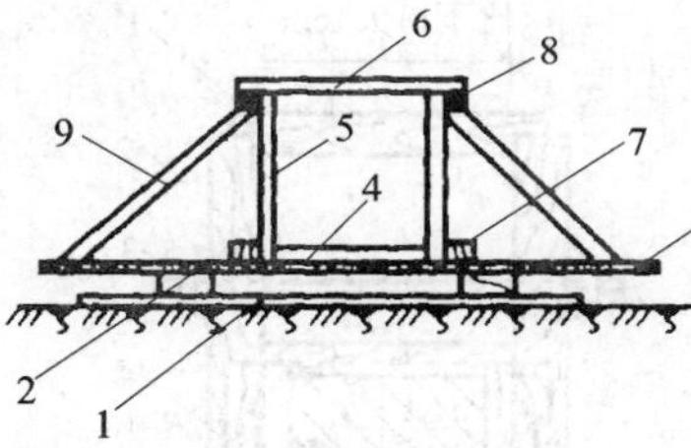 1—垫板；2—木楔；3—横楞；4—底板；5—侧模板；6—搭头木；7—夹木；8—托木；9—斜撑	先将场地平整夯实，把垫板铺在地面上，上面放横楞和木楔，然后铺钉底板，上侧板，钉斜撑，支撑牢固，侧板上口钉搭头木
	撑搭结合重叠支模	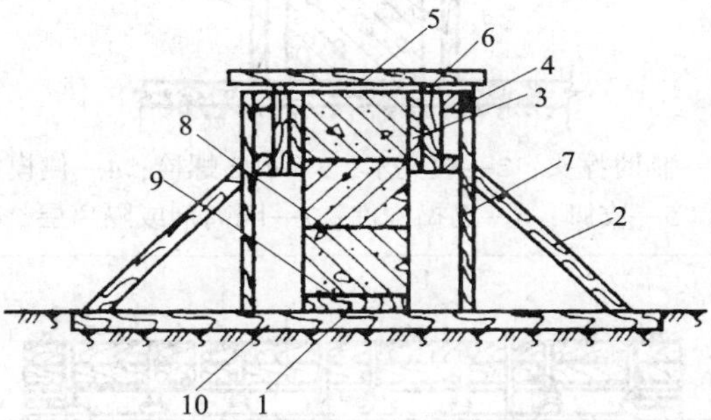 1—底模；2—斜撑；3—侧模；4—横档；5—搭头木；6—小垫木；7—支脚；8—隔离剂或隔离层；9—已捣构件；10—垫木	先将场地平整夯实，铺好垫木，调整平后，在上面铺好底模，然后支侧模，钉横档，在横档外侧钉支脚，并用斜撑支牢，完成下层混凝土后，将侧模上移重叠生产
	长夹木法支模	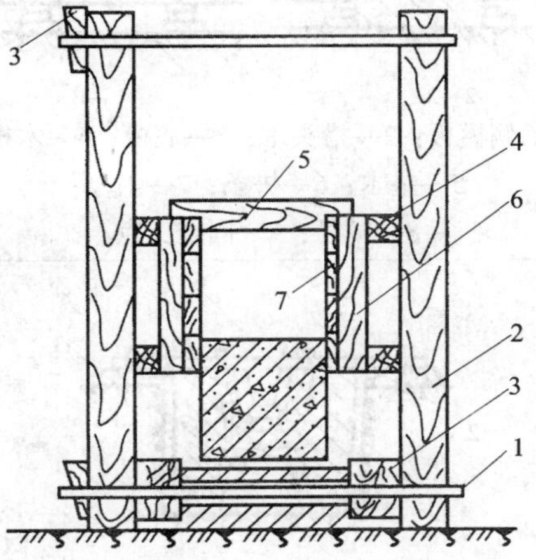 1—ϕ10 钢筋箍（接头焊接）；2—长夹木；3—硬木楔；4—横档；5—临时撑头；6—拼条；7—侧模	根据构件叠浇的层数及高度，夹木一次配料，多次周转使用。长夹木的紧固，可用钢筋箍加木楔或用 ϕ12 螺栓拉紧

续表 7-2

截面特征	支模方法	构造简图	说明
矩形或方形截面	短夹木法倒夹支模	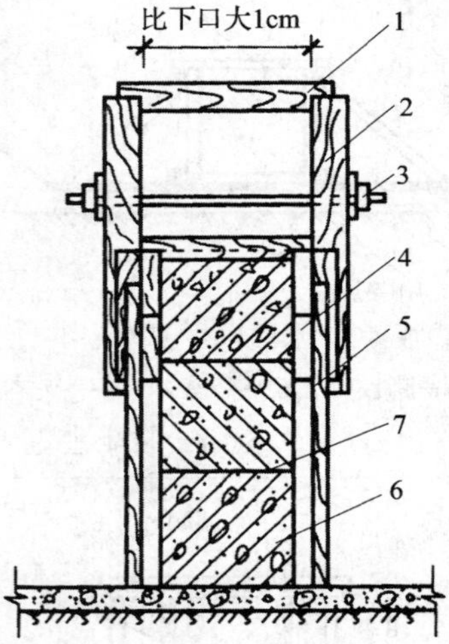 比下口大1cm 1—临时撑头；2—短夹木；3—ϕ12 螺栓；4—侧模；5—支脚；6—已捣构件；7—隔离剂或隔离层	采用支脚固定，用短夹木倒夹卡紧模板，用ϕ2 螺栓紧固。这种支模方法用料较省，浇筑混凝土时应注意不使模板左右摇晃
	分节脱模支模	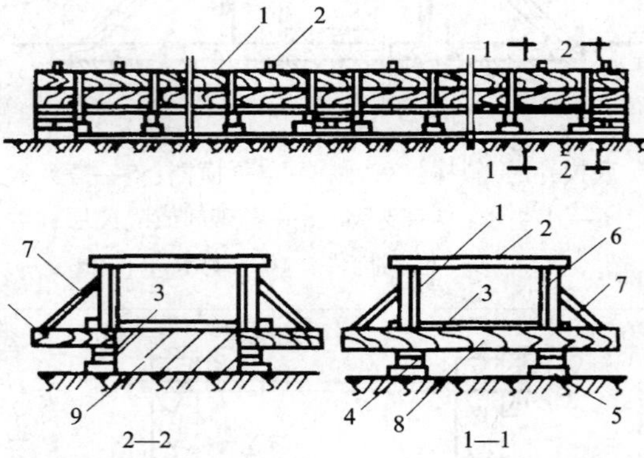 2—2　1—1 1—侧模板；2—搭头木；3—底模；4—木楔；5—垫木；6—拼条；7—斜撑；8—横楞；9—固定支点	安装构件底模时，先设若干固定支座(可用砖墩或方木)，间距以 2m 左右为宜。在支座间安装木底模，当混凝土强度达到50%时，拆木底模再周转使用，构件在固定支座上继续养护
工字形截面	地下式土胎模	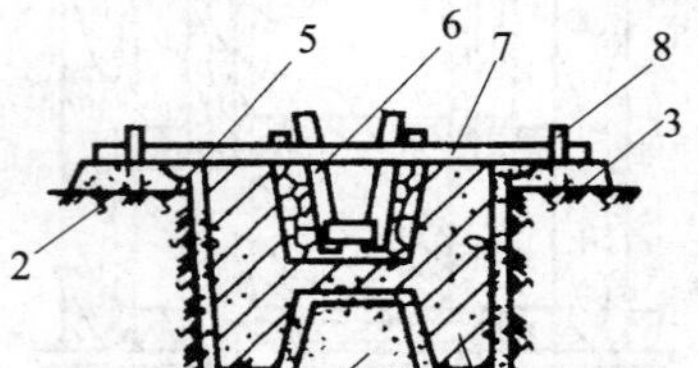 1—工字形柱（或矩形梁）；2—地坪；3—培土夯实；4—土底模；5—抹面；6—木芯模；7—吊帮方木，间距为 1.2m；8—木桩	当土质较好时，可按构件形状、尺寸开挖，在原槽抹面成型，抹面材料可用水泥砂浆或白灰黏土砂浆

续表 7 – 2

<table>
<tr><th>截面特征</th><th>支模方法</th><th>构 造 简 图</th><th>说　明</th></tr>
<tr><td rowspan="4">工字形截面</td><td>地上式土胎模</td><td> 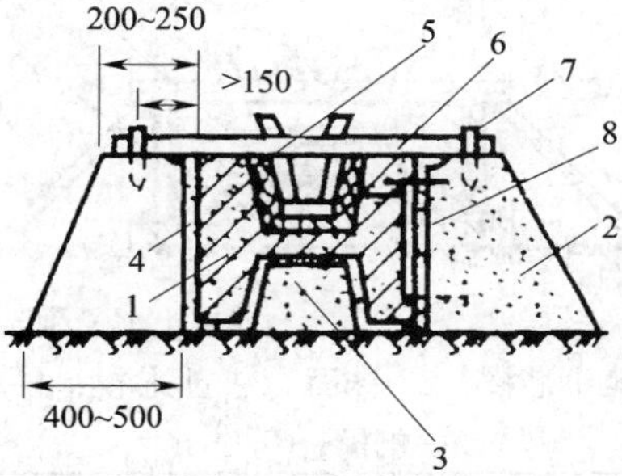1—工字形柱（或矩形梁）；2—地坪；3—培土夯实；4—土底模；5—抹面；6—木芯模；7—吊帮方木，间距为 1.2m；8—木桩</td><td>在平地上填土夯实成型，用木或钢定型模板做侧板，下芯模为土胎芯抹面，上芯模为木模</td></tr>
<tr><td>地上式混合模</td><td> 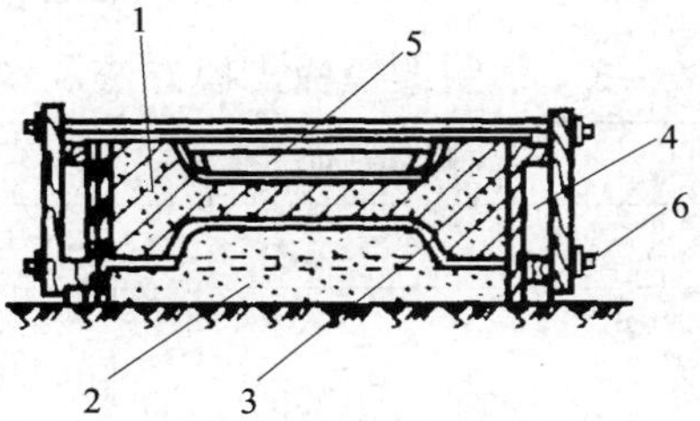1—工字形柱；2—培土夯实；3—抹面；4—侧模；5—木芯模；6—ϕ14 对穿螺栓</td><td>构件全部在地坪以上，下胎芯用土培成，上胎芯为木模，侧模采用木或钢定型模板，两侧板外用夹木，上下对穿螺栓紧固</td></tr>
<tr><td>砖胎模</td><td> 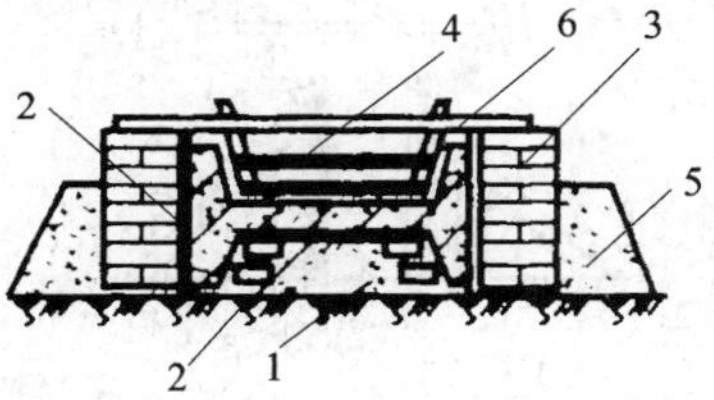1—土或砖底模；2—抹面；3—砖侧模；4—木芯模；5—培土夯实；6—轿杠</td><td>侧模为砖砌筑，外部培土夯实，下胎芯填土或用砖砌成，内侧抹面，上胎芯为木模，吊在支于砖侧模的轿杠上</td></tr>
<tr><td>上、下木芯模</td><td> 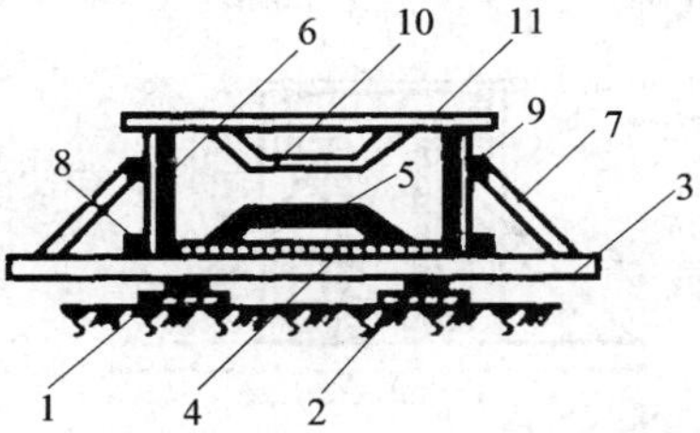1—垫板；2—木楔；3—横楞；4—底板；5—下芯模；6—侧板；7—斜撑；8—夹木；9—托木；10—上芯模；11—搭头木</td><td>上、下芯模均用木板和木方钉成，尺寸按构件要求放样，上芯模吊在搭头木上，两边侧模用斜撑钉牢</td></tr>
</table>

续表 7-2

截面特征	支模方法	构造简图	说 明
工字形截面	砖木混合式胎模	1—砖砌下芯模；2—抹面；3—上芯模；4—轿杠；5—侧模；6—斜撑	下芯模用砖砌成，用水泥砂浆抹面，上芯模为木模，吊在轿杠上，侧模为木模，用斜撑支固。这种方法，应用较广泛

7.3.2 预制梁模板

预制梁模板支模方法及构造见表 7-3。

表 7-3 预制梁模板支模方法及构造

名称	支模方法	构造简图	说 明
矩形梁	砖胎模	—	同柱砖胎模
	简单拆装式模板	—	同柱简单装拆式模板
	分节脱模	—	同柱分节脱模
T 形梁	利用地坪无底模	1—夹木；2—侧板；3—托木；4—斜撑；5—立档；6—搭头木	利用已有的混凝土地坪作底模，两侧用斜撑将侧模板支设牢固，T 形梁侧模板上口用搭头木钉牢
	木模立打支模	1—垫木；2—木楔；3—横楞；4—底板；5—侧板；6—夹木；7—斜撑；8—托木；9—立档；10—搭头木	将地面夯实，放垫木并加木楔，铺上横楞，调整平后，在横楞上铺梁底模板，钉侧模板，用斜撑支牢，翼缘较宽时，须在翼缘底模加设竖撑加固

续表 7-3

名称	支模方法	构造简图	说明
T形梁	卧捣叠层支模	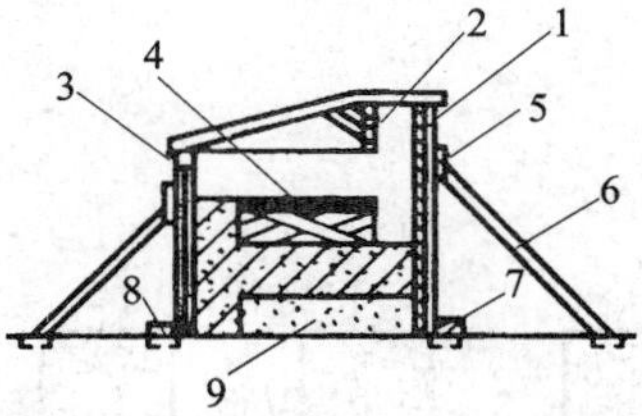 1—翼缘上侧板；2—翼缘下侧板；3—梁底侧板；4—芯模；5—托木；6—斜撑；7—夹木；8—木楔；9—底模	卧捣混凝土梁时，最下一榀可用砖做胎芯，叠打支模时，T形梁应掉头放置，两榀梁之间加木芯模

7.3.3 预制桩模板

预制桩模板支模方法及构造见表 7-4。

表 7-4 预制桩模板支模方法及构造

名称	支模方法	构造简图	说明
方形截面桩	土胎模	—	同矩形截面柱土胎模
	砖胎模	—	同矩形截面柱砖胎模
	撑搭结合重叠支模	—	同方形柱撑搭结合重叠支撑
	长夹木法支模	—	同方形柱长夹木法支模
	短夹木法倒夹支模	—	同方形柱短夹木法支模
	无底连续浇筑支模	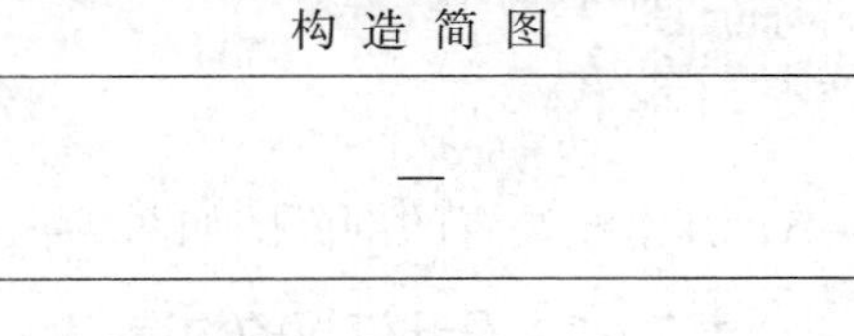 1—水泥地坪；2—封头板；3—侧模板；4—搭头木	以现有或专门浇筑的混凝土地坪为底模，按照桩的截面尺寸立边模板，利用相邻模板连续预制

续表 7-4

名称	支模方法	构造简图	说明
方形截面桩	无底间隔支模	1 2 3 4 5	在混凝土地坪上支模浇筑第一根桩，拆模后留出第二根桩的空位，距离为桩宽，支第三根桩模板，如此完成 1、3、5、7……根桩，在两桩空隙中浇筑 2、4、6……根桩。这种方法可以大大节省模板，但桩与桩的侧面，必须涂好隔离剂

7.4 滑升模板工程

1. 滑升模板的构造

滑升模板的构造见表 7-5，其滑模装置的剖面图如图 7-14 所示。

表 7-5 滑升模板的构造

构造	内容
模板系统	包括模板、围圈、提升架及截面和倾斜度调节装置等
操作平台系统	包括操作平台、料台、吊脚手架、滑升垂直运输设施的支承结构等
液压提升系统	包括液压控制台、油路、调平控制器、千斤顶、支承杆
施工精度控制系统	包括千斤顶同步、建筑物轴线和垂直度等的观测与控制设施等
水电配套系统	包括动力、照明、信号、广播、通信、电视监控以及水泵、管路设施等

2. 施工总平面布置

（1）施工总平面布置应满足施工工艺要求，减少施工用地和缩短地面水平运输距离。

（2）在施工建筑物的周围应设立危险警戒区。警戒线至建筑物边缘的距离不应小于高度的 1/10，且不应小于 10m。对于烟囱类变截面结构，警戒线距离应增大至其高度的 1/5，且不小于 25m。不能满足要求时，应采取安全防护措施。

（3）临时建筑物及材料堆放场地等均应设在警戒区以外，当需要在警戒区内堆放材料时，必须采取安全防护措施。通过警戒区的人行道或运输通道，均应搭设安全防护棚。

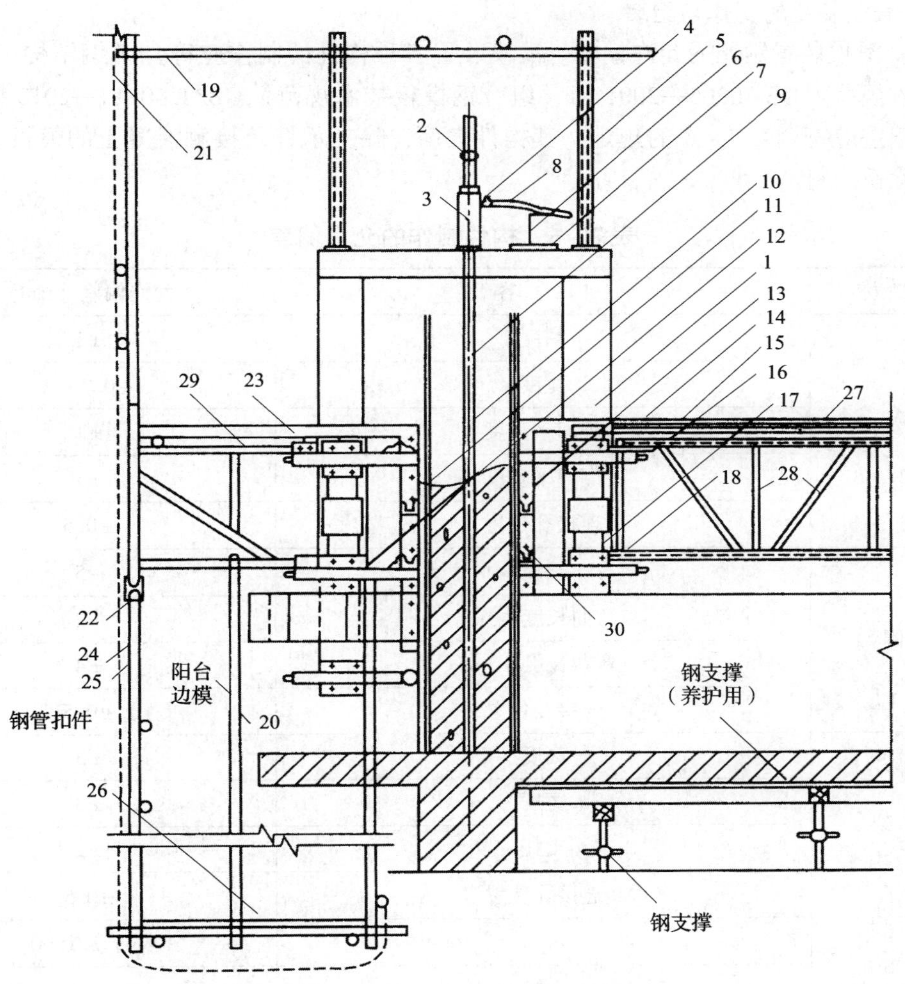

图 7－14　滑模装置剖面示意图

1—提升架；2—限位卡；3—千斤顶；4—针形阀；5—支架；6—台梁；7—台梁连接板；8—油管；9—工具式支撑杆；10—插板；11—外模板；12—支腿；13—内模板；14—围檩；15—边框卡铁；16—伸缩调节丝杠；17—槽钢夹板；18—下围檩；19—支架连接管；20—纠偏装置；21—安全网；22—外挑架；23—外挑平台；24—吊杆连接管；25—吊杆；26—吊平台；27—活动平台边框；28—桁架斜杆、立杆、对拉螺栓；29—钢管水平桁架；30—围圈卡铁

（4）材料堆放场地应靠近垂直运输机械，堆放数量应满足施工速度的需要。

（5）根据现场施工条件确定混凝土供应方式。当设置自备搅拌站时，宜靠近施工地点，其供应量必须满足混凝土连续浇灌的需要。

（6）现场运输、布料设备的数量必须满足滑升速度的需要。

（7）供水、供电必须满足滑模连续施工的要求。施工工期较长，且有断电可能时，应有双路供电或有自备电源。操作平台的供水系统，当水压不够时，应设加压水泵。

（8）确保测量施工工程垂直度和标高的观测站、点不遭损坏，不受振动干扰。

3. 滑模装置的制作与组装

（1）滑模装置制作的允许偏差。滑模装置各种构件的制作应符合《钢结构工程施工质量验收规范》GB 50205—2001 和《组合钢模板技术规范》GB/T 50214—2013 的规定，其允许偏差应符合表 7－6 的规定。其构件表面，除支承杆及接触混凝土的模板表面外，均应刷除锈涂料。

表 7－6 构件制作的允许偏差

名称	内容	允许偏差（mm）
钢模板	高度	±1
	宽度	－0.7～0
	表面平整度	±1
	侧面平直度	±1
	连接孔位置	±0.5
围圈	长度	－5
	弯曲长度≤3m	±2
	弯曲长度＞3m	±4
	连接孔位置	±0.5
提升架	高度	±3
	宽度	±3
	围圈支托位置	±2
	连接孔位置	±0.5
支承杆	弯曲	小于 $L/1000$
	$\phi 25$	－0.5～＋0.5
	$\phi 48 \times 3.5$	－0.2～＋0.5
	椭圆度公差	－0.25～＋0.25
	对焊接缝凸出母材	＜＋0.25

注：L 为支承杆加工长度。

（2）滑模装置的组装。滑模施工的特点之一，是将模板一次组装好，一直到施工完毕，中途一般不再变化。因此，要求滑模基本构件的组装工作一定要认真、细致，严格地按照设计要求及有关操作技术规定进行。否则，将会给施工带来很多困难，甚至影响工程质量。

1）滑模装置组装前，应做好各组装部件编号、操作平台水平标记，弹出组装线，做好墙与柱钢筋保护层标准垫块及有关的预埋铁件等工作。

2）滑模装置的组装宜按下列程序进行，并根据现场实际情况及时完善滑模装置系统。

①安装提升架，应使所有提升架的标高满足操作平台水平度的要求，对带有辐射梁或

辐射桁架的操作平台，应同时安装辐射梁或辐射桁架及其环梁。

②安装内外围圈，调整其位置，使其满足模板倾斜度的要求。

③绑扎竖向钢筋和提升架横梁以下钢筋，安设预埋件及预留孔洞的胎模，对体内工具式支承杆套管下端进行包扎。

④当采用滑框倒模工艺时，安装框架式滑轨，并调整倾斜度。

⑤安装模板，宜先安装角模后再安装其他模板。

⑥安装操作平台的桁架、支撑和平台铺板。

⑦安装外操作平台的支架、铺板和安全栏杆等。

⑧安装液压提升系统，垂直运输系统及水、电、通信、信号精度控制和观测装置，并分别进行编号、检查和试验。

⑨在液压系统试验合格后，插入支承杆。

⑩安装内外吊脚手架及挂安全网，当在地面或横向结构面上组装滑模装置时，应待模板滑至适当高度后，再安装内外吊脚手架，挂安全网。

3）模板的安装应符合下列规定：

①安装好的模板应上口小、下口大，单面倾斜度宜为模板高度的 0.1%~0.3%；对带坡度的筒体结构如烟囱等，其模板倾斜度应根据结构坡度情况适当调整。

②模板上口以下 2/3 模板高度处的净间距应与结构设计截面等宽。

③圆形连续变截面结构的收分模板必须沿圆周对称布置，每对模板的收分方向应相反，收分模板的搭接处不得漏浆。

4）滑模装置组装的允许偏差应满足表 7－7 的规定。

表 7－7　滑模装置组装的允许偏差

内　容		允许偏差（mm）
模板结构轴线与相应结构轴线位置		3
围圈位置偏差	水平方向	3
	垂直方向	3
提升架的垂直偏差	平面内	3
	平面外	2
安放千斤顶的提升架横梁相对标高偏差		5
考虑倾斜度后模板尺寸的偏差	上口	－1
	下口	+2
千斤顶安装位置的偏差	提升架平面内	5
	提升架平面外	5
圆模直径、方模边长的偏差		－2 ~ +3
相邻两块模板平面平整偏差		1.5

5）液压系统组装完毕，应在插入支承杆前进行试验和检查，并符合下列规定：

① 对千斤顶逐一进行排气，并做到排气彻底。

② 液压系统在试验油压下持压5min，不得渗油和漏油。

③ 空载、持压、往复次数、排气等整体试验指标应调整适宜，记录准确。

6）液压系统试验合格后方可插入支承杆，支承杆轴线应与千斤顶轴线保持一致，其偏斜度允许偏差为2‰。

4. 支承杆设置

（1）对采用平头对接、榫接或螺纹接头的非工具式支承杆时，当千斤顶通过接头部位后，应及时对接头进行焊接加固。

（2）用于筒体结构施工的非工具式支承杆，当通过千斤顶后，应与横向钢筋点焊连接，焊点间距不宜大于500mm，点焊时严禁损伤受力钢筋。

（3）当发生支承杆局部失稳，被千斤顶带起或弯曲等情况时，应立即进行加固处理。对兼作受力钢筋使用的支承杆，加固时应满足受力钢筋的要求。当支承杆穿过较高洞口或模板滑空时，应对支承杆进行加固。

（4）工具式支承杆可在滑模施工结束后一次拔出，也可在中途停歇时分批拔出。分批拔出时应按实际荷载确定每批拔出的数量，并不得超过总数的1/4。对墙板结构，内外墙交接处的支承杆，不宜中途抽拔。

7.5 大模板工程

1. 大模板的构造

大模板由面板、钢骨架、角模、斜撑、操作平台挑架、对拉螺栓等组成，如图7-15所示。

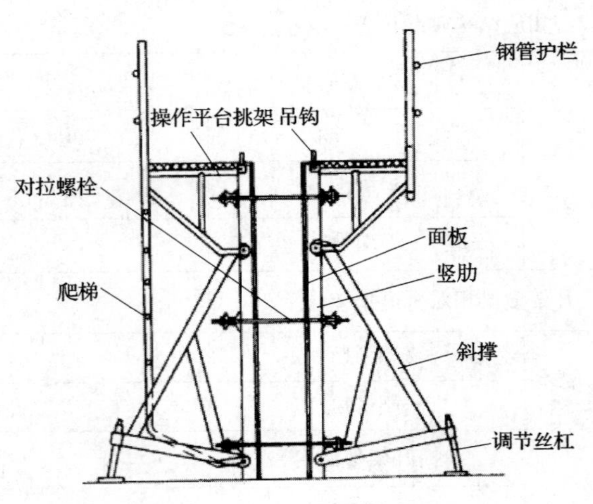

图7-15 大模板的构造

（1）大模板的外形尺寸、孔眼尺寸应符合300mm建筑模数，其结构要简单、重量轻、坚固耐用，面板满足现浇混凝土的质量要求。

（2）大模板应有足够的承载力、刚度和稳定性，其支撑系统应能满足施工和安全的要求。

（3）大模板应配有承受混凝土侧压力的对拉螺栓及其连接件，对拉螺栓孔应对称设置。大模板背面通常设置工具箱，以放置对拉螺栓、连接件以及工具等。

（4）大模板吊环位置应保证大模板起吊时的平衡，吊环一般设在模板长度的0.2～0.25处。

（5）组拼式大模板背楞的布置与排板的方向应垂直。

2. 安装技术

大模板安装工艺流程为：模板质量检查→抄平放线→安装模板定位装置→安装门窗洞口模板→安装大模板→调整模板、紧固对拉螺栓→验收。

（1）模板进场后，应根据模板设计清点数量，核对型号，清理表面。模板就位前应均匀涂刷隔离剂，使用的隔离剂不得影响结构工程及装修工程质量。

（2）模板安装前，应放出模板内侧线及外侧控制线作为安装基准。

（3）安装模板时，应按顺序吊装，按墙位线就位，并检查模板的垂直度、水平度和标高。检查合格后拧紧螺栓或楔紧销杆。

（4）模板的盖板缝、角模与平模拼缝等联结处。安装应严密、牢固。楼板与模板、楼梯间墙面的缝隙、应采取措施，保证严密。

（5）模板合模前，应检查墙体钢筋、水暖电管线、预埋件、门窗洞口模板、穿墙螺栓套管是否遗漏，位置是否准确，安装是否牢固。合模前必须将内部清理干净，必要时可在模板底部留置清扫口。

（6）安装模板时，按模板编号先内侧、后外侧安装就位。安装时，大模板根部和顶部要有固定措施。模板支撑必须牢固、稳定。支撑点应设在坚固可靠处，不得与脚手架拉结。

（7）安装全现浇结构的悬挂外模板时，宜从流水段中间向两侧进行，不得碰撞里模。外模与里模挑梁联结要牢固。

（8）安装外墙板应以墙的外边线为准，要求墙面平顺，墙体垂直，缝隙一致，企口缝不得错位，防止挤严平腔。墙板的标高应准确，防止披水高于挡水台。

（9）混凝土浇筑前，应在模板上作出浇筑高度标记。

3. 拆除技术

（1）常温下，墙体混凝土强度必须超过1MPa时方可拆模。

（2）拆除模板时，应先拆除模板间的对拉螺栓及连接件，松动斜撑调节丝杠，使模板后倾与墙体脱开。经检查各种联结附件拆除后，方可起吊模板。

（3）在任何情况下，作业人员不得站在墙顶采用晃动、撬动模板或用大锤砸模板的方法拆除模板。

（4）拆除模板时，应控制好缆风绳，防止拆除过程中，发生模板间或与其他物体碰撞。

（5）拆模摘钩时，作业人员手不离钩，待吊钩起吊超过头部后，方可松手，吊车在吊钩超过障碍物以上的高度时，方可行车或转臂。

（6）模板拆除后，应及时清除模板上的残余混凝土。清除时，模板应临时固定，板面相对放置，板间留 50～60cm 通道，板上用拉杆固定。

4. 施工安全技术

（1）模板存放时，必须满足自稳角的要求，对自稳角不足的模板要存放在专用的堆放架上或另外拉结固定。两块模板存放时，采用板面对板面的方式；存放在施工楼层上的，要垂直于外墙存放，不得沿外墙周边放置；长期存放的模板，要将模板联结成整体。叠层平放时，叠放高度不应超过 2m（10 层），底部及层间应加垫木，且上下对齐。

（2）模板施工前，应做好安全交底，检查吊装绳索、卡具及模板上的吊环是否完整有效。作业人员的安全帽、安全带、工具袋是否齐备。

（3）模板施工区域周围要设置围栏，挂明显标志牌、禁止非操作人员入内。作业区内，应设专人指挥，统一信号。

（4）模板起吊要平稳，不得偏斜和大幅摆动，操作人员必须站在安全可靠处，严禁人员随模板一同起吊。

（5）吊运模板必须采用卡环吊钩，当风力超过五级时，应停止吊运作业。

（6）大模板必须有操作平台、上下梯道、走桥和防护栏杆等附属设施。

（7）全现浇结构安装外墙板时，必须待悬挑扁担固定，位置调整准确方可摘钩。外模板安装后，要立即穿好销杆、紧固螺栓。

（8）组装平模时，应及时用卡具或花篮螺栓将相邻模板联结，以防倾倒。

（9）拆除模板时，应复查穿墙销杆是否拆净，经检查确认无误且模板与墙体完全脱离后方可起吊。拆除无固定支架的模板时，应对模板采取临时固定措施。拆除外墙模板时，应先挂好吊钩，绷紧吊索，再行拆除销杆和扁担。吊钩应垂直模板不得斜吊。

7.6 模板的拆除与维护

（1）模板拆除时，可采取先支的后拆、后支的先拆，先拆非承重模板、后拆承重模板的顺序，并应从上而下进行拆除。

（2）底模及支架应在混凝土强度达到设计要求后再拆除；当设计无具体要求时，同条件养护的混凝土立方体试件抗压强度应符合表 7－8 的规定。

表 7－8 底模拆除时的混凝土强度要求

构件类型	构件跨度（m）	达到设计的混凝土立方体抗压强度标准值的百分率（%）
板	≤2	≥50
	>2，≤8	≥75
	>8	≥100
梁拱、壳	≤8	≥75
	>8	≥100
悬臂构件		≥100

（3）当混凝土强度能保证其表面及棱角不受损伤时，方可拆除侧模。

（4）多个楼层间连续支模的底层支架拆除时间，应根据连续支模的楼层间荷载分配和混凝土强度的增长情况确定。

（5）快拆支架体系的支架立杆间距不应大于2m。拆模时，应保留立杆并顶托支承楼板，拆模时的混凝土强度可按表7－8中构件跨度为2m的规定确定。

（6）后张预应力混凝土结构构件，侧模宜在预应力筋张拉前拆除；底模及支架不应在结构构件建立预应力前拆除。

（7）拆下的模板及支架杆件不得抛掷，应分散堆放在指定地点，并应及时清运。

（8）模板拆除后应将其表面清理干净，对变形和损伤部位应进行修复。

8 木装修工程施工

8.1 吊顶工程

吊顶，又称天棚、天花。吊顶工程具有保温、隔热、隔声和吸声的功能，是现代室内装饰的重要部分，通过对顶棚的艺术造型施工和饰面的处理，能增加室内的装饰效果，提高室内亮度。

吊顶装饰按龙骨材质不同可分为木龙骨吊顶、轻金属龙骨吊顶、其他材质吊顶等。

吊顶装饰按龙骨是否外露可分为暗龙骨吊顶和明龙骨吊顶。

吊顶装饰按面层材料分为非金属材料面层吊顶和金属材料面层吊顶。

吊顶装饰按面板形状分为方形板吊顶、条形板吊顶、格栅式吊顶、挂片吊顶。

吊顶顶棚一般由吊筋、龙骨、罩面板和相关的连接件组成。对于不同类型的顶棚，虽然施工方法有所不同，但都必须遵守安全、牢固、经济、实用、美观的原则，且有以下的要求：吊筋必须有足够的强度、承载力；吊筋与顶棚结构层的连接必须牢固；龙骨必须平直，断面尺寸合理；吊筋与龙骨连接必须安全，且可调节；吊筋与龙骨必须符合国家防火规范的有关要求；罩面板必须错缝连接，接缝高差不得大于验收规范要求。

吊顶装饰工程的施工必须在顶棚水、电、暖通等分项工程全部验收合格以后方可进行，否则会因水、电、暖通等工程的施工质量而影响顶棚的饰面质量和装饰效果，同时顶棚中的重型灯具、电风扇、出回风口等，均不得与顶棚龙骨直接连接，而必须单独与结构层固定。

本节主要讲木龙骨吊顶工程的施工方法。

1. 工艺流程

基层处理→弹线→木龙骨处理→钉沿墙龙骨→安装吊杆→安装主龙骨→安装次龙骨→管道及灯具固定→安装罩面板。

2. 操作要点

木龙骨吊顶工程的操作要点见表 8－1。

表 8－1 木龙骨吊顶工程的操作要点

步骤	内容及图示
基层处理	对屋面进行检查，对不符合设计要求的进行处理，检查房间设备安装情况，预留空洞位置是否符合设计要求
弹线	弹线包括：标高线、顶棚造型位置线、吊挂点布局线、大中型灯位线。 （1）确定标高线：室内墙上＋50cm 水平线，用尺量至顶棚设计标高，画出高度线，水平管测得吊顶高度水平线。沿墙四周弹一道墨线，即吊顶四周的水平线，其偏差不能大于 5mm。

续表 8－1

步骤	内容及图示
弹线	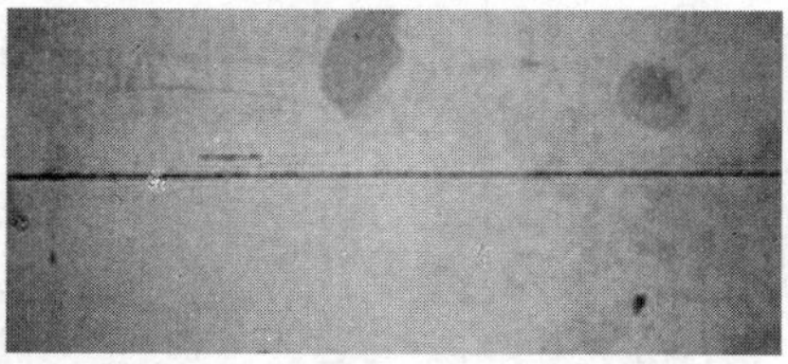 （2）确定造型位置线：较规则的空间，可先在一个墙面量出竖向距离，以此画出其他墙面的水平线，即得吊顶位置外框线，而后逐步找出各局部的造型框架线。不规则的空间，采用找点法，根据施工图纸测出造型边缘距墙面的距离，从墙面和顶棚基层进行实测，找出吊顶造型边框的有关基本点，将各点连线，形成吊顶造型线。 （3）确定吊点位置：对于平顶天花，吊点一般每 2m 布置 1 个，均匀排布。对于有叠级造型的吊顶，在分层交界处布置吊点，吊点间距 0.8～1.2m，较大的灯具应安排单独吊点来吊挂 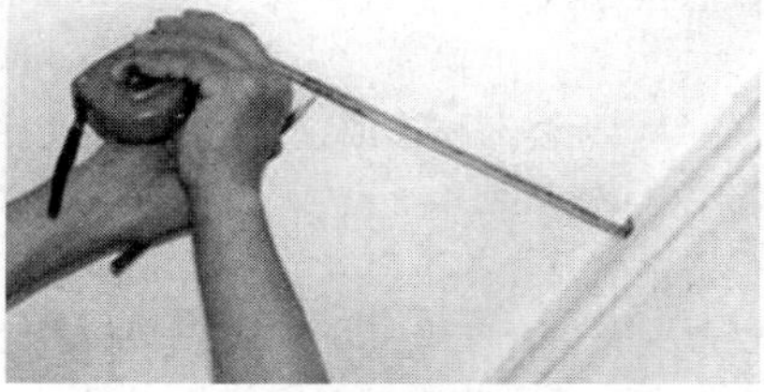
木龙骨处理	对吊顶用的木龙骨进行筛选，将腐蚀部分、斜口开裂、虫蛀等部分剔除。对工程中所用的木龙骨均要进行防火处理，一般将防火涂料涂刷不少于 2 遍或喷于木材表面，也可把木材放在防火涂料槽内浸渍。 直接接触结构的木龙骨，如墙边龙骨、梁边龙骨、端头伸入或接触墙体的木龙骨应预先刷防腐剂。要求涂刷的防腐剂具有防潮、防蛀、防腐朽的功效 
钉沿墙龙骨	先沿设计标高线用电锤钻孔钉入木楔，然后钉一根与副龙骨相同规格的木方，注意木方的底部与设计标高线之间必须保证有饰面层材料的厚度

续表 8-1

步骤	内容及图示
钉沿墙龙骨	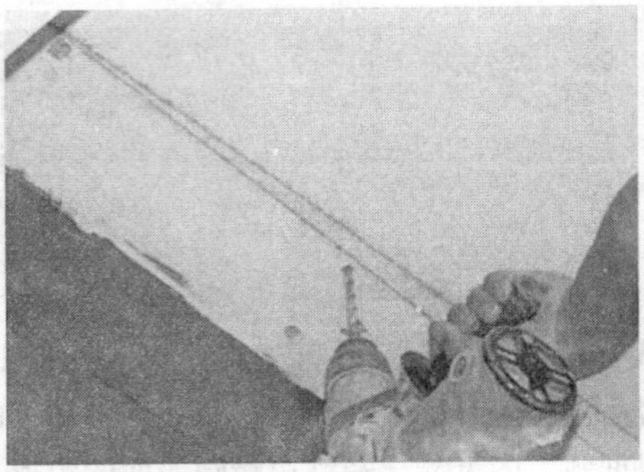 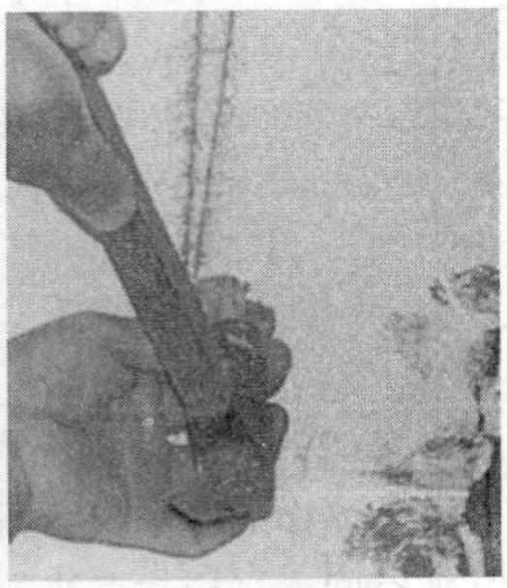
安装吊杆	(1) 吊杆固定方法。 1) 膨胀螺栓：用 M8 或 M10 膨胀螺栓将∠25×3 或∠30×3 角钢固定在现浇楼板底面上。对于 M8 膨胀螺栓要求钻孔深度≥50mm，钻孔直径 10.5mm 为宜；对于 M10 膨胀螺栓要求钻孔深度≥60mm，钻孔直径 13mm 为宜。 2) 射钉固定：用 $\phi5$ 以上高强射钉将∠40×4 角钢或钢板等固定在现浇楼板的底面上。 3) 预埋铁件：在浇灌楼面或屋面板时，在吊杆布置位置的板底预埋铁件，铁件选用 $\delta=6$mm 厚钢板，锚爪用 4$\phi8$、$L\geqslant150$mm。 现浇楼板浇筑前或预制板灌缝前预埋 $\phi10$ 钢筋（对于不上人屋面，吊筋规格可选 $\phi6$ 或 $\phi8$），要求预埋位置准确；若为现浇楼板时，应在模板面上弹线标示出准确位置，然后在模板上钻孔预埋吊筋。对于钢模板也可先将吊杆连接筋预弯 90°后紧贴模板面埋设，待拆模后剔出。 (2) 吊杆的连接。 对于木龙骨吊顶，吊杆与主龙骨的连接通常主龙骨钻孔，吊杆下部套丝，穿过主龙骨用螺母紧固。吊杆的上部与吊杆固定件连接一般采用焊接，施焊前拉通线，所有丝杆下部找平后，上部再搭接焊牢。吊杆与上部固定件的连接也可采用在角钢固定件上预先钻孔或预埋的钢板埋件上加焊 $\phi10$ 钢筋环，然后将吊杆上部穿进后弯折固定。  吊杆纵横间距按设计要求，原则上吊杆间距应不大于 1000mm；吊杆长度大于 1000mm 时，必须按规范要求设置反向支撑；吊顶灯具、风口及检修口等处应增设附加吊杆

续表 8 - 1

步骤	内容及图示
安装主龙骨	主龙骨常用 50mm × 70mm 枋料，较大房间采用 60mm × 100mm 木枋。主龙骨与墙相接处，主龙骨应伸入墙面不少于 110mm，入墙部分涂刷防腐剂。 主龙骨的布置要按设计要求，分档划线，分档尺寸尚应考虑与面层板块尺寸相适应。 主龙骨应平等于房间长向安装，同时应起拱，起拱高度为房间跨度的 1/250 左右。主龙骨的悬臂段不应大于 300mm。主龙骨接长采取对接，相邻主龙骨的对接接头要互相错开。主龙骨挂好后应基本调平 
安装次龙骨	次龙骨一般采用 5cm × 5cm 或 4cm × 5cm 的木枋，底面刨光、刮平、截面厚度应一致。小龙骨间距应按设计要求，设计无要求时应按罩面板规格决定，一般为 400 ~ 500mm。钉中间部分的次龙骨时，应起拱。房间 7 ~ 10m 的跨度，一般按 3/1000 起拱；10 ~ 15m 的跨度，一般按 5/1000 起拱。 按分档线先定位安装通长的两根边龙骨，拉线后各根龙骨按起拱标高，通过短吊杆将小龙骨用圆钉固定在大龙骨上，吊杆要逐根错开，不得吊钉在龙骨的同一侧面上。 先钉次龙骨，后钉间距龙骨（或称卡挡搁栅）。间距龙骨一般为 5cm × 5cm 或 4cm × 5cm 的方木，其间距一般为 30 ~ 40cm，用 33mm 长的钉子与次龙骨钉牢。次龙骨与主龙骨的连接，多是采用 8 ~ 9cm 长的钉子，穿过次龙骨斜向钉入主龙骨，或通过角钢与主龙骨的连接。次龙骨的接头和断裂及大节疤处，均需用双面夹板夹住，并应错开使用。接头两侧最少各钉 2 个钉子，在墙体砌筑时，一般是按吊顶标高沿墙四周牢固地预埋木砖，间距多为 1m，用以固定墙边安装龙骨的方木（或称护墙筋） 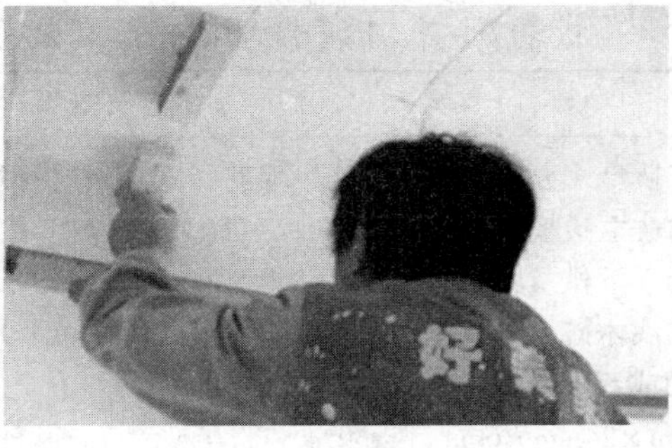

续表 8－1

步骤	内容及图示
管道及灯具固定	吊顶时要结合灯具位置、风扇位置做好预留洞穴及吊钩。当平顶内有管道或电线穿过时，应预先安装管道及电线，然后再铺设面层，若管道有保温要求，应在完成管道保温工作后，才可封钉吊顶面层。大的厅堂宜采用高低错落形式的吊顶
安装罩面板	木龙骨吊顶，其常用的罩面板有装饰石膏板（白平板、穿孔板、花纹浮雕板等）、胶合板、纤维板、木丝板、刨花板、印刷木纹板等。 板材装钉完成后，用石膏腻子填抹板缝和钉孔，用接缝纸带或玻璃纤维网格胶带等板缝补强材料粘贴板缝，各道嵌缝均应在前一道嵌缝腻子干燥后再进行 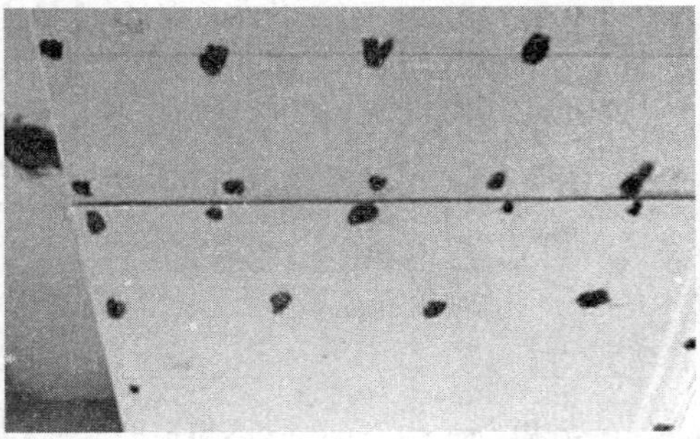

8.2 隔墙（隔断）工程

隔墙仅起到一个分隔房间的作用，不承受外来载荷，且本身的重量还需由其他构件来支承。因此，要求隔墙自重轻、厚度薄、隔声好，对于一些有特殊要求的房间，如厨房、浴厕等的隔墙，还要求具有防火、防潮的能力。隔墙按其面层所用材料的不同，可分为板条隔墙、板材隔墙（纤维板、木丝板）等。

8.2.1 板条隔墙

板条隔墙的构造和装钉方法见表 8－2。

表 8－2 板条隔墙的构造和装钉方法

项目	内容及图示
板条隔墙的构造	板条隔墙主要由上槛、下槛、墙筋（立筋）、横撑、板条等组成。上槛布置在楼板底下，可先立边框后立筋，撑住上、下槛，并在下槛中间每隔 400mm 或 600mm 竖立立筋。上、下槛及立筋的截面尺寸为 50mm×70mm 或 50mm×100mm。靠墙的立筋钉牢在墙内防腐木砖上。横撑水平布置于立筋之间，间距为 1.2～1.5m。在门樘边的立筋要加大断面或双根并用。门樘上方宜加设八字撑。在立筋两侧钉设板条，板条尺寸一般为 1200mm×24mm×6mm，板条呈水平方向，与立筋垂直

续表 8－2

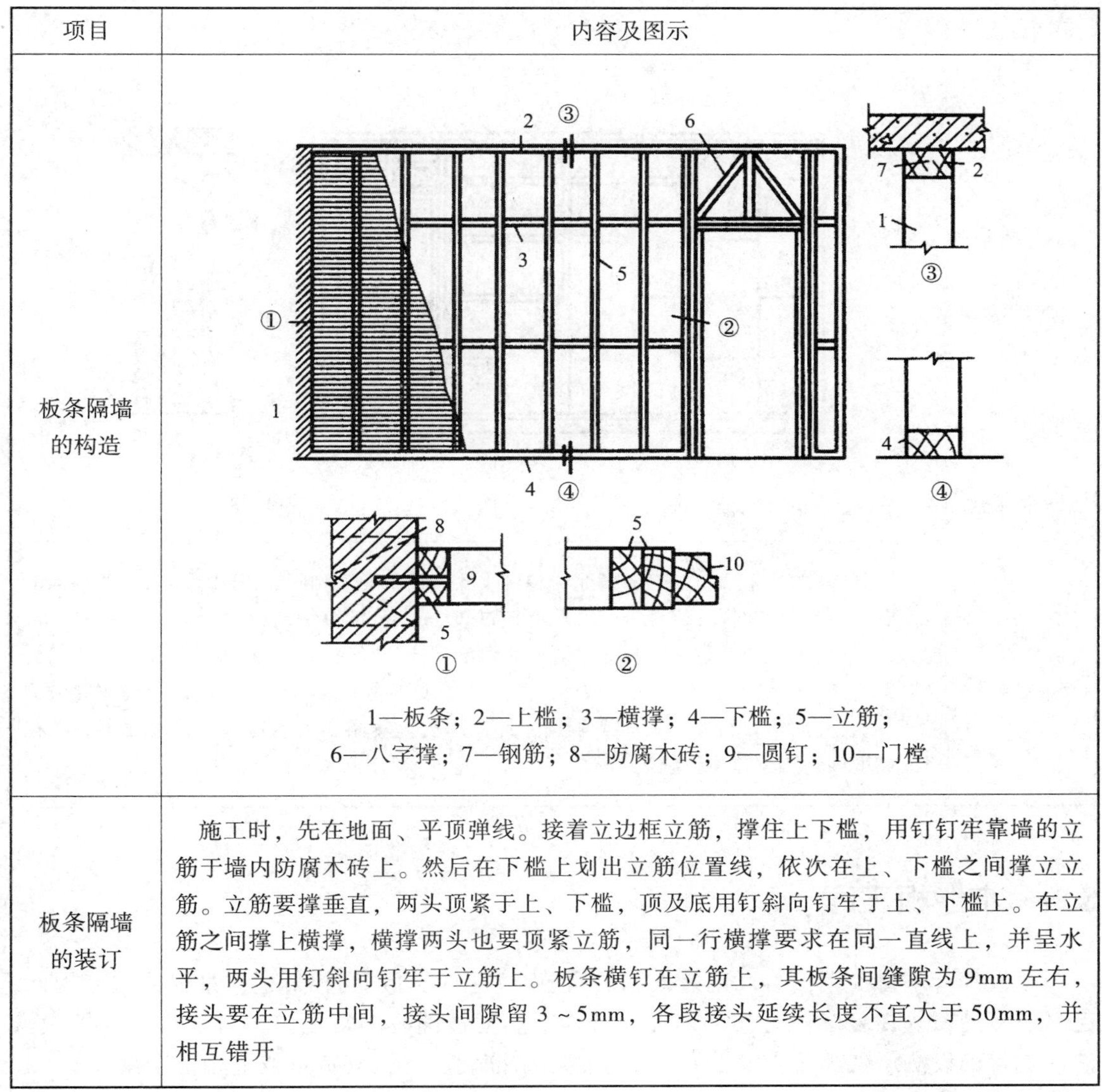

项目	内容及图示
板条隔墙的构造	1—板条；2—上槛；3—横撑；4—下槛；5—立筋； 6—八字撑；7—钢筋；8—防腐木砖；9—圆钉；10—门樘
板条隔墙的装订	施工时，先在地面、平顶弹线。接着立边框立筋，撑住上下槛，用钉钉牢靠墙的立筋于墙内防腐木砖上。然后在下槛上划出立筋位置线，依次在上、下槛之间撑立立筋。立筋要撑垂直，两头顶紧于上、下槛，顶及底用钉斜向钉牢于上、下槛上。在立筋之间撑上横撑，横撑两头也要顶紧立筋，同一行横撑要求在同一直线上，并呈水平，两头用钉斜向钉牢于立筋上。板条横钉在立筋上，其板条间缝隙为 9mm 左右，接头要在立筋中间，接头间隙留 3～5mm，各段接头延续长度不宜大于 50mm，并相互错开

8.2.2 板材隔墙

板材隔墙的构造和装钉方法见表 8－3。

表 8－3 板材隔墙的构造和装钉方法

项目	内容及图示
板材隔墙的构造	板材隔墙的构造与板条隔墙相同。其底部宜砌上两层砖作为踢脚，下槛置于砖层上。立筋的间距均应按照各种人造板的规格排列，横撑的间距要等分板材长度，板材钉于立筋两侧，其接缝应留 5mm，并用木压条或铝压条盖缝。在门樘边可用一根立筋

续表 8－3

<table>
<tr><th>项目</th><th>内容及图示</th></tr>
<tr><td>板材隔墙的构造</td><td>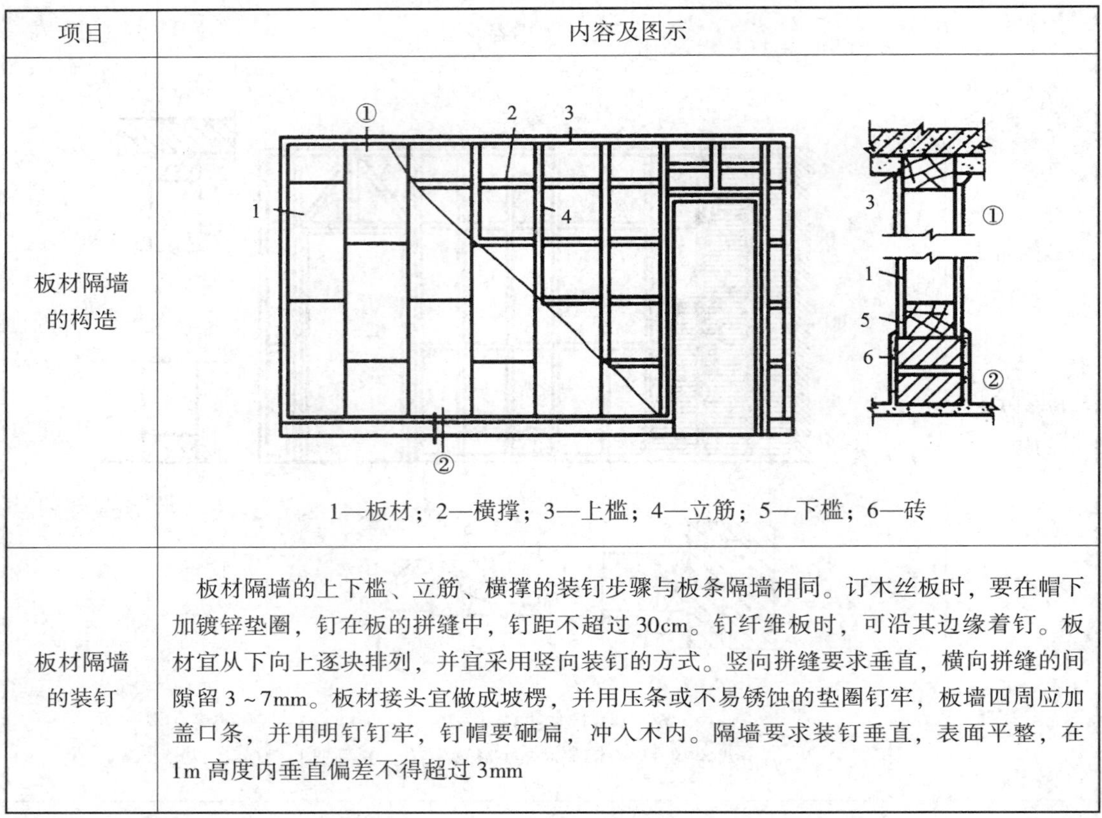1—板材；2—横撑；3—上槛；4—立筋；5—下槛；6—砖</td></tr>
<tr><td>板材隔墙的装钉</td><td>板材隔墙的上下槛、立筋、横撑的装钉步骤与板条隔墙相同。订木丝板时，要在帽下加镀锌垫圈，钉在板的拼缝中，钉距不超过 30cm。钉纤维板时，可沿其边缘着钉。板材宜从下向上逐块排列，并宜采用竖向装钉的方式。竖向拼缝要求垂直，横向拼缝的间隙留 3～7mm。板材接头宜做成坡楞，并用压条或不易锈蚀的垫圈钉牢，板墙四周应加盖口条，并用明钉钉牢，钉帽要砸扁，冲入木内。隔墙要求装钉垂直，表面平整，在 1m 高度内垂直偏差不得超过 3mm</td></tr>
</table>

8.3 木地板工程

地板具有木材纹理，给人自然柔和的质感，使空间更加高档舒适，彰显品位，因此，越来越多的家庭在装修的时候都选择铺装地板。地板铺装的常见施工方法有悬浮铺设方法、龙骨铺设法、夹板龙骨铺设方法和直接粘贴铺设法等，其特点及适用范围见表 8－4。实木地板一般采用龙骨铺设法，强化和复合地板一般把水泥地面找平后，采用直接黏结、悬浮铺设等方法铺装。

表 8－4 地板铺装方法的特点及适用范围

方法	特 点	适 用 范 围
悬浮铺设法	无污染；易于维修保养。地板不易起拱，不易发生片状变形，地板离缝，或局部不慎损坏，易于修补更换，即使搬家或意外泡水浸泡，拆除后，经干燥，地板依旧可铺设	悬浮铺设法适用于企口地板、双企口地板，各种连接件实木地板。一般应选择榫槽偏紧、底缝较小的地板。这种铺设方法优点很突出：铺设简单，工期大大缩短

续表 8 – 4

方法	特　点	适 用 范 围
龙骨铺设法	以长方形长木条为材料，固定与承载地板面层上承受的力并按一定距离铺设方式。凡是企口地板，只要有足够的抗弯强度，都可以用打龙骨铺设的方法，做龙骨的材料有很多，使用最为广泛的是木龙骨，其他的有塑料龙骨、铝合金龙骨等	龙骨铺装法适合用于实木地板与实木复合地板，地板的抗弯强度足够，就能使用龙骨铺装方式
直接粘贴铺设法	直接粘贴铺设法是将地板直接粘接在地面上，这种安装方法快捷，施工时要求地面十分干燥、干净、平整。由于地面平整度有限，过长的地板铺设可能会产生起翘现象，因此更实用于长度在30cm以下的实木及软木地板的铺设。一些小块的柚木地板、拼花地板必须采用直接粘接法铺设	直接粘贴法适合用于拼花地板与软木地板，此外，复合木地板也可使用直接粘贴方式铺装
夹板龙骨铺设法	夹板龙骨铺设法是先铺好龙骨，然后在上边铺设毛地板，将毛地板与龙骨固定，再将地板铺设于毛地板之上，这样不仅加强了防潮能力，也使得脚感更加舒适、柔软	夹板龙骨铺设法适用于毛地板龙骨铺装方式，适用于实木地板、实木复合地板、强化复合地板和软木地板等多种地板，在龙骨上铺一层毛地板，再以悬浮式铺法等方式铺贴地板

8.3.1 实木地板的铺设

实木地板是天然木材经烘干、加工后形成的地面装饰材料，又名原木地板，是用实木直接加工成的地板，如图 8 – 1 所示。它具有木材自然生长的纹理，是热的不良导体，能起到冬暖夏凉的作用，具有脚感舒适、使用安全的特点，是卧室、客厅、书房等地面装修的理想材料。实木的装饰风格返璞归真，质感自然，在森林覆盖率下降，大力提倡环保的今天，实木地板则更显珍贵。

图 8 – 1　实木地板

实木地板铺设的操作步骤见表 8 – 5。

表 8 – 5　实木地板铺设的操作步骤

步骤	内容及图示
基层处理	基层应达到表面不起砂、不起皮、不起灰、不空鼓，无油渍，手摸无粗糙感。不符合要求的，应先处理地面。一般毛坯房地面只需要用扫帚清洁地板灰尘杂物即可

续表 8－5

步骤	内容及图示
基层处理	
确定地板铺设方向	一般朝南房间，以南北方向为主，即地板竖向对着阳光照射进来的方向，地板南北向铺设最为常见 
安装木龙骨	龙骨要四面刨光，并作烘干处理；龙骨的水平面要平整，固定要牢固，使用专用的龙骨钉。地面可抛洒一些防虫防潮的材料，比如樟木块 
铺防潮层	使用 1.5mm 厚的防潮垫，能隔离地面的潮气，避免地板日常使用中因地面潮气而产生变形等情况 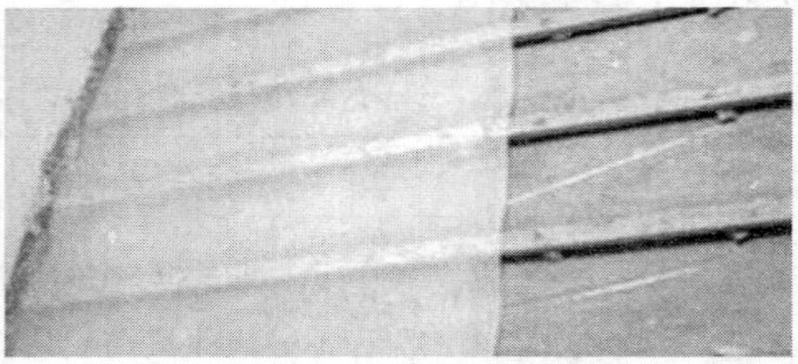

续表 8－5

步骤	内容及图示
地板预铺	通过预铺可以减少色差对铺装效果的影响，避免大花、反差过大的一些情况发生，对于一些外观有影响的，可铺设至床底、柜底等位置 
安装地板	安装地板的钉子必须要使用地板专用钉，不可以直接打入地板中，先要使用电钻打眼后用地板钉将木地板固定在龙骨上。 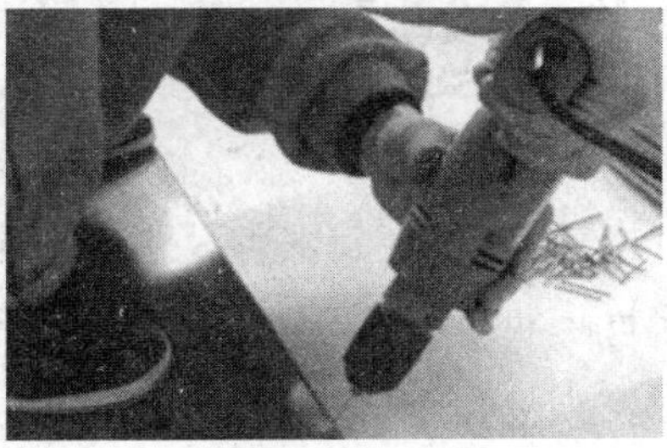 注意地板铺设中要预留适当的缝隙，确保地板后期的膨胀空间，避免起拱问题的出现。 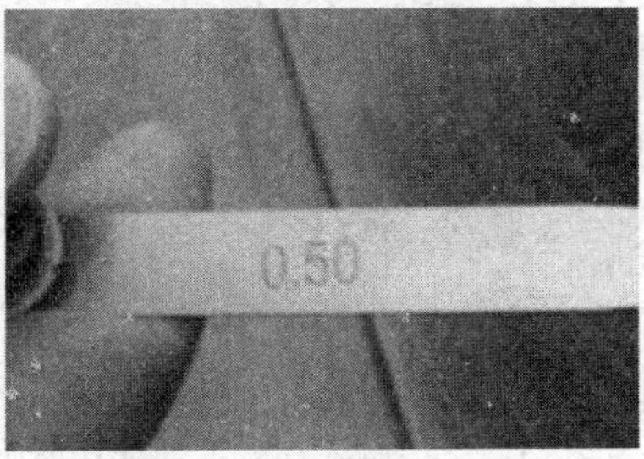 地板铺设后与墙面、过门石等周边区域，需要预留 8～12mm 的缝隙，为地板的膨胀预留空间，并通过踢脚线的安装，对缝隙进行遮盖。 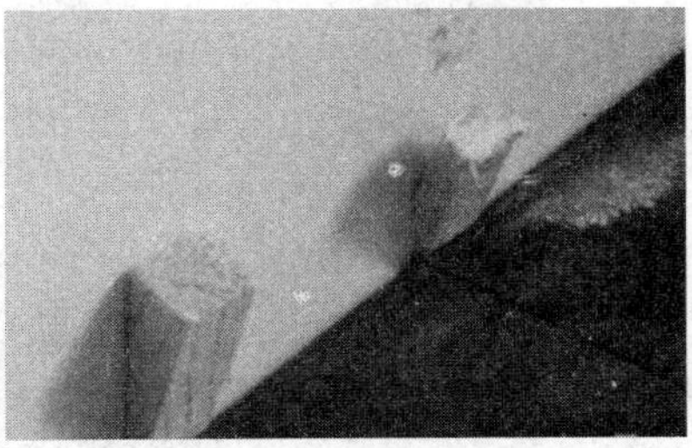

续表 8－5

步骤	内容及图示
安装地板	地板与过门石、地砖等连接处的留缝，需要使用压条或收边条安装来遮盖留缝 
安装踢脚线	（1）测量长度。用卷尺等工具测量出各段需要的踢脚线长度。  （2）切割踢脚线。用卷尺、铅笔等确定需要的踢脚线长度后，用锯齿等工具进行切割。 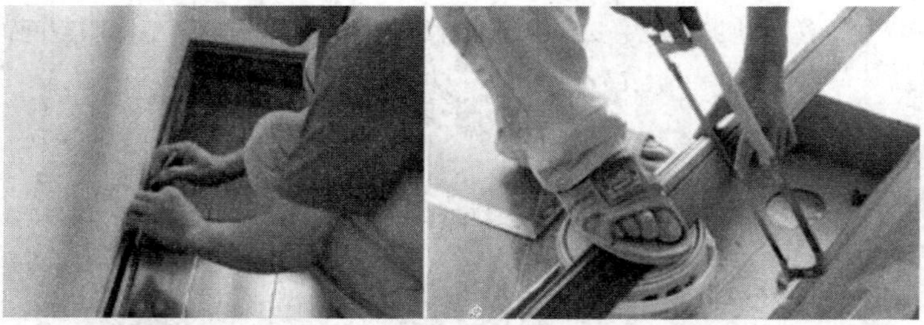 （3）安装踢脚线。踢脚线安装一般在地面、墙面施工完成之后。踢脚线安装前，地面铺地板时已经预留了踢脚线位置，在安装踢脚线前，将预留位置的小木块取下，然后将适合长度的踢脚线卡进预留缝内。 

续表 8－5

步骤	内容及图示
安装踢脚线	（4）边角处理。墙角处的踢脚线一般采用裁剪方法，把角位的边缘裁切成45°角后再进行拼合固定。这样处理的效果使踢脚线在边角位置依然自然美观。 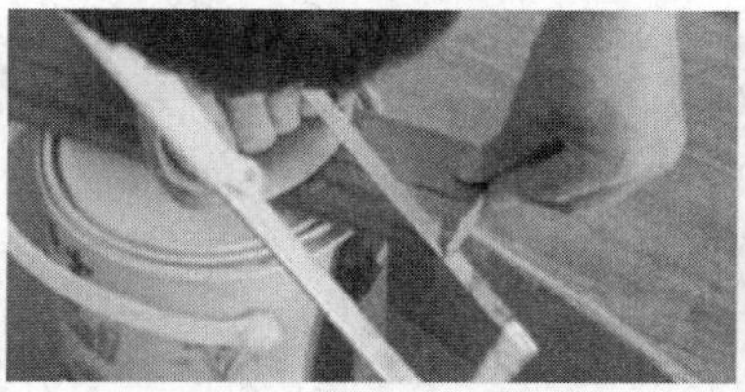  （5）固定踢脚线。虽然踢脚线卡入缝内，但还是需要采取措施使之更加固定。固定踢脚线时需要用到的工具主要是地板钉和锤子。将踢脚线安好，然后将地板钉钉入踢脚线，使踢脚线和墙面固定连接起来 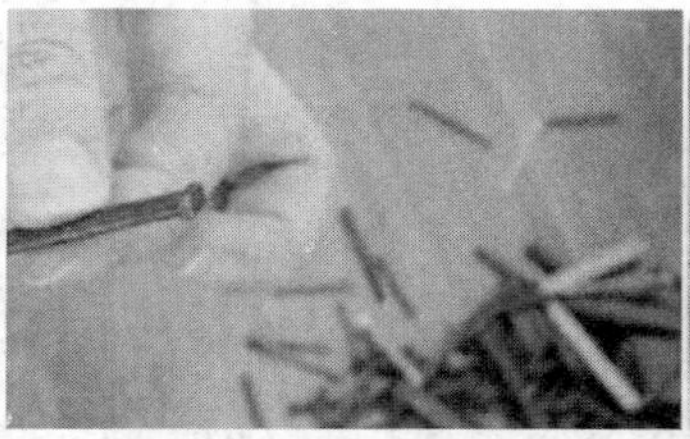 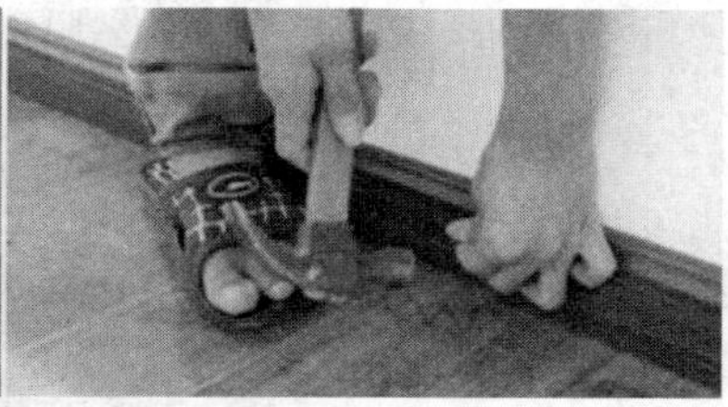

8.3.2 复合地板的铺设

1. 直接粘贴法

直接粘贴法施工指的是在混凝土结构层上用15mm厚1∶3水泥砂浆找平，或者采用高分子黏结剂将木地板直接粘贴在地面上，这种方法相对其他施工方法较为简单。一般适合用于复合木地板，其操作步骤见表8－6。

表8－6 复合地板直接粘贴法的操作步骤

步骤	内容及图示
基层处理	木地板粘贴式铺贴要确保水泥砂浆地面不起砂、不空裂，基层必须清理干净。基层不平整应用水泥砂浆找平后再铺贴木地板。基层含水率不大于15%，粘贴木地板涂胶时，胶要薄且均匀 

续表 8－6

步骤	内容及图示
地板处理	粘贴木地板涂胶时，要薄且均匀，并且首选保性较好的胶水，减少日后化学物质挥发的程度 
钉地板	其主要目的是稳定地板，阻止其变形 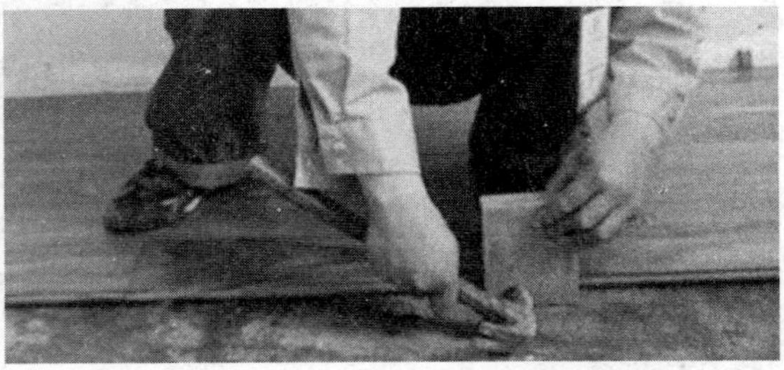
打蜡	打蜡一般分为两种：一种是液体蜡；另一种是固体蜡，生活中人们常用的是液体蜡。手工打蜡效果最好，蜡液能在手工用力的作用下迅速、充分地被地板吸收，从而达到最佳效果。木地板采用手工打蜡效果更加明显、亮丽、逼真 

2．悬浮铺设法

悬浮铺设法是在地面找至水平以后，铺上防潮膜，在防潮膜上直接铺装地板的方法。

悬浮铺设法是一种较为科学、经济和环保的铺装方法。它最大的优点在于不使用胶将地板固定在地面上，地板的榫槽之间也可以不用胶，因此不必担心胶中含有的甲醛等成分造成室内污染；其次，其铺设程序简单，速度快；由于地板都是悬浮于地面拼接而成的，因此当地板离缝或局部不慎损坏时，易于修补更换，其操作步骤见表8－7。

表8－7 复合地板悬浮铺设法的操作步骤

步骤	内容及图示
地面处理	（1）找平地面。地面如果不平整，会导致后期地板翘起等现象出现。因此在铺装地板前，首先就需要找平地面。平整度误差大或与其他地面材料高差大的地面，建议用水泥砂浆作全面找平，否则只需要用防水胶混合水泥砂浆做局部找平处理。  地面找平处理后，注意检查。尤其是门开合的地方，可以试着铺上地板，仔细查看门是否开合顺畅，如果开合遇阻，需要重新找平。  （2）清洁地面。铺装地板前，最好对地面进行清洁。如果是采用胶黏等方法铺设，需要对地面进行彻底的清洁，一般用吸尘器将地面灰尘清理干净。或用扫帚清洁地面，在清洁时在地面上洒上水，防止灰尘过大。  （3）地面防水防潮处理。对地面进行防水防潮处理有利于地板的经久耐用。强化地板铺装前，先在地面上铺上较软较厚的专用地板垫，用于防水防潮。

续表 8 –7

步骤	内容及图示
地面处理	 （4）地面处理其他注意事项。虽然前期对地面进行了找平处理，但很可能出现没有完全找平的情况。如果遇到局部地面存在凸起的情况则用锤子将凸起打平后，才继续铺装地板 
铺设地板	（1）地板处理。铺装地板的时候，首先需要对地板进行处理，主要是切割处理。因为选购的地板，每块大小都是统一的。而由于使用空间和铺设方式的差异，因此需要根据铺装空间尺寸对地板进行切割。而在切割前，可以借助量尺、铅笔等工具准确标记切割大小。   地板切割时，最好选用迅速、快捷的切割工具，而且切割的锯路要直且无毛刺，使铺装的地板呈现出最好的效果。切割时注意安全。 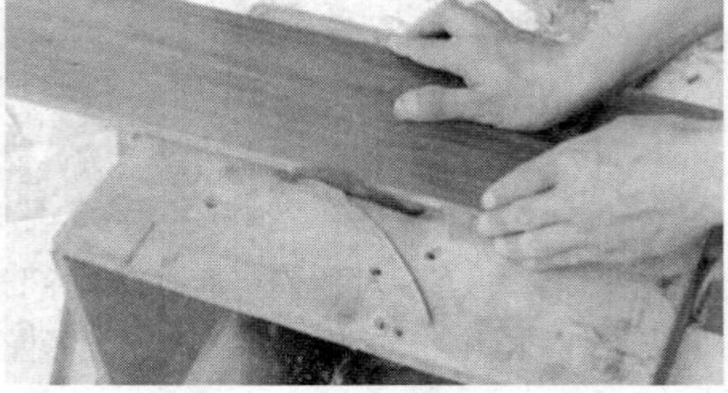

续表 8-7

<table>
<tr><th>步骤</th><th>内容及图示</th></tr>
<tr><td>铺设地板</td><td>（2）预留踢脚线位置。地板铺装时，需要提前预留安装踢脚线的空间。将提前准备的一些厚度一致的小木块搁在墙面和地板之间，木块的厚度和踢脚线的厚度一致，以此留出放置踢脚线的空间。

（3）地板拼接。地板与地板之间通过榫舌和榫槽对接拼合在一起，不需要用到地板胶等。拼接的时候，首先将两块地板对准，然后压平。
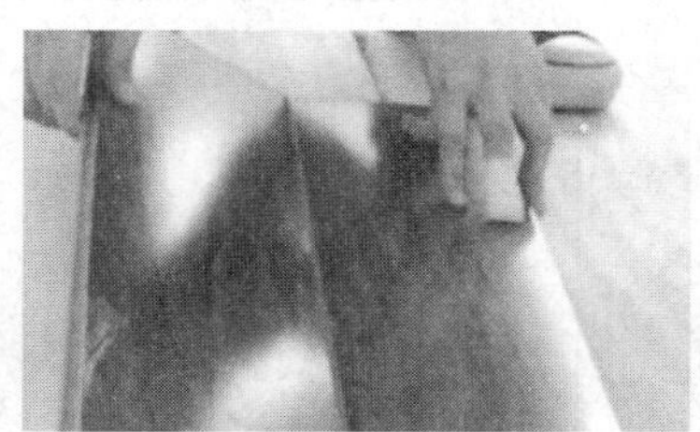 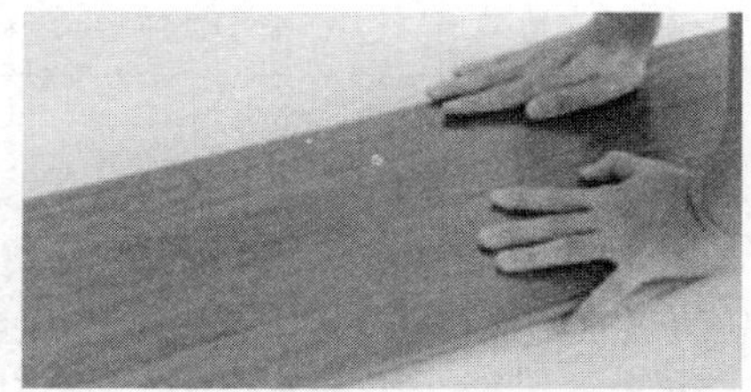
为保证地板拼无缝隙，还需借助一些工具敲打使之紧密。这样做能有效防止地板起翘等问题的出现。按照这样的方法，依次安装，将房间铺满
 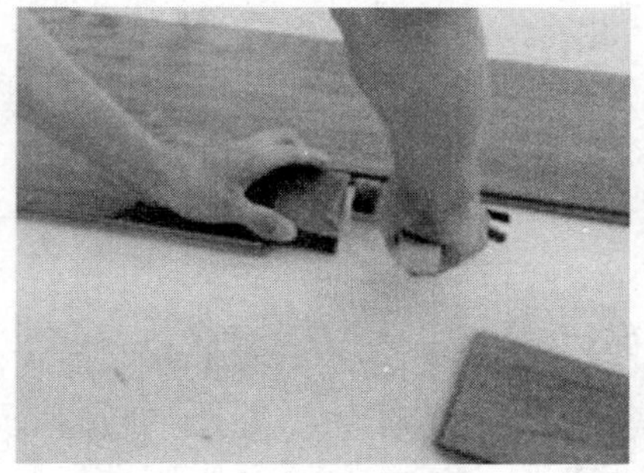</td></tr>
<tr><td>安装踢脚线</td><td>其安装方法同实木地板的铺设</td></tr>
</table>

8.4 室内装饰细部工程

8.4.1 壁橱的安装

壁橱的安装过程见表8－8。

表8－8 壁橱的安装过程

步 骤	图 示
施工前先要对板材指接板的质量进行检查。看看板材是否有开裂、弯曲、起翘等问题，小的毛病可以修补后再进行拼装。如果板材质量太差，应该要求更换材料	
虽说木工胶在做储藏柜时只是起到加固的作用，而且用量也不多，还是应该选择环保性能较好的熊猫白胶	
不仅是要检查材料，对安装壁柜的墙面也要用铅锤线检查是否与地面垂直。如果墙面偏差较大，则需要请泥工师傅对墙面进行找平处理	

续表 8-8

步　　骤	图　　示
利用室内统一标高线，按照设计施工图要求的壁柜、吊柜标高及上下口高度，确定相应的位置，用墨线弹出表示清楚。这时就用冲击钻把柜体与墙面的着力点的固定眼钻好，方便安装时的准确位置确定	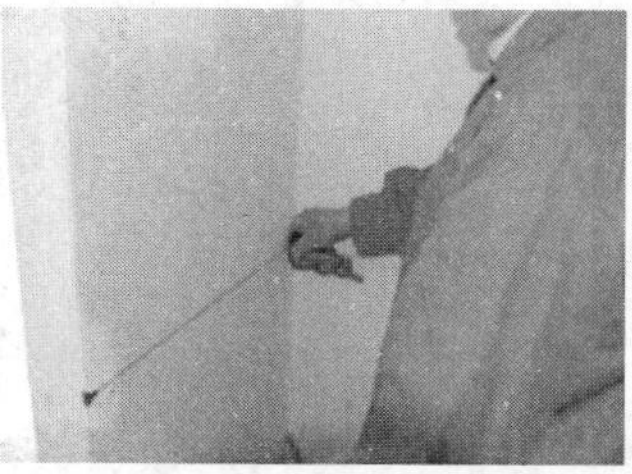 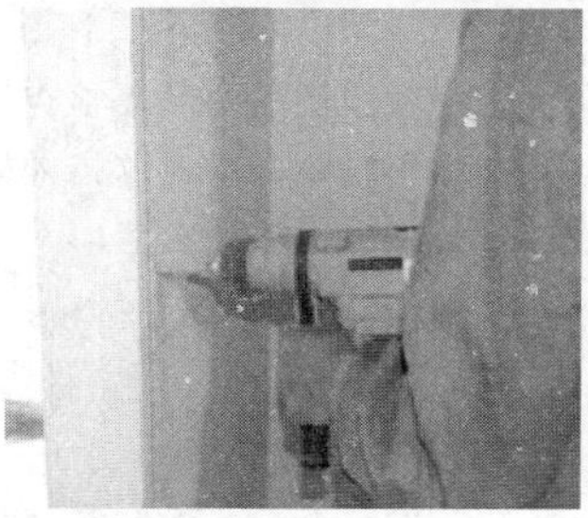
按照设计储藏柜的尺寸，在指接板上用木工铅笔画出具体尺寸，再通过切割机切割成不同大小的板块，排放整齐。在拼装柜体时，用塑料瓶装上白胶，涂胶水量会比较适中还快捷	 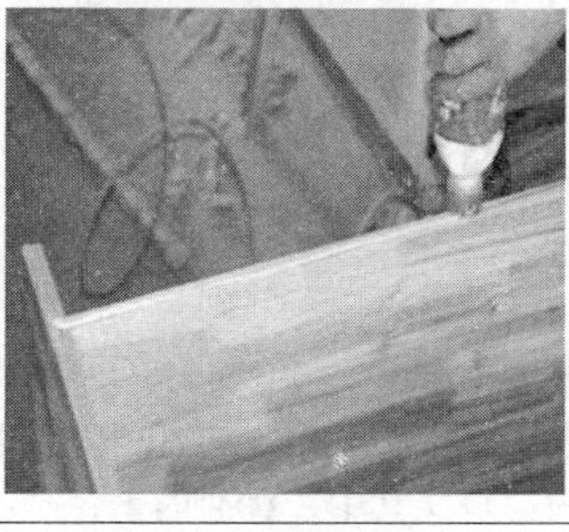
为了加固，胶水是涂在板材的交接处。再用麻花钉固定，以保证柜体的牢固。每个钉子之间的间距要保持在 150mm 左右	

续表 8－8

步　　骤	图　　示
柜体大致做好后，还需要反复检查柜体的各个尺寸和角度。特别是角度要标准，这样才能保证与墙体衔接紧密	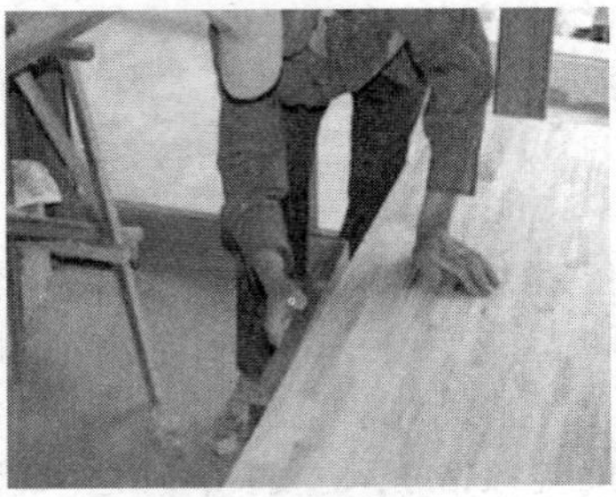 
柜子做好后就可以安装到指定的地方。如果墙面不垂直，但又不严重，可在缝隙处填上木料。确定之前冲击钻在墙体上钻孔洞，再用冲击钻在柜体上打孔，再用美固钉贯穿其中。普通的钢钉是不能保证牢固的	 

续表 8 - 8

步　骤	图　示
美固钉的间距也要保持在 500mm 左右最为适合。间距太大就有可能固定不牢固；间距过小，就会浪费材料。当所有的美固钉固定好后，整个壁柜就完成了。只要之前的操作规范，柜体基本是不需要再做调整	

8.4.2 窗台板的安装

1. 构造

窗台板有木制、预制水泥板、预制水磨石块、石料板、金属板等多种。木窗台板的构造如图 8 - 2 所示。

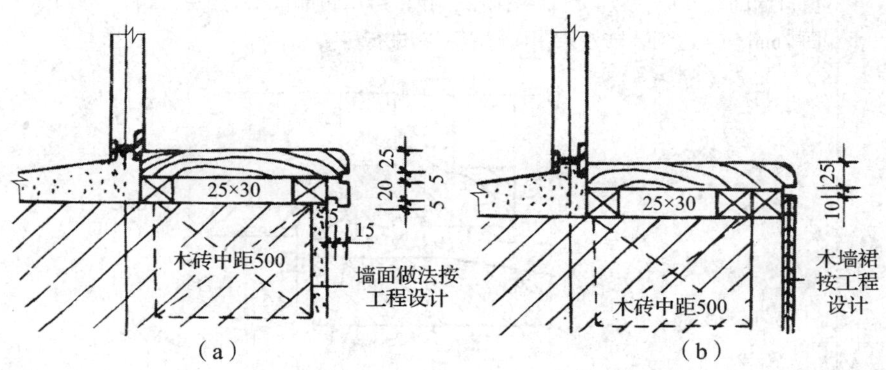

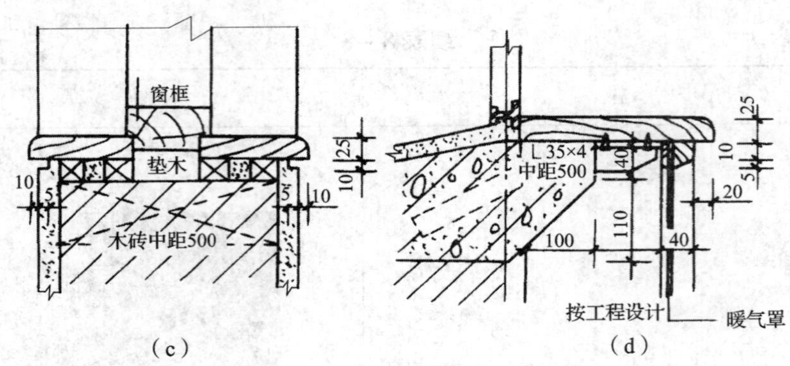

图 8－2 木窗台板的构造

2．施工要点

窗台板安装的施工要点见表 8－9。

表 8－9 窗台板安装的施工要点

步骤	内容及图示
定位	窗台板的尺寸应符合设计要求，一般要求窗台板的长度应比窗宽两边各长 50mm，宽度以突出墙面 10～20m 为宜。定位时，根据设计要求的窗下框标高、位置，划窗台板的标高、位置线，为使同房间或连通窗台板的标高和纵横位置一致，安装时应统一抄平，使标高统一无误差
制作窗台板	窗台板可采用木板、木龙骨夹板、花岗石、大理石或其他材料制作。采用木板时，木板应先经干燥处理，与墙接触面应涂刷防腐剂，板宽大于 150m 时，拼合时应穿暗带，长度超过 1500mm 时，窗台中部应预埋木砖；采用木龙骨饰面板时，木龙骨应干燥或用多层板作龙骨；采用花岗石、大理石时，花纹应均匀，厚度应一致
安装窗台板	木窗台板和花岗石、大理石窗台板两端应牢固嵌入侧墙内，内侧宜插入窗框下冒头的裁口内，同时不应破坏窗框和墙体间的弹性保温材料；如基层不平整，可先用水泥砂浆找平，花岗石、大理石窗台板用 1∶2（体积比）的水泥砂浆粘贴。 木窗台板安装：在窗下墙顶面木砖处，横向钉梯形断面木条（窗宽大于 1m 时，中间应以间距 500mm 左右加钉横向梯形木条），用以找平窗台板底线。窗台板宽度大于 150mm 的，拼合板面底部横向应穿暗带。安装时应插入窗框下帽头的裁口，两端伸入窗口墙的尺寸应一致，且保持水平，找正后用砸扁钉帽的钉子钉牢，钉帽冲入木窗台板面 2mm。为达到装饰效果，面层板不宜进行拼接 冒头 窗台板 窗台线 墙 防腐木砖

3. 操作方法

(1) 窗台板安装时，可先锯好开口，后按窗框下冒头的铲口将木砖与窗台板填平。

(2) 窗台板与墙面交角处，可钉上预先刨光的窗台线，钉帽砸扁后钉牢冲入板内。

(3) 窗台板安装前，应按标高填平固定点。在同一房间内，应按相同的标高安装窗台板，并各个保持水平。两侧伸出窗洞的长度应一致。

(4) 窗台板外侧应紧贴窗框，板内侧和两端上口应刨小圆角，底部可钉阴角小线条进行装饰。

4. 操作注意事项

(1) 如需要拼接时，应进行试拼，试拼合适后应用砸扁的钉子钉牢并冲入板内，板上禁止砸有锤痕。

(2) 窗台板安装应平整，禁止有倒泛水现象，要用水平尺找平。两端的高低差不大于2mm，窗台板应固定牢固。

8.4.3 窗帘盒的安装

窗帘盒安装一般有暗装和明装两种，如图8-3 (a)、(b) 所示。暗装窗帘盒是房间有吊顶的，窗帘盒应隐蔽在吊顶内，在做顶部吊顶时就一同完成；明装窗帘盒是房间无吊顶，窗帘盒固定在墙上，与窗框套成为一个整体。

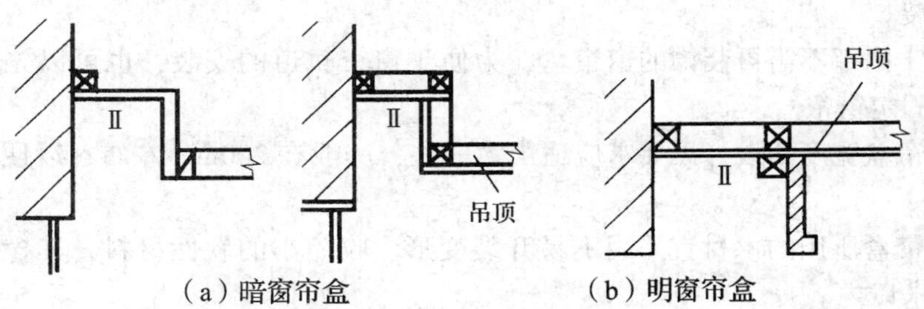

(a) 暗窗帘盒　　(b) 明窗帘盒

图8-3 窗帘盒的形式

窗帘盒安装一般先加工成半成品，再在施工现场安装。

1. 施工要点

窗帘盒安装的施工要点见表8-10。

表8-10 窗帘盒安装的施工要点

步骤	内容
定位	首先确定窗帘盒的安装高度及具体连接孔位，可用透明塑料软管注水测出，也可以直接将窗帘盒附上后用水平仪测出。明窗帘盒的安装长度一般比窗口两侧各长180~200mm，也可是整面墙体的长度；窗帘盒下口应稍高出窗口上皮或与窗口上皮齐平。暗窗帘盒应与吊顶结合在一起考虑。确定窗帘盒位置后应在墙体上弹线，弹好找平线，找好窗口、挂镜线等构造关系

续表 8－10

步骤	内　容
钻孔安装预埋件并检查	窗帘盒与墙体之间应采用铁件连接，铁件与墙的固定可采用膨胀螺栓或木楔，固定点的间距一般为1000～1200mm。根据弹线位置安装预埋件，并检查固定窗帘盒（杆）的预埋固定件的位置、规格、预埋方式、牢固情况，是否能满足安装固定窗帘盒（杆）的要求，对于标高、平度、中心位置、出墙距离有误差的，应采取措施进行处理
制作窗帘盒	制作窗帘盒顶面一般用木龙骨双面夹板或优质细木工板，侧面用木工板，如长度不够需要接长时，顶面和侧面的接头应错开。制作时应做到割角相交，钉帽砸扁冲入板内，或用割角榫连接
安装窗帘盒	安装窗帘盒时应先将连接铁件一端固定于窗帘盒上，然后再将窗帘盒托起并将中线对准窗口中线，靠墙部要与墙面贴严。窗帘盒与连接件要固定牢固，与抹灰墙面要接触严密

2. 操作方法

（1）窗帘盒安装应在顶棚、墙面、门窗、地面等装饰完工后进行。

（2）当窗帘盒较大需要拼接时，应从背面用木龙骨或角钢进行加固，以防止安装过程中出现断裂。

（3）对于内部不需再装饰的窗帘盒，为便于窗帘轨道的安装，也可以先将窗帘轨道安装好后再固定窗帘盒。

（4）窗帘盒宽度如设计无要求应适当大一些，一般在200mm左右，以便于轨道的安装。

（5）窗帘盒所用的木材宜采用不易开裂变形、收缩小的软性材料，其含水率必须控制在设计要求以内。

（6）窗帘盒安装时应以下口为准拉通线，将窗帘盒两端固定在端板上，且与墙面垂直，上部可找到顶棚底，内侧板中间应用铁件预埋固定，以防止窗帘盒的倾覆。

（7）窗帘盒的顶板不宜太薄，一般不小于15mm，以便于安装窗帘轨道。

3. 操作注意事项

（1）安装窗帘盒前，顶棚、墙面、门窗、地面的装修应做完。窗帘盒安装时的定位禁止从吊顶向下引测或从窗的上口引测。

（2）窗帘盒禁止用木龙骨直接和墙体连接；为防止变形，应采用坚硬材料如铁件等，并做好防锈处理。

（3）所有材料应选用无死节、无裂纹和无过大翘曲的干燥木材，含水率不超过12%。窗帘盒的顶部材料禁止用多层板、纤维板和质量不好的细木工板；为防止窗帘轨道固定不牢，应采用木龙骨双面夹板或优质细木工板，木龙骨在两端和中间部位（轨道固定点处）应加密。

（4）较长的窗帘盒安装时，禁止一人强拉硬拽，应多人合作，防止窗帘盒变形。

（5）窗帘盒两端伸出窗口的长度应一致，否则影响装饰效果。安装窗帘轨道时要弹线，禁止只凭目测安装，以免不直。

（6）固定窗帘盒的预埋铁件禁止外露；采用悬挂法时，安装后在室内任何位置应不能看到窗帘盒上部的预埋铁件。

（7）木质窗帘盒制作时，应棱角方正，线条顺直，顶帽应打入木内。

8.4.4　楼梯木扶手的安装

楼梯扶手是安装在栏杆的预埋铁上部，用来装饰和扶手的。按其材质不同有木扶手、塑料扶手、钢管扶手等。

楼梯扶手按其工艺要求可分为直扶手制作和弯头制作两部分；直扶手制作较简单，其安装示意如图 8－4 所示。

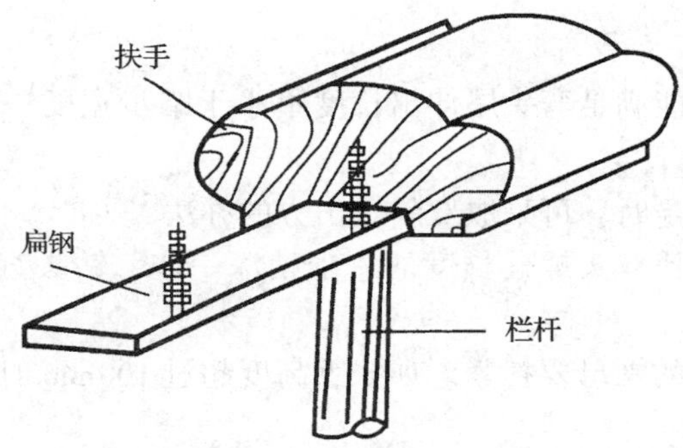

图 8－4　采用金属栏杆的木扶手的固定

1. 楼梯木扶手弯头制作

（1）施工要点。楼梯木扶手弯头制作的施工要点见表 8－11。

表 8－11　楼梯木扶手弯头制作的施工要点

步骤	内容及图示
斜纹出方	斜纹出方的角度应根据木料的宽度不同而有所不同。45°斜纹出方是最常用的一种 45°
画底面线	根据楼梯三角木样板和弯头的具体尺寸，在弯头的两个直角面上画出弯头的底面线
做准底面	按线锯割、刨平底面，并在底面上开好安装扶手铁板的凹槽。要求槽底平整，槽深与铁板厚度相一致
画侧面线和断面线	将底面已做准的弯头料和一根较长的直扶手，临时固定在栏杆铁板上，在弯头料的端面画出直扶手的断面线；然后取一根 1m 左右的直尺靠在直扶手侧面上口，在当弯头料顶面画出直扶手的延长线；画线后再目测校核所画的线与直扶手是否通直；最后编号备用

续表 8-11

步骤	内容及图示
加工成形	锯割、刨削弯头时应留半线，内侧面要锯得平直，弯头阴角处呈一小圆角，圆角处应用相应的圆凿修整
钻孔凿眼	弯头成形后，在弯头端面安装双头螺栓处垂直钻孔，同时在弯头底面离端面 50mm 以外凿眼或钻孔，此眼应与端面所钻孔相通
安装	扶手安装时由下而上，先将每段直扶手与相邻的弯头连接，然后再放在铁件上作整体连接
修整	扶手全部安装好后，接头处必须用细短刨、木锉、斜凿、砂纸等再作修理，使之外观平直、和顺、光滑

（2）操作方法。

1）当木料的宽度不能满足弯头尾伸出长度不小于踏步宽度一半的要求时，可采取小于 45°斜纹出方。

2）当木料的高度不足时，可采取双斜纹出方的办法。

3）钻孔凿眼时孔深比双头螺栓长度的一半稍深一些，钻头直径比螺栓直径大 0.5～1mm。

4）安装时双头螺栓的螺母要拧紧。如扶手高度超过 100mm 时，双头螺栓的上部宜加暗销，以免接头处扭转移位。

5）当遇到扶手料硬时，可先用电钻钻孔，再拧木螺钉。

6）扶手所用木材的含水率应符合要求，以免安装后风干产生收缩开裂。

7）扶手各段的接头应用暗榫，加胶连接，扶手与整体弯头的接头应用暗大头钉。

8）扶手底部的扁钢必须平整，焊接处应认真整理，螺栓孔位置应正确，以便于扶手的安装。

（3）操作注意事项。

1）锯割时，禁止锯进圆弧里，以免影响弯头质量。

2）铁板下面固定扶手的木螺钉，安装时禁止扭歪，同时螺钉肩不得露出扁钢面，以免影响扶手安装。

3）钻孔时，孔深禁止超过木螺钉长度的 2/3，孔径应略大于木螺钉的直径，以便于安装牢固。

2. 木扶手安装

（1）安装操作。木扶手安装操作要点见表 8-12。

表 8-12 木扶手安装操作要点

步骤	内 容
找位与划线	安装扶手的固定件：位置、标高、坡度找位校正后，弹出扶手纵向中心线。按设计扶手构造，根据折弯位置、角度，划出折弯或割角线。楼梯栏板和栏杆顶面，划出扶手直线段与弯头、折弯段的起点和终点的位置

续表 8－12

步骤	内 容
弯头配制	按栏板或栏杆顶面的斜度，配好起步弯头；一般木扶手，可用扶手料割配弯头，采用割角对缝粘接，在断块割配区段内最少要采用三个螺钉与支承固定件连接固定。大于70mm断面的扶手接头配制时，除粘接外，还应在下面作暗榫或用铁件铆固。 整体弯头制作：先做足尺大样的样板，并与现场划线核对后，在弯头料上按样板划线，制成雏形毛料（毛料尺寸一般大于设计尺寸约10mm）。按划线位置预装，与纵向直线扶手端头粘接，制作的弯头下面刻槽，与栏杆扁钢或固定件紧贴结合
连接预装	预制木扶手须经预装，预装木扶手由下往上进行，先预装起步弯头及连接第一跑扶手的折弯弯头，再配上下折弯之间的直线扶手料，进行分段预装粘接，粘接时操作环境温度不得低于5℃
固定	分段预装检查无误，安装扶手与栏杆（栏板）上固定件，用木螺钉拧紧固定，固定间距控制在400mm以内，操作时应在固定点处，先将扶手料钻孔，再将木螺钉拧入，不得用锤子直接打入，使螺帽达到平正
整修	扶手折弯处如有不平顺，应用细木锉锉平，找顺磨光，使其折角线清晰，坡角合适，弯曲自然，断面一致，最后用木砂纸打光

（2）应注意的质量问题。

1）粘接对缝不严或开裂。木扶手主要是因为扶手料安装时含水率高，安装后收缩所致。扶手料进场后，应存放在库内保持通风干燥，严禁在受潮情况下安装。

2）接槎不平。主要是扶手底部开槽深度不一致，栏杆扁钢或固定件不平整，影响扶手接槎的平顺质量。

3）颜色不均匀。主要是选料不当所致。

4）螺帽不平。主要是钻眼角度不当，施工时钻眼方向应与扁钢或固定件垂直。

9 木工安全生产

9.1 防火施工要求

（1）操作间建筑应当采用阻燃材料搭建。

（2）操作间冬季宜采用暖气（水暖）供暖，如用火炉取暖时，必须在四周采取挡火措施；不得用燃烧劈柴、刨花代替煤取暖。每个火炉都要有专人负责，下班时要将余火彻底熄灭。

（3）电气设备的安装要符合要求。抛光、电锯等部位的电气设备应采用密封式或防爆式。刨花、锯末较多部位的电动机，应安装防尘罩。

（4）操作间内严禁吸烟和使用明火作业。

（5）操作间只能存放当班的用料，成品及半成品要及时运走。木工应当做到活完场地清，刨花、锯末每班都打扫干净，倒在指定地点。

（6）严格遵守操作规程，对旧木料一定要经过检查，起出铁钉等金属后，方可上锯料。

（7）配电盘、刀闸下方不能堆放成品、半成品及废料等杂物。

（8）工作完毕应当拉闸断电，并经检查确无火险后方可离开。

9.2 安全生产知识

9.2.1 基本要求

（1）高处作业时，材料码放必须平稳整齐。

（2）使用的工具不得乱放。地面作业时应随时放入工具箱，高处作业应放入工具袋内。

（3）作业时使用的铁钉，不得含在口中。

（4）作业前应检查所有使用的工具，如手柄有无松动、断裂等；手持电动工具的漏电保护器应试机检查，合格后方可使用。操作时戴绝缘手套。

（5）使用电锯时，锯条必须调紧适度，下班时要放松，以防再使用时锯条突然暴断伤人。

（6）成品、半成品、木材应堆放整齐，不得任意乱放。不得存放在施工操作区内；木材码放高度不超过1.2m为宜。

（7）木工作业场所的刨花、木屑、碎木必须自产自清、日产日清、活完场清。

（8）用火必须事先申请用火证，并设专人监护。

9.2.2 模板安装

（1）作业前应认真检查模板、支撑等构件是否符合要求，钢模板有无严重锈蚀或变形，木模板及支撑材质是否合格。

（2）地面上的支模场地必须平整夯实，并同时排除现场的不安全因素。

（3）模板工程作业高度在2m和2m以上时，必须设置安全防护设施。

（4）操作人员登高必须走人行梯道，严禁利用模板支撑攀登上下；不得在墙顶、独立梁及其他高处狭窄而无防护的模板面上行走。

（5）模板的立柱顶撑必须设牢固的拉杆，不得与门窗等不牢靠和临时物件相连接。模板安装过程中，不得间歇，柱头、搭头、立柱顶撑、拉杆等必须安装牢固成整体后，作业人员才允许离开。

（6）基础及地下工程模板安装，必须检查基坑土壁边坡的稳定状况，基坑上口边沿1m以内不得堆放模板及材料。向槽（坑）内运送模板构件时，严禁抛掷。使用溜槽或起重机械运送构件时，下方操作人员必须远离危险区域。

（7）组装立柱模板时，四周必须设牢固支撑；如柱模在6m以上，应将几个柱模连成整体。支设独立梁模应搭设临时操作平台，不得站在柱模上操作和在梁底模上行走和立侧模。

9.2.3 模板拆除

（1）拆模必须达到拆模时所需混凝土强度，且须经工程技术领导同意，不得因拆模而影响工程质量。

（2）拆模的顺序和方法。应按照先支后拆、后支先拆的顺序；先拆非承重模板，后拆承重的模板及支撑；在拆除用小钢模板支撑的顶板模板时，严禁将支柱全部拆除后，一次性拉拽拆除。已拆活动的模板，必须一次连续拆除完，方可停歇，严禁留下不安全隐患。

（3）拆模作业时，必须设警戒区，严禁下方有人进入。拆模作业人员必须站在平稳牢固可靠的地方，保持自身平衡，不得猛撬，以防失稳坠落。

（4）严禁用吊车直接吊除没有撬松动的模板。吊运大型整体模板时必须拴结牢固，且吊点平衡，吊装、移运大钢模时必须用卡环连接，就位后必须拉接牢固方可卸除吊环。

（5）拆除电梯井及大型孔洞模板时，下层必须支搭安全网等可靠防坠落措施。

（6）拆除的模板支撑等材料，必须边拆、边清、边运、边码垛。楼层高处拆下的材料，严禁向下抛掷。

9.2.4 门窗安装

（1）安装二层楼以上外墙门窗扇时，外防护应齐全可靠；操作人员必须系好安全带，工具应可随手放进工具袋内。

（2）立门窗必须将木楔背紧，作业时不得1人独立操作，不得碰触临时电线。

（3）操作地点的杂物，工作完毕后，必须清理干净并运至指定地点，集中堆放。

9.2.5 构件安装

（1）在坡度大于25°的屋面上操作，应设防滑板梯，并系好保险绳，穿软底防滑鞋；

檐口处应按规定设安全防护栏杆，并悬挂密目安全网；操作人员移动时，不得直立着在屋面上行走，严禁背向檐口边倒退。

（2）钉房檐板应站在脚手架上，严禁在屋面上探身操作。

（3）在没有望板的轻型屋面上安装石棉瓦等，应在屋架下弦支设水平安全网。

（4）拼装屋架应在地面进行，经工程技术人员检查确认合格，才允许吊装就位。屋架就位后必须及时安装脊檩、拉杆或临时支撑，以防屋架倾倒。

（5）吊运屋架及构件材料所用索具必须事先检查，确认符合要求，才准使用。绑扎屋架及构件材料必须牢固稳定。安装屋架时，下方不得有人穿行或停留。

（6）板条天棚或隔声板上不得通行和堆放材料，确因操作需要，必须在大楞上铺设通行脚手架。

9.2.6 木工机械

（1）操作人员应经培训，熟悉使用的机械设备构造、性能和用途，掌握有关使用、维修、保养的安全操作知识。电路故障必须由专业电工排除。

（2）作业前应试机，各部件运转正常后方可作业。开机前必须将机械周围及脚下作业区的杂物清理干净，必要时应在作业区铺垫板。

（3）作业时必须扎紧袖口、理好衣角、扣好衣扣，不得戴手套。作业人员长发不得外露，女工必须戴工作帽。

（4）机械运转过程中出现故障时，必须立即停机、切断电源。

（5）链条、齿轮和皮带等传动部分，必须安装防护罩。

（6）必须使用定向开关，严禁使用倒顺开关。

（7）清理机械台面上的刨花、木屑，严禁直接用手清理。

（8）每台机械应挂机械负责人和安全操作牌。

（9）作业后必须拉闸断电，锁好箱门。

10　木结构工程质量验收标准

10.1　方木与原木结构

1. 主控项目

（1）方木、原木结构的形式、结构布置和构件尺寸，应符合设计文件的规定。

检查数量：检验批全数。

检验方法：实物与施工设计图对照、丈量。

（2）结构用木材应符合设计文件的规定，并应具有产品质量合格证书。

检查数量：检验批全数。

检验方法：实物与设计文件对照，检查质量合格证书、标识。

（3）进场木材均应作弦向静曲强度见证检验，其强度最低值应符合表 10－1 的要求。

表 10－1　木材静曲强度检验标准

木材种类	针叶材				阔叶材				
强度等级	TC11	TC13	TC15	TC17	TB11	TB13	TB15	TB17	TB20
最低强度/(N/mm^2)	44	51	58	72	58	68	78	88	98

检查数量：每一检验批每一树种的木材随机抽取 3 株（根）。

检验方法：《木结构工程施工质量验收规范》GB 50206—2012 附录 A。

（4）方木、原木及板材的目测材质等级不应低于表 10－2 的规定，不得采用普通商品材的等级标准替代。方木、原木及板材的目测材质等级应按《木结构工程施工质量验收规范》GB 50206—2012 附录 B 评定。

表 10－2　方木、原木结构构件木材的材质等级

项次	构件名称	材质等级
1	受拉或拉弯构件	I_a
2	受弯或压弯构件	II_a
3	受压构件及次要受弯构件（如吊顶小龙骨）	III_a

检查数量：检验批全数。

检验方法：《木结构工程施工质量验收规范》GB 50206—2012 附录 B。

（5）各类构件制作时及构件进场时木材的平均含水率，应符合下列规定：

1）原木或方木不应大于 25%。

2）板材及规格材不应大于 20%。

3）受拉构件的连接板不应大于18%。

4）处于通风条件不畅环境下的木构件的木材，不应大于20%。

检查数量：每一检验批每一树种每一规格木材随机抽取5根。

检验方法：《木结构工程施工质量验收规范》GB 50206—2012附录C。

（6）承重钢构件和连接所用钢材应有产品质量合格证书和化学成分的合格证书。进场钢材应见证检验其抗拉屈服强度、极限强度和延伸率，其值应满足设计文件规定的相应等级钢材的材质标准指标，且不应低于现行国家标准《碳素结构钢》GB 700—2006有关Q235及以上等级钢材的规定。-30℃以下使用的钢材不宜低于Q235D或相应屈服强度钢材D等级的冲击韧性规定。钢木屋架下弦所用圆钢，除应作抗拉屈服强度、极限强度和延伸率性能检验外，尚应作冷弯检验，并应满足设计文件规定的圆钢材质标准。

检查数量：每检验批每一钢种随机抽取两件。

检验方法：取样方法、试样制备及拉伸试验方法应分别符合现行国家标准《钢及钢产品　力学性能试验取样位置及试样制备》GB 2975—1998和《金属材料　拉伸试验　第1部分：室温试验方法》GB/T 228.1—2010的有关规定。

（7）焊条应符合现行国家标准《非合金钢及细晶粒钢焊条》GB/T 5117—2012和《热强钢焊条》GB/T 5118—2012的有关规定，型号应与所用钢材匹配，并应有产品质量合格证书。

检查数量：检验批全数。

检验方法：实物与产品质量合格证书对照检查。

（8）螺栓、螺帽应有产品质量合格证书，其性能应符合现行国家标准《六角头螺栓》GB/T 5782—2016和《六角头螺栓　C级》GB/T 5780—2016的有关规定。

检查数量：检验批全数。

检验方法：实物与产品质量合格证书对照检查。

（9）圆钉应有产品质量合格证书，其性能应符合现行行业标准《一般用途圆钢钉》YB/T 5002—1993的有关规定。设计文件规定钉子的抗弯屈服强度时，应作钉子抗弯强度见证检验。

检查数量：每检验批每一规格圆钉随机抽取10枚。

检验方法：检查产品质量合格证书、检测报告。强度见证检验方法应符合《木结构工程施工质量验收规范》GB 50206—2012附录D的规定。

（10）圆钢拉杆应符合下列要求：

1）圆钢拉杆应平直，接头应采用双面绑条焊。绑条直径不应小于拉杆直径的75%，在接头一侧的长度不应小于拉杆直径的4倍。焊脚高度和焊缝长度应符合设计文件的规定。

2）螺帽下垫板应符合设计文件的规定，且不应低于《木结构工程施工质量验收规范》GB 50206—2012第4.3.3条第2款的要求。

3）钢木屋架下弦圆钢拉杆、桁架主要受拉腹杆、蹬式节点拉杆及螺栓直径大于20mm时，均应采用双螺帽自锁。受拉螺杆伸出螺帽的长度，不应小于螺杆直径的

80%。

检查数量：检验批全数。

检验方法：丈量、检查交接检验报告。

(11) 承重钢构件中，节点焊缝焊脚高度不得小于设计文件的规定，除设计文件另有规定外，焊缝质量不得低于三级，-30℃以下工作的受拉构件焊缝质量不得低于二级。

检查数量：检验批全部受力焊缝。

检验方法：按现行行业标准有关规定检查，并检查交接检验报告。

(12) 钉连接、螺栓连接节点的连接件（钉、螺栓）的规格、数量，应符合设计文件的规定。

检查数量：检验批全数。

检验方法：目测、丈量。

(13) 木桁架支座节点的齿连接，端部木材不应有腐朽、开裂和斜纹等缺陷，剪切面不应位于木材髓心侧；螺栓连接的受拉接头，连接区段木材及连接板均应采用 I_a 等材，并应符合《木结构工程施工质量验收规范》GB 50206—2012 附录 B 的有关规定；其他螺栓连接接头也应避开木材腐朽、裂缝、斜纹和松节等缺陷部位。

检查数量：检验批全数。

检验方法：目测。

(14) 在抗震设防区的抗震措施应符合设计文件的规定。当抗震设防烈度为 8 度及以上时，应符合下列要求：

1) 屋架支座处应有直径不小于 20mm 的螺栓锚固在墙或混凝土圈梁上。当支承在木柱上时，柱与屋架间应有木夹板式的斜撑，斜撑上段应伸至屋架上弦节点处，并应用螺栓连接，如图 10-1 所示。柱与屋架下弦应有暗榫，并应用 U 形铁连接。桁架木腹杆与上弦杆连接处的扒钉应改用螺栓压紧承压面，与下弦连接处则应采用双面扒钉。

2) 屋面两侧应对称斜向放檩条，檐口瓦应与挂瓦条扎牢。

3) 檩条与屋架上弦应用螺栓连接，双脊檩应互相拉结。

4) 柱与基础间应有预埋的角钢连接，并应用螺栓固定。

5) 木屋盖房屋，节点处檩条应固定在山墙及内横墙的卧梁埋件上，支承长度不应小于 120mm，并应有螺栓可靠锚固。

检查数量：检验批全数。

检验方法：目测、丈量。

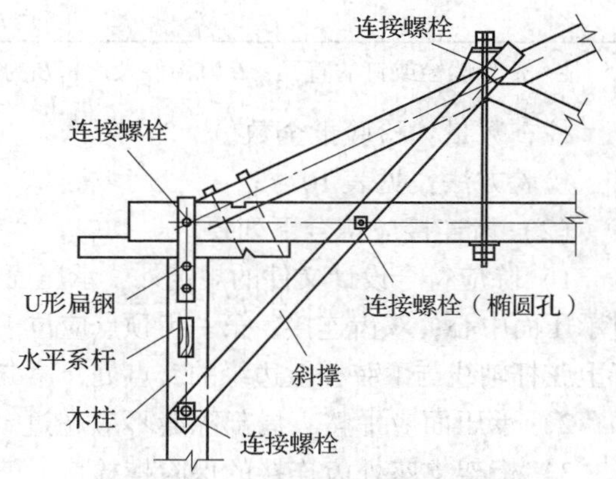

图 10-1　屋架与木柱的连接

2. 一般项目

(1) 各种原木、方木构件制作的允许偏差不应超出表 10-3 的规定。

表 10－3 方木、原木结构和胶合木结构桁架、梁和柱制作允许偏差

<table>
<tr><th>项次</th><th colspan="3">项 目</th><th>允许偏差（mm）</th><th>检 验 方 法</th></tr>
<tr><td rowspan="3">1</td><td rowspan="3">构件截面尺寸</td><td colspan="2">方木和胶合木构件截面的高度、宽度</td><td>－3</td><td rowspan="3">钢尺量</td></tr>
<tr><td colspan="2">板材厚度、宽度</td><td>－2</td></tr>
<tr><td colspan="2">原木构件梢径</td><td>－5</td></tr>
<tr><td rowspan="2">2</td><td rowspan="2">构件长度</td><td colspan="2">长度不大于 15m</td><td>±10</td><td rowspan="2">钢尺量桁架支座节点中心间距，梁、柱全长</td></tr>
<tr><td colspan="2">长度大于 15m</td><td>±15</td></tr>
<tr><td rowspan="2">3</td><td rowspan="2">桁架高度</td><td colspan="2">长度不大于 15m</td><td>±10</td><td rowspan="2">钢尺量脊节点中心与下弦中心距离</td></tr>
<tr><td colspan="2">长度大于 15m</td><td>±15</td></tr>
<tr><td rowspan="2">4</td><td rowspan="2">受压或压弯构件纵向弯曲</td><td colspan="2">方木、胶合木构件</td><td>$L/500$</td><td rowspan="2">拉线钢尺量</td></tr>
<tr><td colspan="2">原木构件</td><td>$L/200$</td></tr>
<tr><td>5</td><td colspan="3">弦杆节点间距</td><td>±5</td><td rowspan="2">钢尺量</td></tr>
<tr><td>6</td><td colspan="3">齿连接刻槽深度</td><td>±2</td></tr>
<tr><td rowspan="3">7</td><td rowspan="3">支座节点受剪面</td><td colspan="2">长度</td><td>－10</td><td rowspan="7">钢尺量</td></tr>
<tr><td rowspan="2">宽度</td><td>方木、胶合木</td><td>－3</td></tr>
<tr><td>原木</td><td>－4</td></tr>
<tr><td rowspan="3">8</td><td rowspan="3">螺栓中心间距</td><td colspan="2">进孔处</td><td>±0.2d</td></tr>
<tr><td rowspan="2">出孔处</td><td>垂直木纹方向</td><td>±0.5d 且
不大于 $4B/100$</td></tr>
<tr><td>顺木纹方向</td><td>±d</td></tr>
<tr><td>9</td><td colspan="3">钻进孔处的中心间距</td><td>±d</td></tr>
<tr><td>9</td><td colspan="3">钉进孔处的中心间距</td><td>±d</td><td>—</td></tr>
<tr><td rowspan="2">10</td><td colspan="3" rowspan="2">桁架起拱</td><td>±20</td><td>以两支座节点下弦中心线为准，拉一水平线，用钢尺量</td></tr>
<tr><td>－10</td><td>两跨中下弦中心线与拉线之间距离</td></tr>
</table>

注：d 为螺栓或钉的直径；L 为构件长度；B 为板的总厚度。

检查数量：检验批全数。

检验方法：见表 10－3。

（2）齿连接应符合下列要求：

1）除应符合设计文件的规定外，承压面应与压杆的轴线垂直。单齿连接压杆轴线应通过承压面中心；双齿连接，第一齿顶点应位于上、下弦杆上边缘的交点处，第二齿顶点应位于上弦杆轴线与下弦杆上边缘的交点处，第二齿承压面应比第一齿承压面至少深 20mm。

2）承压面应平整，局部隙缝不应超过 1mm，非承压面应留外口约 5mm 的楔形缝隙。

3）桁架支座处齿连接的保险螺栓应垂直于上弦杆轴线，木腹杆与上、下弦杆间应有扒钉扣紧。

4）桁架端支座垫木的中心线，方木桁架应通过上、下弦杆净截面中心线的交点；原木桁架则应通过上、下弦杆毛截面中心线的交点。

检查数量：检验批全数。

检验方法：目测、丈量，检查交接检验报告。

（3）螺栓连接（含受拉接头）的螺栓数目、排列方式、间距、边距和端距，除应符合设计文件的规定外，尚应符合下列要求：

1）螺栓孔径不应大于螺栓直径1mm，也不应小于或等于螺栓杆直径。

2）螺帽下应设钢垫板，其规格除应符合设计文件的规定外，厚度不应小于螺杆直径的30%，方形垫板的边长不应小于螺杆直径的3.5倍，圆形垫板的直径不应小于螺杆直径的4倍，螺帽拧紧后螺栓外露长度不应小于螺杆直径的80%。螺纹段剩留在木构件内的长度不应大于螺杆直径的1.0倍。

3）连接件与被连接件的接触面应平整，拧紧螺帽后局部可允许有缝隙，但缝宽不应超过1mm。

检查数量：检验批全数。

检验方法：目测、丈量。

（4）钉连接应符合下列规定：

1）圆钉的排列位置应符合设计文件的规定。

2）被连接件间的接触面应平整，钉紧一局部缝隙宽度不应超过1mm，钉帽应与被连接件外表面齐平。

3）钉孔周围不应有木材被胀裂等现象。

检查数量：检验批全数。

检验方法：目测、丈量。

（5）木构件受压接头的位置应符合设计文件的规定，应采用承压面垂直于构件轴线的双盖板连接（平接头），两侧盖板厚度均不应小于对接构件宽度的50%，高度应与对接构件高度一致。承压面应锯平并彼此顶紧，局部缝隙不应超过1mm。螺栓直径、数量、排列应符合设计文件的规定。

检查数量：检验批全数。

检验方法：目测、丈量，检查交接检验报告。

（6）木桁架、梁及柱的安装允许偏差不应超出表10－4的规定。

表10－4　方木、原木结构和胶合木结构桁架、梁和柱安装允许偏差

项次	项　目	允许偏差（mm）	检 验 方 法
1	结构中心线的间距	±20	钢尺量
2	垂直度	*H*/200且不大于15	吊线钢尺量
3	受压或压弯构件纵向弯曲	*L*/30	吊（拉）线钢尺量
4	支座轴线对支承面中心位移	10	钢尺量
5	支座标高	±5	用水准仪

注：*H*为桁架或柱的高度；*L*为构件长度。

检查数量：检验批全数。

检验方法：见表 10－4。

（7）屋面木构架的安装允许偏差不应超出表 10－5 的规定。

表 10－5　方木、原木结构和胶合木结构屋面木构架的安装允许偏差

<table>
<tr><th>项次</th><th colspan="2">项　目</th><th>允许偏差（mm）</th><th>检 验 方 法</th></tr>
<tr><td rowspan="5">1</td><td rowspan="5">檩条、椽条</td><td>方木、胶合木截面</td><td>－2</td><td>钢尺量</td></tr>
<tr><td>原木梢径</td><td>－5</td><td>钢尺量，椭圆时取大小径的平均值</td></tr>
<tr><td>间距</td><td>－10</td><td>钢尺量</td></tr>
<tr><td>方木、胶合木上表面平直</td><td>4</td><td rowspan="2">沿坡拉线钢尺量</td></tr>
<tr><td>原木上表面平直</td><td>7</td></tr>
<tr><td>2</td><td colspan="2">油毡搭接宽度</td><td>－10</td><td rowspan="2">钢尺量</td></tr>
<tr><td>3</td><td colspan="2">挂瓦条间距</td><td>±5</td></tr>
<tr><td rowspan="2">4</td><td rowspan="2">封山、封檐板平直</td><td>下边缘</td><td>5</td><td rowspan="2">拉 10m 线，不足 10m 拉通线，钢尺量</td></tr>
<tr><td>表面</td><td>8</td></tr>
</table>

检查数量：检验批全数。

检验方法：目测、丈量。

（8）屋盖结构支撑系统的完整性应符合设计文件规定。

检查数量：检验批全数。

检验方法：对照设计文件、丈量实物，检查交接检验报告。

10.2　胶合木结构

1. 主控项目

（1）胶合木结构的结构形式、结构布置和构件截面尺寸，应符合设计文件的规定。

检查数量：检验批全数。

检验方法：实物与设计文件对照、丈量。

（2）结构用层板胶合木的类别、强度等级和组坯方式，应符合设计文件的规定，并应有产品质量合格证书和产品标识，同时应有满足产品标准规定的胶缝完整性检验和层板指接强度检验合格证书。

检查数量：检验批全数。

检验方法：实物与证明文件对照。

（3）胶合木受弯构件应作荷载效应标准组合作用下的抗弯性能见证检验。在检验荷载作用下胶缝不应开裂，原有漏胶胶缝不应发展，跨中挠度的平均值不应大于理论计算值的 1.13 倍，最大挠度不应大于表 10－6 的规定。

表 10－6 荷载效应标准组合作用下受弯木构件的挠度限值

项 次	构件类别		挠度限值（m）
1	檩条	L≤3.3m	L/200
		L＞3.3m	L/250
2	主梁		L/250

注：L 为受弯构件的跨度。

检查数量：每一检验批同一胶合工艺、同一层板类别、树种组合、构件截面组坯的同类型构件随机抽取 3 根。

检验方法：《木结构工程施工质量验收规范》GB 50206—2012 附录 F。

（4）弧形构件的曲率半径及其偏差应符合设计文件的规定，层板厚度不应大于 R/125（R 为曲率半径）。

检查数量：检验批全数。

检验方法：钢尺丈量。

（5）层板胶合木构件平均含水率不应大于 15%，同一构件各层板间含水率差别不应大于 5%。

检查数量：每一检验批每一规格胶合木构件随机抽取 5 根。

检验方法：《木结构工程施工质量验收规范》GB 50206—2012 附录 C。

（6）钢材、焊条、螺栓、螺帽的质量应分别符合“10.1 方木与原木结构”中相关规定。

（7）各连接节点的连接件类别、规格和数量应符合设计文件的规定。桁架端节点齿连接胶合木端部的受剪面及螺栓连接中的螺栓位置，不应与漏胶胶缝重合。

检查数量：检验批全数。

检验方法：目测、丈量。

2. 一般项目

（1）层板胶合木构造及外观应符合下列要求：

1）层板胶合木的各层木板木纹应平行于构件长度方向。各层木板在长度方向应为指接。受拉构件和受弯构件受拉区截面高度的 1/10 范围内同一层板上的指接间距，不应小于 1.5m，上、下层板间指接头位置应错开不小于木板厚的 10 倍。层板宽度方向可用平接头，但上、下层板间接头错开的距离不应小于 40mm。

2）层板胶合木胶缝应均匀，厚度应为 0.1～0.3mm。厚度超过 0.3mm 的胶缝的连续长度不应大于 300mm，且厚度不得超过 1mm。在构件承受平行于胶缝平面剪力的部位，漏胶长度不应大于 75mm，其他部位不应大于 150mm。在第 3 类使用环境条件下，层板宽度方向的平接头和板底开槽的槽内均应用胶填满。

3）胶合木结构的外观质量应符合《木结构工程施工质量验收规范》GB 50206—2012 第 3.0.5 条的规定，对于外观要求为 C 级的构件截面，可允许层板有错位（图 10－2），截面尺寸允许偏差和层板错位应符合表 10－7 的要求。

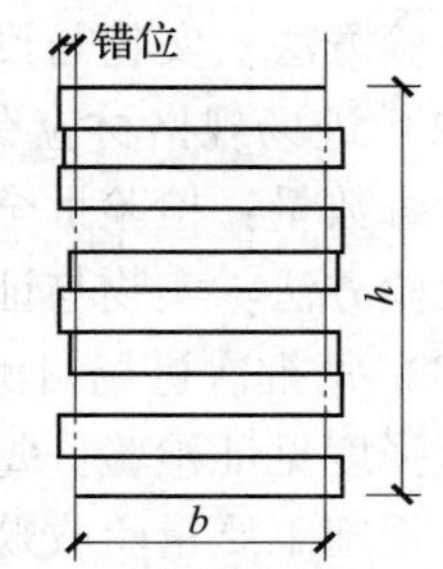

图 10－2 外观 C 级层板错位示意

b—截面宽度；h—截面高度

表 10－7　外观 C 级时的胶合木构件截面的允许偏差（mm）

截面的高度或宽度	截面高度或宽度的允许偏差	错位的最大值
（h 或 b）＜100	±2	4
100≤（h 或 b）＜300	±3	5
（h 或 b）＞300	±6	6

检查数量：检验批全数。

检验方法：厚薄规（塞尺）、量器、目测。

（2）胶合木构件的制作偏差不应超出表 10－3 的规定。

检查数量：检验批全数。

检验方法：角尺、钢尺丈量，检查交接检验报告。

（3）齿连接、螺栓连接、圆钢拉杆及焊缝质量，应符合“10.1　方木与原木结构”中相关规定。

（4）金属节点构造、用料规格及焊缝质量应符合设计文件的规定。除设计文件另有规定外，与人相连的各构件轴线应相交于金属节点的合力作用点，与各构件相连的连接类型应符合设计文件的规定，并应符合“10.1　方木与原木结构”中相关规定。

检查数量：检验批全数。

检验方法：目测、丈量。

（5）胶合木结构安装偏差不应超出表 10－4 的规定。

检查数量：过程控制检验批全数，分项验收抽取总数 10% 复检。

检验方法：见表 10－4。

10.3　轻型木结构

1. 主控项目

（1）轻型木结构的承重墙（包括剪力墙）、柱、楼盖、屋盖布置、抗倾覆措施及屋盖抗掀起措施等，应符合设计文件的规定。

检查数量：检验批全数。

检验方法：实物与设计文件对照。

（2）进场规格材应有产品质量合格证书和产品标识。

检查数量：检验批全数。

检验方法：实物与证书对照。

（3）每批次进场目测分等规格材应由有资质的专业分等人员做目测等级见证检验或做抗弯强度见证检验；每批次进场机械分等规格材应作抗弯强度见证检验，并应符合《木结构工程施工质量验收规范》GB 50206—2012 附录 G 的规定。

检查数量：检验批中随机取样，数量应符合《木结构工程施工质量验收规范》GB 50206—2012 附录 G 的规定。

检验方法：《木结构工程施工质量验收规范》GB 50206—2012 附录 G。

（4）轻型木结构各类构件所用规格材的树种、材质等级和规格，以及覆面板的种类和规格，应符合设计文件的规定。

检查数量：全数检查。

检验方法：实物与设计文件对照，检查交接报告。

（5）规格材的平均含水率不应大于20%。

检查数量：每一检验批每一树种每一规格等级规格材随机抽取5根。

检验方法：《木结构工程施工质量验收规范》GB 50206—2012附录C。

（6）木基结构板材应有产品质量合格证书和产品标识，用作楼面板、屋面板的木基结构板材应有该批次干、湿态集中荷载、均布荷载及冲击荷载检验的报告，其性能不应低于《木结构工程施工质量验收规范》GB 50206—2012附录H的规定。

进场木基结构板材应作静曲强度和静曲弹性模量见证检验，所测得的平均值应不低于产品说明书的规定。

检查数量：每一检验批每一树种每一规格等级随机抽取3张板材。

检验方法：按现行国家标准《木结构覆板用胶合板》GB/T 22349—2008的有关规定进行见证试验，检查产品质量合格证书，该批次木基结构板干、湿态集中力、均布荷载及冲击荷载下的检验合格证书。检查静曲强度和弹性模量检验报告。

（7）进场结构复合木材和工字形木搁栅应有产品质量合格证书，并应有符合设计文件规定的平弯或侧立抗弯性能检验报告。

进场工字形木搁栅和结构复合木材受弯构件，应作荷载效应标准组合作用下的结构性能检验，在检验荷载作用下，构件不应发生开裂等损伤现象，最大挠度不应大于表10-6的规定，跨中挠度的平均值不应大于理论计算值的1.13倍。

检查数量：每一检验批每一规格随机抽取3根。

检验方法：按《木结构工程施工质量验收规范》GB 50206—2012附录F的规定进行，检查产品质量合格证书、结构复合木材材料强度和弹性模量检验报告及构件性能检验报告。

（8）齿板桁架应由专业加工厂加工制作，并应有产品质量合格证书。

检查数量：检验批全数。

检验方法：实物与产品质量合格证书对照检查。

（9）钢材、焊条、螺栓和圆钉应符合“10.1　方木与原木结构”中相关规定。

（10）金属连接件应冲压成型，并应具有产品质量合格证书和材质合格保证。镀锌防锈层厚度不应小于275g/m²。

检查数量：检验批全数。

检验方法：实物与产品质量合格证书对照检查。

（11）轻型木结构各类构件间连接的金属连接件的规格、钉连接的用钉规格与数量，应符合设计文件的规定。

检查数量：检验批全数。

检验方法：目测、丈量。

（12）当采用构造设计时，各类构件间的钉连接不应低于《木结构工程施工质量验收规范》GB 50206—2012附录J的规定。

检查数量：检验批全数。

检验方法：目测、丈量。

2. 一般项目

(1) 承重墙（含剪力墙）的下列各项应符合设计文件的规定，且不应低于现行国家标准《木结构设计规范》GB 50005—2003 有关构造的规定：

1) 墙骨间距。

2) 墙体端部、洞口两侧及墙体转角和交接处，墙骨的布置和数量。

3) 墙骨开槽或开孔的尺寸和位置。

4) 地梁板的防腐、防潮及与基础的锚固措施。

5) 墙体顶梁板规格材的层数、接头处理及在墙体转角和交接处的两层顶梁板的布置。

6) 墙体覆面板的等级、厚度及铺钉布置方式。

7) 墙体覆面板与墙骨钉连接用钉的间距。

8) 墙体与楼盖或基础间连接件的规格尺寸和布置。

检查数量：检验批全数。

检验方法：对照实物目测检查。

(2) 楼盖下列各项应符合设计文件的规定，且不应低于现行国家标准《木结构设计规范》GB 50005—2003 有关构造的规定：

1) 拼合梁钉或螺栓的排列、连续拼合梁规格材接头的形式和位置。

2) 搁栅或拼合梁的定位、间距和支承长度。

3) 搁栅开槽或开孔的尺寸和位置。

4) 楼盖洞口周围搁栅的布置和数量；洞口周围搁栅间的连接、连接件的规格尺寸及布置。

5) 楼盖横撑、剪刀撑或木底撑的材质等级、规格尺寸和布置。

检查数量：检验批全数。

检验方法：目测、丈量。

(3) 齿板桁架的进场验收，应符合下列规定：

1) 规格材的树种、等级和规格应符合设计文件的规定。

2) 齿板的规格、类型应符合设计文件的规定。

3) 桁架的几何尺寸偏差不应超过表 10－8 的规定。

4) 齿板的安装位置偏差不应超过图 10－3 所示的规定。

表 10－8 桁架制作允许误差（mm）

	相同桁架间尺寸差	与设计尺寸间的误差
桁架长度	12.5	18.5
桁架高度	6.5	12.5

注：1. 桁架长度指不包括悬挑或外伸部分的桁架总长，用于限定制作误差。

2. 桁架高度指不包括悬挑或外伸等上、下弦杆突出部分的全榀桁架最高部位处的高度，为上弦顶面到下弦底面的总高度，用于限定制作误差。

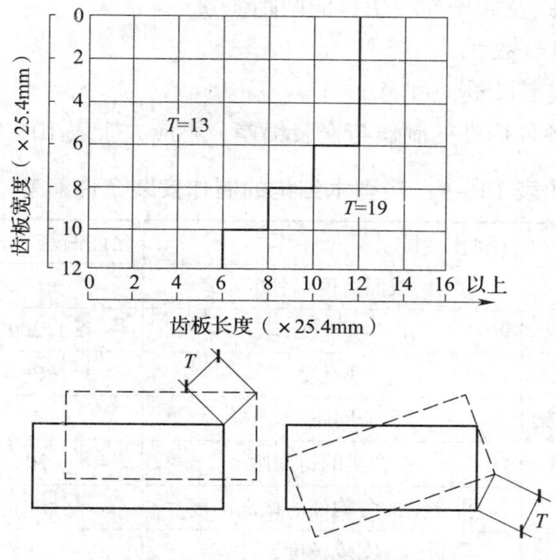

图 10－3　齿板位置偏差允许值

5）齿板连接的缺陷面积，当连接处的构件宽度大于 50mm 时，不应超过齿板与该构件接触面积的 20%；当构件宽度小于 50mm 时，不应超过齿板与该构件接触面积的 10%，缺陷面积应为齿板与构件接触面范围内的木材表面缺陷面积与板齿倒伏面积之和。

6）齿板连接处木构件的缝隙不应超过图 10－4 所示的规定。除设计文件有特殊规定外，宽度超过允许值的缝隙，均应有宽度不小于 19mm、厚度与缝隙宽度相当的金属片填实，并应有螺纹钉固定在被填塞的构件上。

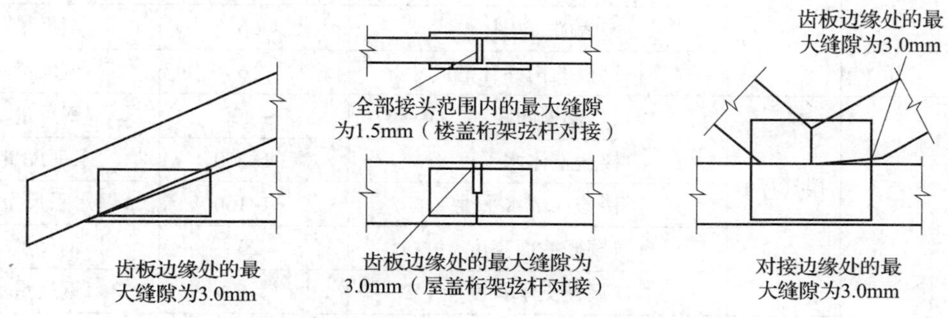

图 10－4　齿板桁架木构件间允许缝隙限值

检查数量：检验批全数的 20%。

检验方法：目测、量器测量。

（4）屋盖下列各项应符合设计文件的规定，且不应低于于现行国家标准《木结构设计规范》GB 50005—2003 有关构造的规定：

1）椽条、天棚搁栅或齿板屋架的定位、间距和支承长度。

2）屋盖洞口周围椽条与顶棚搁栅的布置和数量；洞口周围椽条与顶棚搁栅间的连接、连接件的规格尺寸及布置。

3）屋面板铺钉方式及搁栅连接用钉的间距。

检查数量：检验批全数。

检验方法：钢尺或卡尺量、目测。

（5）轻型木结构各种构件的制作与安装偏差，不应大于表 10－9 的规定。

表 10－9　轻型木结构的制作安装允许偏差

项次	项　目			允许偏差（mm）	检 验 方 法
1	楼盖主梁、柱子及连接件	楼盖主梁	截面宽度/高度	±6	钢板尺量
			水平度	±1/200	水平尺量
			垂直度	±3	直角尺和钢板尺量
			间距	±6	钢尺量
			拼合梁的钉间距	+30	钢尺量
			拼合梁的各构件的截面高度	±3	钢尺量
			支承长度	－6	钢尺量
2		柱子	截面尺寸	±3	钢尺量
			拼合柱的钉间距	+30	钢尺量
			柱子长度	±3	钢尺量
			垂直度	±1/200	靠尺量
3		连接件	连接件的间距	±6	钢尺量
			同一排列连接件之间的错位	±6	钢尺量
			构件上安装连接件开槽尺寸	连接件尺寸±3	卡尺量
			端距/边距	±6	钢尺量
			连接钢板的构件开槽尺寸	±6	卡尺量
4	楼（屋）盖施工	楼（屋）盖	搁栅间距	±40	钢尺量
			楼盖整体水平度	±1/250	水平尺量
			楼盖局部水平度	±1/150	水平尺量
			搁栅截面高度	±3	钢尺量
			搁栅支承长度	－6	钢尺量
5		楼（屋）盖	规定的钉间距	+30	钢尺量
			钉头嵌入楼、屋面板表面的最大深度	+3	卡尺量
6		楼（屋）盖齿板连接桁架	桁架间距	±40	钢尺量
			桁架垂直度	±1/200	直角尺和钢尺量
			齿板安装位置	±6	钢尺量
			弦杆、腹杆、支撑	19	钢尺量
			桁架高度	13	钢尺量

续表 10-9

<table>
<tr><th>项次</th><th colspan="3">项　　目</th><th>允许偏差（mm）</th><th>检 验 方 法</th></tr>
<tr><td rowspan="6">7</td><td rowspan="11">墙体施工</td><td rowspan="6">墙骨柱</td><td>墙骨间距</td><td>±40</td><td>钢尺量</td></tr>
<tr><td>墙体垂直度</td><td>±1/200</td><td>直角尺和钢尺量</td></tr>
<tr><td>墙体水平度</td><td>±1/150</td><td>水平尺量</td></tr>
<tr><td>墙体角度偏差</td><td>±1/270</td><td>直角尺和钢尺量</td></tr>
<tr><td>墙骨长度</td><td>±3</td><td>钢尺量</td></tr>
<tr><td>单根墙骨柱的出平面偏差</td><td>±3</td><td>钢尺量</td></tr>
<tr><td rowspan="2">8</td><td rowspan="2">顶梁板、底梁板</td><td>顶梁板、底梁板的平直度</td><td>+1/150</td><td>水平尺量</td></tr>
<tr><td>顶梁板作为弦杆传递荷载时的搭接长度</td><td>±12</td><td>钢尺量</td></tr>
<tr><td rowspan="3">9</td><td rowspan="3">墙面板</td><td>规定的钉间距</td><td>+30</td><td>钢尺量</td></tr>
<tr><td>钉头嵌入墙面板表面的最大深度</td><td>+3</td><td>卡尺量</td></tr>
<tr><td>木框架上墙面板之间的最大缝隙</td><td>+3</td><td>卡尺量</td></tr>
</table>

检查数量：检验批全数。

检验方法：见表 10-9。

（6）轻型木结构的保温措施和隔气层的设置等，应符合设计文件的规定。

检查数量：检验批全数。

检验方法：对照设计文件检查。

参 考 文 献

[1] 中华人民共和国住房和城乡建设部. GB/T 50105—2010 建筑结构制图标准[S]. 北京：中国建筑工业出版社，2010.

[2] 中华人民共和国住房和城乡建设部. GB 50206—2012 木结构工程施工质量验收规范[S]. 北京：中国建筑工业出版社，2012.

[3] 中华人民共和国建设部. GB 50210—2001 建筑装饰装修工程质量验收规范[S]. 北京：中国建筑工业出版社，2001.

[4] 中华人民共和国住房和城乡建设部. JGJ/T 314—2016 建筑工程施工职业技能标准[S]. 北京：中国建筑工业出版社，2016.

[5] 王珣. 我是大能手——木工[M]. 北京：化学工业出版社，2015.

[6] 吕克顺. 图解木工30天快速上岗[M]. 武汉：华中科技大学出版社，2013.

[7] 张朝春. 木工模板工工艺与实训[M]. 北京：高等教育出版社，2009.

[8] 李志新编. 木工初级技能[M]. 北京：高等教育出版社，2005.

[9] 赵光庆编. 木工基本技术[M]. 北京：金盾出版社，2009.

[10] 韩实彬编. 木工工长[M]. 北京：机械工业出版社，2007.

[11] 敖立军. 木工技能[M]. 北京：机械工业出版社，2007.

[12] 赵俊丽. 木工[M]. 北京：中国铁道出版社，2012.

[13] 王逢瑚. 装饰装修木工[M]. 北京：中国劳动社会保障出版社，2009.

[14] 周海涛. 建筑木工基本技能[M]. 北京：中国劳动社会保障出版社，2010.